新工科建设·电子信息类系列教材

单片机原理及接口技术

（基于 Proteus 虚拟仿真）

王艳春　主　编

秦　月　方　鑫　副主编

U0178242

电子工业出版社·

Publishing House of Electronics Industry

北京·BEIJING

内 容 简 介

本书以 AT89S51 单片机为例，详细介绍 51 单片机的原理及接口技术，内容精练、案例丰富，每章都配有习题。全书具有较强的系统性、实用性、典型性。通过对本书的学习，读者能够掌握单片机系统开发设计的基础知识和基本技能，达到快速入门的效果，而且可以较全面地掌握单片机的整个开发流程。本书的内容包括单片机概述，AT89S51 的硬件结构，51 单片机的指令系统及汇编语言程序设计，C51 程序设计，AT89S51 的中断系统，AT89S51 的定时器/计数器，AT89S51 的串行接口及串行通信，AT89S51 的系统扩展及应用，AT89S51 与键盘、显示器的接口设计，AT89S51 与 ADC、DAC 的接口设计。

本书可作为高等院校电子信息工程、通信工程、电子信息科学与技术、物联网工程、计算机科学与技术、自动化、机电一体化等专业的教材，也可供从事单片机应用开发的工程技术人员参考。

图书在版编目（CIP）数据

单片机原理及接口技术：基于 Proteus 虚拟仿真 / 王艳春主编. —北京：电子工业出版社，2023.8

ISBN 978-7-121-46002-9

Ⅰ. ①单… Ⅱ. ①王… Ⅲ. ①单片微型计算机－系统仿真－应用软件 Ⅳ. ①TP368.1

中国国家版本馆 CIP 数据核字（2023）第 131787 号

责任编辑：戴晨辰

印　　刷：天津千鹤文化传播有限公司
装　　订：天津千鹤文化传播有限公司
出版发行：电子工业出版社
　　　　　北京市海淀区万寿路 173 信箱　　　邮编：100036
开　　本：787×1092　　1/16　　印张：16　　　字数：420 千字
版　　次：2023 年 8 月第 1 版
印　　次：2023 年 8 月第 1 次印刷
定　　价：59.00 元

凡所购买电子工业出版社图书有缺损问题，请向购买书店调换。若书店售缺，请与本社发行部联系，联系及邮购电话：（010）88254888，88258888。

质量投诉请发邮件至 zlts@phei.com.cn，盗版侵权举报请发邮件至 dbqq@phei.com.cn。

本书咨询联系方式：dcc@phei.com.cn。

前　言

单片机自 20 世纪 70 年代问世以来不断发展，现已广泛地应用于智能仪器仪表、工业控制、家用电器、网络与通信、医疗仪器、汽车电子与航空航天、武器装备等众多领域，其功能不断增加，精度及质量不断提高，对人类社会产生了巨大的影响。为了满足高等工程教育的需要，编者在参考国内外相关经典文献和同类书籍的基础上，结合多年的教学经验和体会，编写了本书。

随着电子技术的不断发展，单片机的集成度也在不断提高，其功能越来越强大，使用越来越方便，不断出现高性能的新型号。Intel 公司的 51 系列单片机因系统结构简单、集成度高、处理能力强、价格低廉、可靠性高、易于使用，故被全球各大半导体公司青睐，其内核技术一直在被沿用。这些公司结合自身的优势，针对不同的测控对象，研究出了上百种功能各异的单片机。其中，AT89S51 是具有 8051 内核的 51 单片机的基础，具有典型性和代表性，同时也是各种增强型、扩展型等衍生品种单片机的基础。因此，本书以 AT89S51 作为 51 单片机的代表机型来介绍单片机原理及接口技术。

本书在编写时遵循"软硬结合、面向应用"的原则，在书中列举大量的实例，将单片机的硬件组成原理、软件设计方法及接口技术的应用相结合，基于 Proteus 和 Keil C51 对所有实例进行虚拟仿真。本书的实例主要包括单片机 I/O 口的应用，中断系统的应用，定时器/计数器的应用，串行接口的应用，键盘、数码管及 LCD 的应用，ADC 与 DAC 接口的应用等。通过这些实例的分析，读者可提高对单片机应用系统的设计能力和学习兴趣。

本书共 10 章，分别为单片机概述，AT89S51 的硬件结构，51 单片机的指令系统及汇编语言程序设计，C51 程序设计，AT89S51 的中断系统，AT89S51 的定时器/计数器，AT89S51 的串行接口及串行通信，AT89S51 的系统扩展及应用，AT89S51 与键盘、显示器的接口设计，AT89S51 与 ADC、DAC 的接口设计。本书的第 1～5 章和第 7 章由齐齐哈尔大学的王艳春编写，第 6、8 章由齐齐哈尔大学的秦月编写，第 9 章由齐齐哈尔大学的方鑫编写，第 10 章由齐齐哈尔大学的夏颖编写。全书由王艳春统稿完成。在本书的编写过程中，借鉴了许多教材的宝贵经验，在此谨向这些作者表示诚挚感谢。同时，感谢电子工业出版社的大力支持和帮助，对本书的出版做了大量细致的工作，在此对相关编辑致以诚挚的谢意。

本书由齐齐哈尔大学教材建设基金、黑龙江省高等教育教学改革研究项目基金资助出版。本书包含配套教学资源，读者可登录华信教育资源网（www.hxedu.com.cn）进行免费下载。

由于编者水平和经验有限，书中难免存在不足之处，敬请读者批评指正。

编　者
2023 年 3 月 16 日

目　录

第1章 单片机概述

微型计算机的出现给社会带来了根本性的变化，对人类产生了巨大的影响。单芯片的微型计算机简称为单片机，是微型计算机的一个分支，具有体积小、结构简单、抗干扰能力强、可靠性高、性价比高、便于实现嵌入式应用、易于实现产品化等优点。单片机自 20 世纪 70 年代问世以来不断发展，现已广泛地应用于智能仪器仪表、工业控制、家用电器、网络与通信、医疗仪器、汽车电子与航空航天、武器装备等众多领域。

1.1 单片机的概念

单片机是由中央处理器（CPU）、存储器（RAM、ROM）、并行 I/O 口、串行 I/O 口、定时器/计数器、中断系统、系统时钟电路及系统总线等组成的一个大规模或超大规模集成电路芯片。单片机的出现为电子仪器及设备的微型化奠定了基础。目前，单片机在智能化设备及工业领域等都具有较为重要的应用。由于单片机在使用时，通常处于测控系统的核心地位，因此国际上通常把单片机称为微控制器（Micro Controller Unit，MCU）。鉴于它完全作为嵌入式应用，故又被称为嵌入式微控制器（Embedded Micro Controller Unit，EMCU）。而在我国，大部分工程技术人员还是习惯使用单片机这一名称。

单片机按适用范围可分成专用型单片机和通用型单片机两大类。专用型单片机是针对某一类产品甚至某一个产品进行设计和生产的，如机顶盒、数码摄像机等各种家用电器中的控制器。根据特定的功能需求，单片机制造商常与产品厂家合作，共同设计和生产专用型单片机。在对单片机的需求量不大的情况下，设计和生产专用型单片机的成本很高，而且其设计和生产周期也很长，因此专用型单片机的应用受到一定的限制。在日常生活中，应用较多的是通用型单片机，通用型单片机中的内部可开发的资源（如存储器、I/O 口等）可以全部提供给用户使用。用户可根据实际需要，设计一个以通用单片机芯片为核心，配以外围电路及外设，并可通过相应的软件来满足各种不同需要的测控系统。

1.2 单片机与嵌入式系统

嵌入式系统（Embedded System）是计算机的一种应用形式，通常指嵌入在其他设备中的微处理系统。目前国内普遍认同的嵌入式系统的定义：以应用为中心、计算机技术为基础，软、硬件可裁剪，应用系统对功能、可靠性、成本、体积、功耗和应用环境等有特殊要求的专用计算机系统。从技术角度来说，嵌入式系统是将应用程序、操作系统和计算机硬件集成的系统；从系统角度来说，嵌入式系统是能够完成复杂功能的软、硬件设计，并使其紧密耦合的计算机系统。随着集成电路技术及电子技术的飞速发展，以各类嵌入式处理器为核心的嵌入式系统的应用已经成为当今电子信息技术应用的一大热点。

嵌入式处理器是指在嵌入系统中作为运算和控制中心的 CPU。随着嵌入式系统的发展，作为硬件核心部件的嵌入式处理器呈现出多样性，按照其体系结构可分为单片机、嵌入式微处理器（Embedded Micro Processor Unit，EMPU）、嵌入式数字信号处理器（Embedded Digital Signal Processor，EDSP）及嵌入式片上系统（Embedded System on Chip，ESoC）等。其中单片机具有体积小、功耗低、成本低等特点，是目前嵌入式系统中的主流产品。

1.3 单片机的发展过程及趋势

1.3.1 单片机的发展过程

随着超大规模集成电路的发展，单片机先后经历了 4 位单片机、8 位单片机、16 位单片机、32 位单片机的发展阶段。

1．4 位单片机

1971 年，Intel 公司的霍夫成功研制出了世界上第 1 块 4 位微处理器芯片 Intel 4004，这标志着第 1 代微处理器的问世，微处理器和微型计算机时代从此开始。同年，Intel 公司推出了 MCS-4 微型计算机系统（包括 4001 ROM 芯片、4002 RAM 芯片、4003 移位寄存器芯片和 4004 微处理器），其中 4004 微处理器包含 2300 个晶体管，尺寸规格为 3mm×4mm，计算性能远超当年的 ENIAC。随着技术的发展，许多公司在 4 位单片机市场中都占有一席之地，典型的 4 位单片机系列有 SHARP 公司的 SM 系列、东芝公司的 TLCS 系列、TI 公司的 TMS1000 系列和 NS 公司的 COP400 系列等。4 位单片机虽然价格便宜，但性能并不弱，主要用于家用电器（如洗衣机、微波炉等）及高档的电子玩具。

2．8 位单片机

8 位单片机是单片机中的主要机型。在 8 位单片机中，一般把无串行 I/O 口和只提供小范围的寻址空间（小于 8KB）的单片机称为低档 8 位单片机，如 Intel 公司在 1976 年推出的 MCS-48 系列单片机、Fairchild 公司推出的 F8 单片机等，它们极大地促进了单片机的变革和发展；把有串行 I/O 口或 A/D 转换，以及可以进行 64KB 以上寻址的单片机称为高档 8 位单片机，如 Zilog 公司推出的 Z8 单片机、Motorola 公司推出的 6801 单片机、Intel 公司推出的 MCS-51 系列单片机等，这些产品使单片机的性能迈上了一个新的台阶。由于 8 位单片机的功能多、品种齐全、性价比高，因此这类单片机被广泛应用于各个领域，是目前单片机中的主要机型。

3．16 位单片机

1982 年，16 位单片机问世。典型的 16 位单片机有 THOMSOM 公司推出的 68200 单片机、NS 公司推出的 HPC16040 单片机、Intel 公司推出的 8096 单片机等。由于性价比等因素，在实际应用中，较常见的 16 位单片机是 Intel 公司的 MCS-96 系列单片机。

4．32 位单片机

近年来，许多公司开始研制性能更好的 32 位单片机。32 位单片机不仅具有更高的集成度，而且数据处理速度比 16 位单片机快许多，性能比 8 位、16 位单片机更好。近年来，市场中还涌现出不少新型的高集成度单片机产品，出现了单片机产品丰富多彩的局面，这些单片机产品也受到广大用户的青睐。

单片机虽然先后经历了 4 位、8 位、16 位、32 位的发展阶段，但从实际应用情况来看，并没有出现某种单片机"一家独大"的局面，这几种单片机都广泛流通于市场，各有其应用领域。其中，8 位单片机具有价格低廉、品种齐全、应用软件丰富、支持环境多样、开发方便等优点，在中、小规模的电子设计等应用场合中占主导地位。

1.3.2 单片机的发展趋势

随着科学技术的进步，单片机正在向高性能和多品种方向发展，单片机技术的发展以微处理器技术及超大规模集成电路技术的发展为先导。单片机正在向微型化、低功耗、高性能、大容量、外围电路内装化、编程及仿真简单化的方向发展。

1. 微型化

单片机芯片集成度的提高为单片机的微型化提供了可能。早期的单片机大量使用双列直插式的封装方式，随着贴片工艺的出现，单片机在其封装工艺中大量采用各种符合贴片工艺的封装方式，可大幅度减小单片机的体积，方便嵌入式系统的设计。

2. 低功耗

在许多应用场合，单片机不仅需要有很小的体积，而且需要有较低的工作电压和极低的功耗，要求单片机 CMOS 化、功耗低，并具有等待状态、睡眠状态、关闭状态等工作状态。单片机消耗的电流仅为 μA 或 nA 量级，适用于使用电池供电的便携式、手持式的仪器仪表，以及其他消费类电子产品。

3. 高性能

单片机的 CPU 的数据处理能力逐步提高，CPU 数据总线宽度的增加及采用双 CPU 结构等都可以提高其数据处理能力。

4. 大容量

单片机片内存储容量不断扩大。目前部分单片机片内 ROM 容量可达 128KB 甚至更大，片内 ROM 普遍采用闪速（Flash）ROM，可不用扩展片外 ROM，简化系统结构。随着单片机的 ROM 空间的扩大，单片机可配置实时操作系统（RTOS）等软件，可大大提高产品的开发效率和单片机的性能。

5. 外围电路内装化

随着单片机芯片集成度的提高，可以把众多的外围器件，如 ADC、DAC、液晶驱动电路、无线通信器件等集成到单片机内，即系统的单片化，这是目前单片机的发展趋势之一。一片芯片就是一个"测控"系统。

6. 编程及仿真简单化

Flash ROM 的发展推动着 ISP（In System Programmable，系统内可编程）技术的发展。在 ISP 技术的基础上，可实现目标程序的串行下载，还可实现目标程序的远程调试和升级。利用 ISP 技术，只需要一根与计算机的 USB 口（或串行接口）相连的 ISP 下载线，就可把仿真调试过的程序代码从计算机在线写入单片机的 Flash ROM，省去编程器与仿真器，降低单片机的开发成本，提高工作效率。

1.4 单片机的优点及应用领域

1.4.1 单片机的优点

单片机的发展历史虽然短暂，但是其在军事、工业、医疗、民用等领域都得到了广泛的应用，这主要是因为单片机具有以下优点。

1．体积小、可靠性高、抗干扰能力强

单片机将各种功能部件都集成在一片芯片上，集成度高、体积小。而且单片机内部采用总线结构，可以减少各功能部件之间的连线，抗干扰能力强，能大大提高单片机的可靠性。

2．控制能力强

单片机虽然结构简单，但是具备足够强的控制能力。单片机具有较多的 I/O 口，CPU 可以直接对 I/O 口进行操作，指令简单而丰富，非常适用于专门的控制功能。

3．低电压、低功耗

为了广泛应用于便携式系统，许多单片机的工作电压仅为 1.8～3.6V，消耗电流为 μA 量级，一颗纽扣电池就可长期对单片机进行供电。

4．易于扩展

单片机片内具有计算机正常运行所需的部件。单片机片外有许多供扩展的三总线及并行、串行 I/O 引脚，很容易构成各种规模的计算机应用系统。

5．性价比高

单片机的性能好且价格低廉，即性价比高。为了提高速度和运行效率，单片机已开始使用 RISC 结构和 DSP 等技术。随着单片机的广泛应用，各大公司的商业竞争使单片机的价格十分低廉，其性价比明显高于一般的微型计算机，这也正是单片机得以广泛应用的重要原因。

1.4.2 单片机的应用领域

由于单片机具有软、硬件结合，体积小，容易嵌入各种应用系统等特点，因此以单片机为核心的嵌入式控制系统被广泛应用于各个领域。

1．智能仪器仪表

由于单片机的使用有助于提高智能仪器仪表的精度和准确度，因此目前单片机在智能仪器仪表中应用十分普遍。智能仪器仪表使用各种智能传感器、电气测量仪表来替代传统的测量设备，具有数据存储、数据处理、查找、判断、联网和语音等各种智能化功能。

2．工业控制

在工业控制领域，单片机主要用于工业过程控制系统、数据采集系统、信号检测系统、无线感知系统、测控系统、机电一体化控制系统、机器人等应用控制系统。

3．家用电器

单片机在家用电器中的应用已经非常普遍，如微波炉、电视、空调、洗衣机、电冰箱等。家用电器在嵌入单片机后，性能大大提高，并可实现智能化、最优化控制。

4．网络与通信

目前的单片机普遍具备通信接口，可以很方便地与计算机进行数据通信，在调制解调器、手机、传真机、无线对讲机、楼宇自动通信呼叫系统、列车无线通信网络及各种通信设备中，单片机也具有广泛的应用。

5．医疗仪器

现代新型的医疗仪器中有大量单片机的应用，如超声诊断设备、病床呼叫系统、医用呼吸机及各种分析仪、监护仪等，这为医务工作者高效、准确地诊断和治疗病人提供了极大的方便。

6．汽车电子与航空航天

单片机已经广泛地应用于汽车电子与航空航天领域，如自动驾驶系统、动力检测控制系统、信息通信系统、飞行事故记录器（黑匣子）、卫星导航系统、自动诊断系统等。

7．武器装备

许多现代化的武器装备中都有单片机的嵌入，如飞机、军舰、坦克、导弹、航空鱼雷、智能武器装备、航天飞机导航系统等。

1.5 常用单片机

1.5.1 MCS-51 系列单片机

MCS-51 系列单片机是由 Intel 公司生产的一系列单片机的总称，该系列单片机在世界范围内有着广泛的应用。MCS-51 系列单片机具有很强的片内功能和指令系统，这使单片机的应用发生了飞跃式发展。MCS-51 系列单片机包括很多型号的单片机，主要有基本型产品8031/8051/8751（对应的低功耗型为 80C31/80C51/87C51）和增强型产品 8032/8052/8752 等。其中，8051 是最典型的型号，该系列其他单片机都是在 8051 的基础上进行功能的增、减而演变来的，兼容 8051 指令系统的单片机统称为 51 单片机。

MCS-51 系列单片机分为两个子系列：51 子系列和 52 子系列。

51 子系列是基本型产品，根据片内 ROM 配置的不同分为 8031、8051、8751。

52 子系列是增强型产品，根据片内 ROM 配置的不同分为 8032、8052、8752。

表 1-1 所示为 MCS-51 系列单片机的片内硬件资源。

表 1-1 MCS-51 系列单片机的片内硬件资源

项　目	型　号	片内 ROM	片内 RAM（B）	I/O 口线（位）	定时器/计数器（个）	中断源（个）
基本型	8031	无	128	32	2	5
	8051	4KB ROM	128	32	2	5
	8751	4KB EPROM	128	32	2	5
增强型	8032	无	256	32	3	6
	8052	8KB ROM	256	32	3	6
	8752	8KB EPROM	256	32	3	6

从表 1-1 可以看出，8031 和 8032 是没有片内 ROM 的，而且 51 子系列单片机的片内 RAM为 128B，52 子系列单片机的片内 RAM 为 256B；51 子系列单片机的定时器/计数器为 2 个，

52 子系列单片机的定时器/计数器为 3 个；51 子系列单片机的中断源为 5 个，52 子系列单片机的中断源为 6 个。

1.5.2　AT89 系列单片机

20 世纪 80 年代中期以后，Intel 公司把精力主要集中在高档 CPU 芯片的开发和研制上，逐渐淡出单片机芯片的设计和生产领域，将 MCS-51 系列单片机的核心技术授权给了很多公司，如 Atmel、PHILIPS、LG、ADI、DALLAS 等。这些公司为满足不同的需求，在生产以 8051 为核心的单片机时，对单片机的功能进行了或多或少的改变，但这些单片机的内核结构、指令系统相同。

在众多与 MCS-51 系列单片机兼容的衍生型号中，Atmel 公司开发的 AT89 系列单片机以较低廉的价格和独特的 Flash ROM 受到用户的青睐。AT89 系列单片机以 8051 为内核，与 MCS-51 系列单片机在软、硬件方面完全兼容。此外，AT89 系列单片机的某些型号增加了一些新的功能，如 WDT、ISP 及串行接口技术等。AT89 系列单片机中的 AT89C51/AT89S51 的片内 4KB Flash ROM 取代了 87C51 的片内 4KB EPROM。由于 AT89C51/AT89S51 的片内 4KB Flash ROM 可在线编程或使用编程器重复编程，且价格低廉，因此 AT89C51/AT89S51 作为 AT89C5x/AT89S5x 系列单片机的代表性产品，受到用户的欢迎，是目前取代 MCS-51 系列单片机的主流芯片之一。由于目前 AT89C51 已不再生产，因此本书以 AT89S51 作为 51 单片机的代表型号来介绍单片机原理及接口技术。

1.5.3　其他单片机

1. AVR 系列单片机

AVR 系列单片机是由 Atmel 公司于 1997 年推出的增强型高速 8 位单片机，具有 RISC 结构和片内 Flash ROM，其显著特点为性能好、速度快、功耗低，共有 118 条指令，具有高达 1MIPS/MHz 的高速运行处理能力。

AVR 系列单片机有低档 TINY 系列、中档 AT90S 系列、高档 ATMEGA 系列 3 个子系列。常用的 AVR 系列单片机有 ATMEGA8、ATMEGA16 等，其广泛应用于工业控制、网络与通信、家用电器等各个领域。

2. PIC 系列单片机

PIC 系列单片机是 Microchip 公司的产品，该系列已经开发出几十种型号，可以满足各种不同层次的应用需要。PIC 系列单片机具有 RISC 结构，可以有 33、35、58 条指令（视单片机的级别而定）。由于 PIC 系列单片机具有速度快、实时性好、价格低廉、保密性好及大电流 LCD 驱动的特点，因此其在家用电器、网络与通信、智能仪器仪表等领域都有广泛应用。

PIC 系列单片机的型号繁多，可分为以下 3 个子系列。

（1）低档型 PIC12C5xx/16C5x 系列。PIC12C5xx 系列是世界上第 1 个具有 8 个引脚的单片机系列，其价格低廉，可应用于摩托车点火器等简单的智能控制场合，应用前景十分广阔。PIC16C5x 系列是最早在市场上得到发展的系列，由于其价格低廉，且具有较为完善的开发手段，因此在国内应用较为广泛。

（2）中档型 PIC12C6xx/PIC16Cxxx 系列。PIC 系列单片机中的该系列是 Microchip 公司近年来重点发展的系列，其型号较为丰富，在低档型系列的基础上增加了中断功能，指令周期可达 200ns，内置 ADC 和 E²PROM，可双时钟工作，实现比较输出、捕捉输入、PWM 输出、I²C 和 SPI 接口、UART 接口、模拟电压比较器及 LCD 驱动等功能，其封装为 8～68 个引脚，可用于高、中、低档的电子产品设计，价格适中，广泛应用于各种电子产品。

（3）高档型 PIC17Cxx 系列。该系列适用于高级复杂系统的开发，其性能在中档型系列的基础上进行了优化，增加了硬件乘法器，指令周期可达 160ns，是目前世界上 8 位单片机中性价比最高的系列，可用于电机控制等高、中档产品的开发。

3．MSP430 系列单片机

MSP430 系列单片机是由 TI 公司开发的超低功耗、具有 RISC 结构的 16 位单片机，又称为混合信号处理器（Mixed Signal Processor）。由于其针对实际应用需求，将多个不同功能的模拟电路、数字电路模块和微处理器集成在一片芯片上以提供"单片机"解决方案，因此非常适用于便携式仪器仪表等对功率要求较低的场合。

4．Motorola 单片机

Motorola 是世界上最大的单片机厂商之一，其开发的单片机品种全、选择范围大、新产品多。Motorola 的 8 位单片机有 68HC05 及其升级产品 68HC08；16 位单片机有 68HC16；32 位单片机有 683XX 系列，包含几十种型号。Motorola 单片机的特点是高频噪声低、抗干扰能力强，更适用于工业控制领域及恶劣的环境，如今改名为 Freescale 单片机。

5．华邦单片机

华邦（Winbond）公司生产的 W78 系列单片机与 AT89C5x 系列完全兼容，W77 系列为其增强型。W77 系列对 51 单片机的时序进行了改进：每个指令周期只需要 4 个时钟周期，速度加快了 3 倍，工作频率最高可达 40MHz。W77 系列增加了 WTD、两组 UART、两组 DPTR（用来编写程序非常方便）、ISP 等功能，片内集成 USB 接口、语音处理等功能，具有 6 组外部中断源。

6．ADuC812

ADuC812 是 ADI 公司生产的高性能单片机，采用全集成的 12 位数据采集系统。它在芯片内集成了高性能的自校准 8 通道 12 位 ADC、2 通道 12 位 DAC，可与 51 单片机兼容，片内有 8KB Flash ROM、640B Flash RAM、256B 片内 RAM。ADuC812 片内集成 WDT、电源监视器及 DMA 功能，同时为多处理器接口和 I/O 口扩展提供了 32 根可编程的 I/O 线，有与 I²C 兼容的串行接口、SPI 串行接口和 UART 接口。

ADuC812 的内核和转换器均有正常、空闲和掉电三种工作模式，在工业温度范围内，单片机可于 3V 和 5V 两种电压下工作，通过软件可以控制芯片从正常模式切换到空闲模式，也可以切换到更为省电的掉电模式。由于 ADuC812 具有高速、高精度的 ADC 和 DAC，灵活的电源管理方案及可访问大容量片外 RAM 等功能，因此在存储测试系统设计中常被作为首选。

7．无线单片机

为满足无线传感器网络、蓝牙技术与无线局域网（WLAN）等领域的无线收发系统低功耗、小型一体化、低成本和高可靠性的技术要求，可将微控制器、存储器、ADC、需要的接口电路及无线发射和接收部件集成到一片单独的芯片上，构成一个独立工作的无线通信和无线网络节点的无线片上系统（SoC），该系统也称为无线单片机。无线单片机在单芯片中设计无线收发系统，使其最小化和一体化，为开发无线通信和无线网络提供了新的选择，同时使无线通信和无线网络的设计工作更加简单。目前国内应用较多的无线单片机是由 TI 公司生产的具有低功耗 51 单片机内核的 CC2530。CC2530 结合了射频收发器的优良性能，系统有可编程 Flash ROM、8KB RAM 和许多其他强大的功能。CC2530 具有不同于普通单片机的运行模式，使其尤其适应超低功耗要求的系统。

除了上述几种常用单片机，其他常用单片机还有凌阳单片机、NEC 单片机、ZILOG 单片机、三星单片机、富士通单片机、东芝单片机、SST 单片机等，它们在不同的应用领域中发挥着重要的作用。

习题 1

1. 简述单片机的概念。
2. 简述嵌入式系统的概念。
3. 单片机经历了哪几个阶段的发展过程？
4. 单片机有哪些优点？
5. 单片机主要应用在哪些领域？
6. 查阅资料，了解各系列单片机的应用特点。

第 2 章 AT89S51 的硬件结构

单片机是微型计算机的一个分支，其将构成微型计算机的最基本的功能部件集成在一片芯片上。通过本章的学习，读者可以对 AT89S51 的硬件结构有较为全面的了解，能够掌握 AT89S51 的内部结构、引脚功能、存储器结构、并行 I/O 口等相关知识，同时对其时钟电路和时序、复位操作和复位电路及低功耗节电模式等进行学习。单片机的硬件结构是单片机应用系统设计的基础，只有掌握了单片机的硬件结构及其各部分的功能，才能合理地使用单片机。

2.1 AT89S51 的内部结构

AT89S51 是由 Atmel 公司生产的一款低功耗、高性能的 8 位单片机，兼容 MCS-51 系列单片机的指令系统，其内部结构如图 2-1 所示。

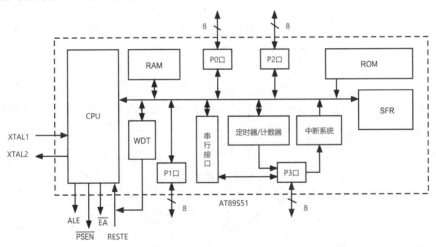

图 2-1 AT89S51 的内部结构

AT89S51 片内的各功能部件是通过片内单一总线集成的，其基本结构采用 CPU 加上外围芯片的传统微型计算机结构模式，但 CPU 对各功能部件的控制采用特殊功能寄存器（Special Function Register，SFR）的集中控制方式。AT89S51 片内的功能部件主要包括以下几种。

（1）CPU：拥有 8 位数据宽度的处理器，与通用的 CPU 基本相同，包含运算器和控制器两个部分，并具有面向控制的位处理功能。

（2）RAM（数据存储器）：AT89S51 片内有 128B（增强型的 52 子系列有 256B）RAM，片外最多可扩展 64KB。

（3）ROM（程序存储器）：用来存储程序。AT89S51 片内集成 4KB Flash ROM（增强型的 52 子系列单片机片内则集成 8KB Flash ROM），片外最多可扩展 64KB。

（4）并行 I/O 口：AT89S51 片内有 4 个 8 位并行 I/O 口（P0、Pl、P2、P3）。

（5）中断系统：AT89S51 具有 5 个中断源，其中 2 个外部中断源、2 个定时器/计数器中断源、1 个串行接口中断源，中断优先级分为高、低两级。

（6）定时器/计数器：AT89S51 片内有 2 个 16 位的定时器/计数器 T0、T1（增强型的 52 子系列有 3 个 16 位的定时器/计数器），具有 4 种工作方式。

（7）串行接口：AT89S51 片内有 1 个全双工的异步串行接口，可实现单片机与其他数据设备间的串行数据传送。该串行接口的功能较强，既可作为全双工异步通信收发器使用，也可作为同步移位寄存器使用，还可与多个单片机相连构成多机系统。

（8）SFR（特殊功能寄存器）：AT89S51 共有 26 个 SFR，用于 CPU 对片内各功能部件进行管理、控制和监视。SFR 实际上是片内各功能部件的控制寄存器和状态寄存器，这些 SFR 映射在片内 RAM 区中的 80H～FFH。

（9）WDT（看门狗定时器）：AT89S51 片内有一个 WDT。当 CPU 因受到干扰而使程序陷入死循环或"跑飞"状态时，WDT 可提供使程序恢复正常运行的有效手段。

2.2 AT89S51 的引脚功能

单片机是通过具体的引脚与外界传递数据来完成功能的实现的。AT89S51 有 3 种封装方式，即 DIP、PLCC 和 TQFP。其中，有 40 只引脚的 DIP（双列直插封装）方式使用最多，使用 DIP 方式的 AT89S51 的引脚结构如图 2-2 所示。

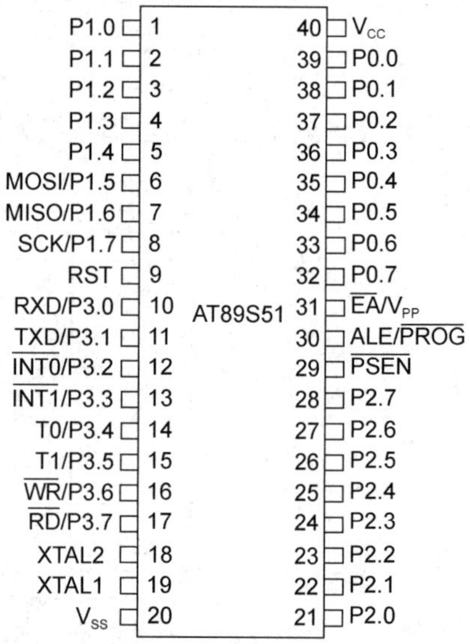

AT89S51 的 40 只引脚按功能可分为以下 3 类。

（1）电源及时钟引脚：V_{CC}、V_{SS}、XTAL1、XTAL2。

（2）控制引脚：$\overline{PSEN}$、ALE/$\overline{PROG}$、$\overline{EA}$/V_{PP}、RST（RESET）。

（3）I/O 口引脚：共有 P0、Pl、P2、P3 这 4 个 8 位并行 I/O 口，32 个引脚。

下面结合图 2-2 介绍 AT89S51 的引脚功能。

图 2-2　使用 DIP 方式的 AT89S51 的引脚结构

2.2.1 电源及时钟引脚

1．电源引脚

电源引脚接入单片机的工作电源。

（1）V_{CC}（40 脚）：接+5V 电源正端。

（2）V_{SS}（20 脚）：接地。

2．时钟引脚

时钟引脚外接石英晶体，与单片机片内的反相放大器构成时钟振荡器，提供单片机的时钟控制信号。时钟引脚也可以外接晶体振荡器。

（1）XTAL1（19 脚）：单片机片内时钟振荡器的反相放大器的输入端。当使用单片机片内时钟振荡器时，该引脚连接外部石英晶体和微调电容；当采用外接晶体振荡器时，该引脚连接外部时钟振荡器信号，即把此信号直接接到内部时钟发生器的输入端。

（2）XTAL2（18 脚）：单片机片内时钟振荡器的反相放大器的输出端。当使用单片机片内时钟振荡器时，该引脚连接外部石英晶体和微调电容；当采用外接晶体振荡器时，该引脚悬空。

2.2.2 控制引脚

控制引脚提供控制信号，部分控制引脚还具有复用功能。

1. RST（9 脚）

RST 为复位信号输入端，高电平有效。当单片机运行时，在 RST 引脚加持续时间大于 2 个机器周期（24 个时钟振荡周期）的高电平，就可对单片机完成复位操作。当单片机正常工作时，此引脚应加不大于 0.5V 的低电平。当 WDT 溢出时，RST 引脚将输出长达 96 个时钟振荡周期的高电平。

2. $\overline{PSEN}$（29 脚）

$\overline{PSEN}$ 为片外 Flash ROM 读选通控制信号，低电平有效。当单片机从片外 Flash ROM 读取指令或数据时，在每个机器周期内，该信号两次有效，通过数据总线从 P0 口读取指令或常数；在访问片外 RAM 时，$\overline{PSEN}$ 引脚的信号无效。

3. ALE/$\overline{PROG}$（30 脚）

ALE 为低 8 位地址锁存允许信号。当单片机上电正常工作后，ALE 引脚在每个机器周期内输出两个正脉冲。当 CPU 访问片外存储器时，ALE 输出信号的负跳沿用于将 P0 口发出的低 8 位地址锁存到片外的地址锁存器中，然后 P0 口再作为数据端口，实现低 8 位地址和数据的分时传送。

此外，当单片机运行时，即使不访问片外存储器，ALE 引脚仍有正脉冲信号输出，该信号频率为晶体振荡器振荡频率 f_{osc} 的 1/6。但是，在访问片外 RAM（执行 MOVX 类指令）时，ALE 信号只有效一次，即丢失了一个 ALE 脉冲。因此，严格来说，ALE 不宜作为精确的时钟源或定时信号。

$\overline{PROG}$ 为该引脚的第二功能，在对片内 Flash ROM 进行编程时，此引脚作为编程脉冲输入端。

4. $\overline{EA}$/V_{PP}（31 脚）

$\overline{EA}$ 为片外 Flash ROM 访问允许控制信号。当 $\overline{EA}$ 引脚为高电平时，单片机读取片内 4KB Flash ROM，但当 PC 值超过 0FFFH（片内 4KB Flash ROM 地址范围）时，单片机将自动转向读取片外 60KB ROM（1000H～FFFFH）中的程序；当 $\overline{EA}$ 引脚为低电平时，单片机只读取片外 ROM 中的内容，读取的地址范围为 0000H～FFFFH。

V_{PP} 为该引脚的第二功能，在对片内 4KB Flash ROM 进行编程时，此引脚接入编程电压。

2.2.3 I/O 口引脚

AT89S51 共有 4 个 I/O 口（P0～P3），每个 I/O 口都有 8 根口线，用于传送数据和地址。P0.0～P0.7（引脚 32～39）为 P0 口的 8 根口线；P1.0～P1.7（引脚 1～8）为 P1 口的 8 根口

线；P2.0～P2.7（引脚 21～28）为 P2 口的 8 根口线；P3.0～P3.7（引脚 10～17）为 P3 口的 8 根口线。

由于 4 个 I/O 口的结构各不相同，因此它们在功能和用途上有一定的差别。4 个 I/O 口除了可作为普通 I/O 口使用，P0 口可作为地址总线低 8 位/数据总线分时复用；P2 口可作为地址总线高 8 位使用；P3 口具有第二功能，其定义如表 2-1 所示。

表 2-1　P3 口的第二功能定义

引　　脚	第　二　功　能
P3.0	RXD：串行接口输入
P3.1	TXD：串行接口输出
P3.2	$\overline{\text{INT0}}$：外部中断 0 请求输入
P3.3	$\overline{\text{INT1}}$：外部中断 1 请求输入
P3.4	T0：定时器/计数器 0 外部计数脉冲输入
P3.5	T1：定时器/计数器 1 外部计数脉冲输入
P3.6	$\overline{\text{WR}}$：片外 RAM 写控制信号输出
P3.7	$\overline{\text{RD}}$：片外 RAM 读控制信号输出

读者应熟记以上每个引脚的功能，这对于今后利用单片机应用系统开展设计工作是十分必要的。

2.3　CPU

CPU 是单片机内部的核心部件，它决定了单片机的主要功能特性。CPU 主要由运算器和控制器两个部分组成。

2.3.1　运算器

运算器主要实现对操作数的算术运算、逻辑运算和位操作，主要包括 ALU（Arithmetic and Logic Unit，算术逻辑部件）、累加器 A、寄存器 B、PSW（Program Status Word，程序状态字寄存器）、位处理器及暂存器等。

1．ALU

ALU 可以对位数据执行加、减、乘、除、加 1、减 1、BCD 码数的十进制数转换和比较等算术运算，以及与、或、异或、求补和循环移位等逻辑运算。AT89S51 的 ALU 还具有位操作功能，它可对位（bit）变量执行位处理操作，如置 1、清 0、求补、测试转移和逻辑与、或等操作。

2．累加器 A

累加器通常用 A 或 ACC 表示，是 CPU 中使用最频繁的一个 8 位寄存器。

累加器 A 的作用如下。

（1）在 CPU 执行某项运算之前，两个操作数之一常保存在累加器 A 中，运算结果也常送回累加器 A 进行保存。

（2）由于 CPU 中的大多数据传送都是通过累加器 A 进行的，因此累加器 A 相当于数据的中转站。

3. 寄存器 B

寄存器 B 是一个 8 位寄存器，是为 ALU 进行乘、除运算而设置的。在执行乘法运算时，寄存器 B 用于存放其中的一个乘数和乘积的高 8 位数；在执行除法运算时，寄存器 B 用于存放除数和余数；在其他情况下，寄存器 B 可以作为一个普通的寄存器使用。

4. PSW

AT89S51 的 PSW 是一个 8 位的标志寄存器（字节地址为 D0H），它保存指令执行结果的状态信息，以供程序进行查询和判断。由于在程序设计中，经常要用到 PSW 的各个位，因此掌握并牢记 PSW 的各个位的含义是十分重要的，PSW 的格式如图 2-3 所示。

图 2-3　PSW 的格式

PSW 中各个位的功能如下。

（1）CY（PSW.7）为进（借）位标志位，也可写为 C。在执行算术运算（如加法和减法运算）和逻辑运算（如循环移位）时，可由硬件或软件置 1 或清 0。它表示在运算过程中最高位是否有进位或借位。若在执行加法运算时，最高位有进位，或在执行减法运算时，最高位有借位，则 CY=1；否则，CY=0。在位处理器中，它作为位累加器使用。

（2）AC（PSW.6）为辅助进位（或称半进位）标志位。在运算过程中，若 D3 位向 D4 位（低 4 位向高 4 位）进行进位或借位，则 AC=1；否则，AC=0。在 BCD 码数的十进制数转换中要用到该标志位。

（3）F0（PSW.5）为用户标志位，是供用户使用的一个状态标志位，用户在编程时可将其作为自己定义的测试标志位，根据程序执行的需要，通过软件对其置 1 或清 0。

（4）RS1、RS0（PSW.4、PSW.3）为工作寄存器区选择位，可由软件置 1 或清 0。在单片机片内 RAM 区中，共有 4 组工作寄存器区，用 RS1、RS0 这两个位来选择这 4 组工作寄存器区中的哪一组为当前工作寄存区（详见 2.4.2 小节）。

（5）OV（PSW.2）为溢出标志位。在执行加法和减法运算时，该位由硬件置 1 或清 0，以指示运算结果是否产生溢出。若结果产生溢出，则 OV=1；否则，OV=0。OV=1 表示运算结果超出了累加器 A 的数值范围（无符号数的范围为 0～255，有符号数的范围为 -128～+127）。在执行无符号数的加法和减法运算时，OV 的值与 CY 的值相同；在执行有符号数的加法和减法运算时，若最高位、次高位之一有进（借）位，则 OV=1，即 OV 的值为最高位和次高位进行异或（C7⊕C6）的结果。在执行乘法运算时，若乘积大于 255，则 OV=1；否则，OV=0。在执行除法运算时，若除数为 0，则 OV=1；否则，OV=0。

（6）PSW.1 位为保留位，未用。

（7）P（PSW.0）为奇偶校验标志位。该标志位表示指令执行完时，累加器 A 中 1 的个数是奇数还是偶数。P=1 表示累加器 A 中 1 的个数为奇；P=0 表示累加器 A 中 1 的个数为偶。此标志位对串行通信中的串行数据传输具有重要的意义。在串行通信中，常用奇偶校验的方法来检验数据串行传输的可靠性。

5. 位处理器

位处理器专门负责执行位操作，如位的置 1、清 0、取反、判断位值转移，以及位数据传送、位逻辑与、位逻辑或等操作。

6. 暂存器

暂存器用于暂存进入运算器之前的数据。

2.3.2 控制器

控制器是单片机的指挥控制部件，其主要任务是识别指令，并根据指令的性质去控制单片机的各功能部件，保证单片机的各功能部件能自动并协调地工作。

单片机的指令是在控制器的控制下执行的。单片机执行一条指令的过程：先从 ROM 中读出指令并送入指令寄存器进行保存，然后将指令送入指令译码器进行译码并将译码结果送入定时控制逻辑电路，由定时控制逻辑电路产生各种定时和控制信号，再送入单片机的各个功能部件执行相应的操作。执行程序就是不断地重复这个过程。

控制器主要包括程序计数器、指令寄存器、指令译码器、定时及控制逻辑电路等。

1. 程序计数器

程序计数器（Program Counter，PC）是控制器中最基本的寄存器，是 ROM 的地址指针。PC 是一个独立的 16 位计数器，其中存放着下一条将要从 ROM 中读取的指令地址，用户不能直接使用指令对 PC 进行访问（读/写）。当单片机复位时，PC 中的内容为 0000H，即 CPU 从 ROM 0000H 单元中读取指令，开始执行程序。

PC 的基本工作过程：当 CPU 读取指令时，PC 中的内容作为所读取指令的地址发送给 ROM，ROM 按此地址输出指令字节，同时 PC 值自动加 1，指向下一条指令在 ROM 中的地址。

PC 中的内容的变化轨迹决定了程序的流程。当单片机顺序执行程序时，PC 值自动加 1；当单片机执行转移程序或子程序、调用中断子程序时，由运行的指令自动将 PC 中的内容更改为所要转移的目的地址。

PC 的位数决定了单片机对 ROM 进行访问的地址范围。AT89S51 中的 PC 为 16 位计数器，即可对 64KB（2^{16}B）的 ROM 进行寻址。

2. 指令寄存器

指令寄存器（Instruction Register，IR）用于存放从 Flash ROM 中读取的指令。

3. 指令译码器

指令译码器（Instruction Decoder，ID）负责将指令进行译码，产生一定序列的控制信号，完成指令所规定的操作。

2.4 AT89S51 的存储器结构

AT89S51 的存储器采用哈佛结构，即将 ROM 和 RAM 分开，并有对这两种不同的存储器空间的访问指令。AT89S51 的存储器不仅有 ROM 和 RAM 之分，而且有片内和片外之分。片内存储器集成在芯片内部，是单片机的一个组成部分；片外存储器则通过外总线方式与专用存储芯片连接，通过单片机提供的地址和控制命令对其进行寻址和读/写操作。AT89S51 的存储空间分为 4 个部分：片内 ROM、片外 ROM、片内 RAM 和片外 RAM。AT89S51 的存储器空间分配如图 2-4 所示。

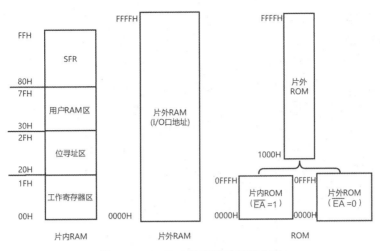

图 2-4　AT89S51 的存储器空间分配

2.4.1 ROM

ROM 是只读存储器，是用来存放经过调试的应用程序和表格等固定数据的。ROM 分为片内 ROM 和片外 ROM 两个部分。AT89S51 的片内 ROM 为 4KB Flash ROM，地址范围为 0000H～0FFFH。AT89S51 有 16 位地址线，当 AT89S51 片内的 4KB Flash ROM 不够用时，用户可在片外扩展 ROM，最多可扩展至 64KB（2^{16}B），地址范围为 0000H～FFFFH。在进行单片机应用系统的设计时，对于 ROM 的使用应考虑以下几个方面的问题。

（1）整个 ROM 空间可以分为片内和片外两个部分（见图 2-4），在一个单片机应用系统中，如果既有片内 ROM，又扩展了片外 ROM，那么单片机在执行指令时，是先从片内 ROM 中读取指令，还是先从片外 ROM 中读取指令呢？这主要取决于 ROM 选择控制信号 $\overline{EA}$ 引脚的电平状态。

当 $\overline{EA}$ 引脚为高电平时，单片机的 CPU 从片内 ROM 的 0000H 开始读取指令，若 PC 值没有超出 0FFFH（片内的 4KB Flash ROM 的地址范围），则 CPU 只读取片内 ROM 中的指令；若 PC 值超出 0FFFH，则 CPU 自动读取片外 ROM（1000H～FFFFH）中的指令。

当 $\overline{EA}$ 引脚为低电平时，单片机的 CPU 只能读取片外 ROM（0000H～FFFFH）中的指令。CPU 不读取片内 4KB Flash ROM（0000H～0FFFH）中的指令。

（2）当单片机应用系统需要扩展片外 ROM 时，它的 16 位地址应接在单片机的 P0 口和 P2 口，片外 ROM 的寻址是通过这两个 8 位的 I/O 口进行的。

（3）片外 ROM 读选通控制信号 $\overline{PSEN}$，该信号用于所有对片外 ROM 的访问，而对片内 ROM 的访问无效。

（4）ROM 中的 0000H 单元是单片机复位时的 PC 值，即单片机复位后系统从 0000H 开始执行程序。在该单元中，一般存放一条绝对跳转指令，跳向主程序的入口地址。

（5）ROM 中有 5 个固定的单元用于存放 5 个中断源的中断服务程序的入口地址（详见 5.3.3 小节）。

2.4.2 RAM

RAM 分为片内 RAM 与片外 RAM 两个部分。

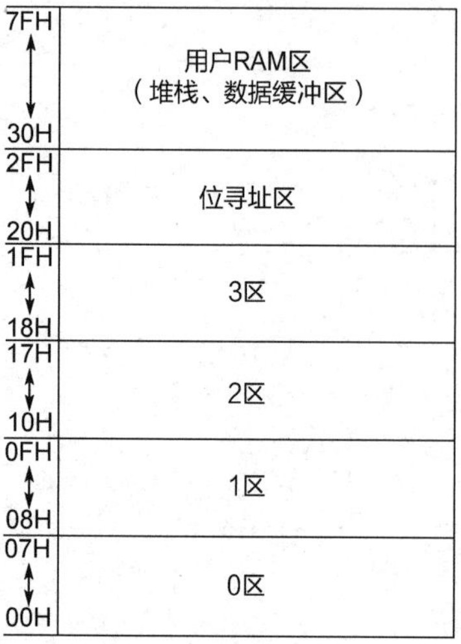

图 2-5 AT89S51 片内 RAM 的结构

图中文字（从上到下，从下到上）：
7FH 用户RAM区（堆栈、数据缓冲区）30H
2FH 位寻址区 20H
1FH 3区 18H
17H 2区 10H
0FH 1区 08H
07H 0区 00H

1. 片内 RAM

AT89S51 的片内 RAM 共有 128 个单元，字节地址为 00H～7FH。图 2-5 所示为 AT89S51 片内 RAM 的结构（SFR 的单元地址映射在片区 RAM 中的 80H～FFH，将在下一节中详细讲述，这里介绍的内容为除了 SFR 以外的片内 RAM）。

1）工作寄存器区（00H～1FH）

AT89S51 共有 4 个工作寄存器区，分别为 0 区（00H～07H）、1 区（08H～0FH）、2 区（10H～17H）和 3 区（18H～1FH），每个区包含 8 个 8 位寄存器，编号分别为 R0～R7。在任何时刻，CPU 都只能使用其中的一个工作寄存器区，不用的工作寄存器区仍可作为用户 RAM 单元使用。用户可以通过指令改变 PSW 中的 RS1、RS0 两位来切换当前选择的工作寄存器区。RS1、RS0 和工作寄存器区的对应关系如表 2-2 所示。在单片机复位时，RS1=0、RS0=0，系统自动选择 0 区作为当前工作寄存器组。

表 2-2 RS1、RS0 和工作寄存器区的对应关系

RS1	RS0	当前使用的工作寄存器区
0	0	0 区（00H～07H）
0	1	1 区（08H～0FH）
1	0	2 区（10H～17H）
1	1	3 区（18H～1FH）

2）位寻址区（20H～2FH）

20H～2FH 共 16B 是片内 RAM 中的位寻址区，这 16B 共 128bit，位地址为 00H～7FH，如表 2-3 所示。这些 RAM 单元可按位操作，每位可直接寻址，也可以按字节寻址。

表 2-3 AT89S51 片内 RAM 位地址表

地址字节	位 地 址							
	D7	D6	D5	D4	D3	D2	D1	D0
2FH	7FH	7EH	7DH	7CH	7BH	7AH	79H	78H
2EH	77H	76H	75H	74H	73H	72H	71H	70H
2DH	6FH	6EH	6DH	6CH	6BH	6AH	69H	68H
2CH	67H	66H	65H	64H	63H	62H	61H	60H
2BH	5FH	5EH	5DH	5CH	5BH	5AH	59H	58H
2AH	57H	56H	55H	54H	53H	52H	51H	50H
29H	4FH	4EH	4DH	4CH	4BH	4AH	49H	48H
28H	47H	46H	45H	44H	43H	42H	41H	40H
27H	3FH	3EH	3DH	3CH	3BH	3AH	39H	38H
26H	37H	36H	35H	34H	33H	32H	31H	30H
25H	2FH	2EH	2DH	2CH	2BH	2AH	29H	28H
24H	27H	26H	25H	24H	23H	22H	21H	20H

地址字节	位 地 址							
	D7	D6	D5	D4	D3	D2	D1	D0
23H	1FH	1EH	1DH	1CH	1BH	1AH	19H	18H
22H	17H	16H	15H	14H	13H	12H	11H	10H
21H	0FH	0EH	0DH	0CH	0BH	0AH	09H	08H
20H	07H	06H	05H	04H	03H	02H	01H	00H

3）用户 RAM 区（30H～7FH）

片内 RAM 中的 30H～7FH 单元为用户 RAM 区（堆栈、数据缓冲区），只能进行字节寻址，用于存放数据及作为堆栈区使用。当单片机复位时，堆栈指针（SP）的内容为 07H，这意味着初始堆栈区设在从 08H 开始的 RAM 区。而 08H～1FH 属于工作寄存器区，为了不影响工作寄存器区的数据，当用户需要使用堆栈时，需要先设置 SP，如可设置其内容为 6FH，则堆栈设在从 70H 开始的 RAM 区。

2．片外 RAM

当片内 RAM 不够用时，需要扩展片外 RAM，AT89S51 最多可扩展 64KB RAM（0000H～FFFFH）。片外 RAM 可以作为通用数据区使用，用于存放大量的中间数据，也可以作为堆栈使用。至于究竟扩展多少片外 RAM，可根据用户实际需要来决定。

2.4.3 SFR

SFR 是控制单片机工作的专用寄存器，AT89S51 的 CPU 对片内各功能部件的控制是通过 SFR 集中控制方式实现的。SFR 的主要功能包括控制单片机各功能部件的运行、反映单片机各功能部件的运行状态、存放数据或地址等。

SFR 实质上是一些具有特殊功能的 RAM 单元，它们离散地分布于单元地址为 80H～FFH 的区域中，AT89S51 共有 26 个 SFR，其性质如表 2-4 所示。

表 2-4　SFR 的性质

SFR 的符号	SFR 的名称	字 节 地 址	位 地 址	复 位 值
*P0	P0 口寄存器	80H	80H～87H	FFH
SP	堆栈指针	81H	—	07H
DP0L	数据指针 DPTR0（低位字节）	82H	—	00H
DP0H	数据指针 DPTR0（高位字节）	83H	—	00H
DP1L	数据指针 DPTR1（低位字节）	84H	—	00H
DP1H	数据指针 DPTR1（高位字节）	85H	—	00H
PCON	电源控制寄存器	87H	—	0XXX0000B
*TCON	定时器/计数器控制寄存器	88H	88H～8FH	00H
TMOD	定时器/计数器方式控制	89H	—	00H
TL0	定时器/计数器 0（低位字节）	8AH	—	00H
TL1	定时器/计数器 1（低位字节）	8BH	—	00H
TH0	定时器/计数器 0（高位字节）	8CH	—	00H
TH1	定时器/计数器 1（高位字节）	8DH	—	00H
AUXR	辅助寄存器	8EH	—	XXX00XX0B

SFR 的符号	SFR 的名称	字 节 地 址	位 地 址	复 位 值
*P1	P1 口寄存器	90H	90H～97H	FFH
*SCON	串行控制寄存器	98H	98H～9FH	00H
SBUF	串行发送数据缓冲器	99H	—	XXXXXXXXB
*P2	P2 口寄存器	A0H	A0H～A7H	FFH
AUXR1	辅助寄存器	A2H	—	XXXXXXX0B
WDTRST	看门狗复位寄存器	A6H	—	XXXXXXXXB
*IE	中断允许控制寄存器	A8H	A8H～AFH	0XX00000B
*P3	P3 口寄存器	B0H	B0H～B7H	FFH
*IP	中断优先级控制寄存器	B8H	B8H～BFH	XX000000B
*PSW	程序状态字寄存器	D0H	D0H～D7H	00H
*A（或 ACC）	累加器 A	E0H	E0H～E7H	00H
*B	寄存器 B	F0H	F0H～F7H	00H

在表 2-4 中，符号前带"*"的 SFR 既可以按字节寻址，也可以按位寻址。在 AT89S51 中，可按位寻址的 SFR 共 11 个，共有 88 个位地址，其中 5 个位地址未用，其余 83 个位地址离散地分布于片内 RAM 区中字节地址为 80H～FFH 的范围内，其最低的位地址等于字节地址，并且字节地址的末位都为 0H 或 8H。SFR 的位地址分布如表 2-5 所示。

表 2-5　SFR 的位地址分布

SFR 的符号	位 地 址								字节地址
	D7	D6	D5	D4	D3	D2	D1	D0	
B	F7H	F6H	F5H	F4H	F3H	F2H	F1H	F0H	F0H
A	E7H	E6H	E5H	E4H	E3H	E2H	E1H	E0H	E0H
PSW	D7H	D6H	D5H	D4H	D3H	D2H	D1H	D0H	D0H
IP	—	—	—	BCH	BBH	BAH	B9H	B8H	B8H
P3	B7H	B6H	B5H	B4H	B3H	B2H	B1H	B0H	B0H
IE	AFH	—	—	ACH	ABH	AAH	A9H	A8H	A8H
P2	A7H	A6H	A5H	A4H	A3H	A2H	A1H	A0H	A0H
SCON	9FH	9EH	9DH	9CH	9BH	9AH	99H	98H	98H
P1	97H	96H	95H	94H	93H	92H	91H	90H	90H
TCON	8FH	8EH	8DH	8CH	8BH	8AH	89H	88H	88H
P0	87H	86H	85H	84H	83H	82H	81H	80H	80H

SFR 中的 P0～P3、累加器 A、寄存器 B、PSW 已在前面介绍过，下面简单介绍 SFR 中的堆栈指针寄存器（SP）、数据指针寄存器（DPTR0 和 DPTR1）、辅助寄存器（AUXR、AUXR1）和看门狗定时器复位寄存器（WDTRST），其余的 SFR 将在本书后面相应的章节中介绍。

1. SP（81H）

SP 是一个 8 位的专用寄存器，它指出堆栈顶部在片内 RAM 中的位置。在单片机应用系统复位后，SP 初始化为 07H，使得堆栈从 08H 开始。由于 08H～1FH 属于工作寄存器区，因此若程序要使用这些单元，则需要用软件把 SP 值改为 1FH 或更大。

AT89S51 的堆栈属于向上生长型的堆栈（每向堆栈压入 1B 数据，SP 值自动加 1）。堆栈主要是为了子程序和中断服务程序的调用而设立的。堆栈的具体功能有两个：保护断点和保护现场。

保护断点：由于无论子程序还是中断服务程序的调用，最终都要返回主程序，因此应预先把主程序的断点（PC 值）在堆栈中保护起来，为程序的正确返回做准备。

保护现场：因为在单片机执行子程序或中断服务程序时，很可能要用到单片机中的一些寄存器单元，这就会破坏主程序运行时这些寄存器单元中的原有内容，所以在单片机执行子程序或中断子服务程序之前，要把单片机中有关寄存器单元的内容送入堆栈保存起来，这就是所谓的保护现场。

除了可以用软件直接设置 SP 值，在执行入栈、出栈、子程序调用、子程序返回、中断响应、中断返回等操作时，SP 值可以自动加 1 或减 1。在使用 C 语言编程时，由编译器管理堆栈区与堆栈指针。

2．DPTR0（82H～83H）和 DPTR1（84H～85H）

为了便于访问 RAM，AT89S51 设置了两个数据指针寄存器，即 DPTR0 和 DPTR1，它们都是 16 位的 SFR，主要用来存放 16 位 RAM 的地址，以便对片外 64KB RAM 进行读/写操作。DPTR0（或 DPTR1）由高位字节 DP0H（或 DP1H）和低位字节 DP0L（或 DP1L）组成，DPTR0（或 DPTR1）既可以作为一个 16 位寄存器使用，也可以作为两个独立的 8 位寄存器 DP0H（或 DP1H）和 DP0L（或 DP1L）使用。

3．AUXR（8EH）

AUXR 是辅助寄存器，其格式如图 2-6 所示。

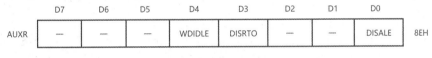

图 2-6　AUXR 的格式

DISALE（D0）：ALE 的禁止/允许位。当 DISALE=0 时，ALE 有效，发出恒定频率脉冲；当 DISALE=1 时，ALE 仅在 CPU 执行 MOVC 和 MOVX 类指令时有效，若不访问片外存储器，则 ALE 不输出脉冲信号。

DISRTO（D3）：禁止/允许 WDT 溢出时的复位输出。当 DISRTO=0 时，若 WDT 溢出，则 RST 引脚输出一个高电平脉冲；当 DISRTO=1 时，RST 引脚仅为输入引脚。

WDIDLE（D4）：WDT 在空闲模式下的禁止/允许位。当 WDIDLE=0 时，WDT 在空闲模式下继续计数；当 WDIDLE=1 时，WDT 在空闲模式下暂停计数。

4．AUXR1（A2H）

AUXR1 是辅助寄存器，其格式如图 2-7 所示。

图 2-7　AUXR1 的格式

DPS：数据指针寄存器选择位。前面介绍了 AT89S51 有两个 16 位数据指针寄存器 DPTR0、DPTR1，辅助寄存器 AUXR1 的 DPS 位用于选择这两个数据指针寄存器。当 DPS=0 时，选择 DPTR0；当 DPS=1 时，选择 DPTR1。

5. WDTRST（A6H）

AT89S51 的 WDT 包含一个 14 位计数器和一个 WDTRST。当 CPU 因受到干扰而使程序陷入死循环或"跑飞"状态时，WDT 可提供使程序恢复正常运行的有效手段。

在 C 语言程序中，SFR 在头文件 reg51.h 中定义，若要使用 SFR，则在程序中必须引用这个头文件。在 SFR 中，除了累加器 A 和寄存器 B 是通用寄存器，在程序中可以随便使用，其他 SFR 都是专用的，不能随便使用。

2.5 AT89S51 的并行 I/O 口

并行 I/O 口是单片机控制外设的主要通道，AT89S51 共有 4 个双向的 8 位并行 I/O 口：P0、P1、P2 和 P3，属于 SFR。这 4 个 I/O 口既可以作为并行 I/O 数据端口，也可以按位方式使用。这 4 个 I/O 口的功能不完全相同，它们的内部结构设计也是不同的。本节详细介绍这 4 个 I/O 口的结构，以便读者掌握它们的结构特点，在使用时能够更好地进行选择和控制。需要说明的是，如果使用 C 语言编写程序，那么对 I/O 口的内部结构不用了解得太多，只要能对其进行正确使用就可以。

2.5.1 P0 口

P0 口的字节地址为 80H，位地址为 80H～87H，是一个双功能的 8 位并行口。它的一个功能是作为通用的 I/O 口使用，另一个功能是作为地址/数据总线使用。在作为地址/数据总线使用时，P0 口分时送出低 8 位的地址和传送 8 位数据，这种地址和数据共用一个 I/O 口的方式称为总线复用方式，即由 P0 口分时作为地址/数据总线。

P0 口的某个位的电路结构如图 2-8 所示。它由 1 个锁存器、2 个三态缓冲器、1 个多路选择器（MUX）、输出控制电路、数据输出驱动电路组成。锁存器用于输出数据位的锁存，P0 口的 8 个位锁存器构成了特殊功能寄存器 P0；数据输出驱动电路由场效应管 T1、T2 组成，可增大负载的能力，其工作状态受输出控制电路控制；三态缓冲器 1 用于读锁存器的输入缓冲，三态缓冲器 2 用于读引脚的输入缓冲；输出控制电路由 1 个与门、1 个反相器和 1 个多路选择器 MUX 组成。当控制信号 C=0 时，MUX 开关向下，P0 口作为通用 I/O 口使用；当控制信号 C=1 时，MUX 开关向上，P0 口作为地址/数据总线使用。

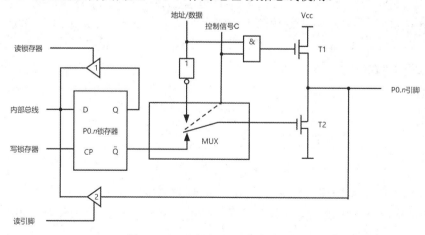

图 2-8　P0 口的某个位的电路结构

1．P0 口作为通用 I/O 口使用

当控制信号 C=0 时，MUX 开关向下，P0 口作为通用 I/O 口使用。这时，与门输出为 0，场效应管 T1 截止。

（1）P0 口作为输出口。当 CPU 在 P0 口执行输出指令时，写脉冲加在锁存器的 CP 端，内部总线上的数据写入锁存器 D 端，并由引脚 P0.n 输出。当锁存器 D 端为"1"时，$\overline{Q}$ 端为"0"，场效应管 T2 截止，输出为漏极开路，此时若要使"1"信号正常输出，则必须外接上拉电阻；当锁存器 D 端为"0"时，场效应管 T2 导通，P0 口输出低电平。

（2）P0 口作为输入口。当 P0 作为输入口使用时，有两种读入方式：读锁存器和读引脚。所谓读锁存器，是指当 CPU 发出读锁存器指令时，锁存器的状态由 Q 端经上方的三态缓冲器 1 进入内部总线；所谓读引脚，是指读芯片引脚的数据，当 CPU 发出读引脚指令时，锁存器的输出状态为"1"，即 $\overline{Q}$ 端为"0"，从而使场效应管 T2 截止，这时由读引脚信号将三态缓冲器 2 打开，引脚的状态经三态缓冲器 2 进入内部总线。

由于当 P0 口作为 I/O 口使用时，场效应管 T1 始终是截止的，因此当 P0 口作为输入口时，为保证引脚信号的正确读入，必须先向锁存器写 1，使场效应管 T2 截止，即引脚处于悬浮状态，才能进行高电平输入，否则会因为场效应管 T2 导通而使端口始终被钳位在低电平，无法进行高电平的输入。在单片机复位后，锁存器自动被置 1；当 P0 口由原来的输出状态转变为输入状态时，应先将锁存器置 1，再执行输入操作。

2．P0 口作为地址/数据总线使用

在实际应用中，P0 口在大多数情况下是作为地址/数据总线使用的。AT89S51 没有单独的地址线和数据线，当扩展片外存储器或 I/O 时，由 P0 口作为单片机应用系统低 8 位地址/8 位数据分时复用的总线接口。当 P0 口作为地址/数据总线时，有以下两种情况。

（1）从 P0 口输出地址/数据：当访问片外存储器或 I/O 需要从 P0 口输出地址/数据时，控制信号 C 应接高电平"1"，这时硬件自动使 MUX 开关向上，接通反相器的输出端，同时使与门处于开启状态。当输出的地址/数据信息为"1"时，与门输出"1"，场效应管 T1 导通，场效应管 T2 截止，P0.n 引脚输出"1"；当输出的地址/数据信息为"0"时，场效应管 T1 截止，场效应管 T2 导通，P0.n 引脚输出"0"，说明 P0.n 引脚的输出状态随地址/数据状态的变化而变化，从而完成地址/数据信号的正确传送。输出电路是由两个场效应管 T1 和 T2 组成的推拉式输出电路（T1 导通时上拉，T2 导通时下拉），可大大提高负载能力，场效应管 T1 起到内部上拉电阻的作用。

（2）从 P0 口输入数据：当从 P0 口输入数据时，读引脚信号有效，数据由输入缓冲器 2 进入内部总线。这时无须先向锁存器写"1"，此工作由 CPU 自动完成。

综上所述，P0 口既可作为通用 I/O 口使用，也可以作为地址/数据总线使用。当 P0 进行 I/O 输出时，必须外接上拉电阻；当 P0 进行 I/O 输入时，必须先向对应的锁存器写"1"，这一点对 P1、P2、P3 口同样适用。在大多数情况下，P0 口作为地址/数据总线使用，这时它就不能再作为通用 I/O 口使用了。

2.5.2　P1 口

P1 口的字节地址为 90H，位地址为 90H～97H，只作为通用 I/O 口使用。

P1 口的某个位的位电路结构如图 2-9 所示。它由 1 个锁存器、2 个三态缓冲器和数据输

出驱动电路组成。输出驱动电路由一个场效应管和一个片内上拉电阻组成，因此当某个位输出高电平时，该电路可以提供上拉电流负载，不必像 P0 口那样需要外接上拉电阻。

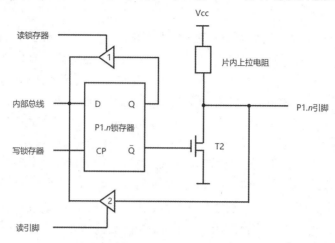

图 2-9　P1 口的某个位的电路结构

P1 口只有通用 I/O 口一种功能，每个位都能独立地作为 I/O 口。

（1）P1 口作为输出口。若 CPU 输出"1"，Q=1，$\overline{Q}$=0，则场效应管 T2 截止，P1.n 引脚输出"1"；若 CPU 输出"0"，Q=0，$\overline{Q}$=1，则场效应管 T2 导通，P1.n 引脚输出"0"。

（2）P1 口作为输入口。此时有读锁存器和读引脚两种方式。在使用读锁存器方式时，锁存器 Q 端的状态经三态缓冲器 1 进入内部总线；在使用读引脚方式时，必须先向锁存器写"1"，使场效应管 T2 截止，P1.n 引脚上的电平经三态缓冲器 2 进入内部总线。

2.5.3　P2 口

P2 口的字节地址为 A0H，位地址为 A0H～A7H。P2 口是一个双功能口，既可以作为通用 I/O 口使用，也可以作为高 8 位地址总线使用。

P2 口的某个位的电路结构如图 2-10 所示。它由 1 个锁存器、2 个三态缓冲器、1 个多路选择器和数据输出驱动电路组成。输出驱动电路由场效应管和片内上拉电阻组成。

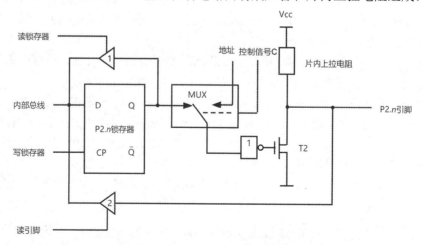

图 2-10　P2 口的某个位的电路结构

1．P2 口作为通用 I/O 口使用

当 P2 口作为通用 I/O 口使用时，控制信号 C 使 MUX 开关向左，将锁存器的 Q 端经反相器与场效应管 T2 接通。

（1）P2 口作为输出口。当 CPU 输出"1"时，Q=1，$\overline{Q}$=0，场效应管 T2 截止，P2.n 引脚输出"1"；当 CPU 输出"0"时，Q=0，$\overline{Q}$=1，场效应管 T2 导通，P2.n 引脚输出"0"。

（2）P2 口作为输入口。此时有读锁存器和读引脚两种方式。在使用读锁存器方式时，锁存器 Q 端的状态经三态缓冲器 1 进入内部总线；在使用读引脚方式时，必须先向锁存器写"1"，使场效应管 T2 截止，P2.n 引脚上的电平经三态缓冲器 2 进入内部总线。

2．P2 口作为高 8 位地址总线使用

当 P2 口作为高 8 位地址总线使用时，控制信号 C 使 MUX 开关向右，地址线通过反相器与场效应管 T2 接通。当地址线为"0"时，场效应管 T2 导通，P2.n 引脚输出"0"；当地址线为"1"时，场效应管 T2 截止，P2.n 引脚输出"1"。

在作为高 8 位地址总线使用时，P2 口可以输出片外存储器的高 8 位地址，与 P0 口输出的低 8 位地址一起构成 16 位地址，可以寻址 64KB 的地址空间，P2 口中的锁存器的内容保持不变。在多数情况下，P2 口作为高 8 位地址总线使用，这时它就不能再作为通用 I/O 口使用了。

2.5.4 P3 口

P3 口的字节地址为 B0H，位地址为 B0H～B7H。P3 口是一个多功能口，P3 口除了可作为通用 I/O 使用，还有第二功能（详见表 2-1）。P3 口的每个位都可以分别定义为第一输入功能或第二输出功能。

P3 口的某个位的电路结构如图 2-11 所示。它由 1 个锁存器、3 个三态缓冲器和输出驱动电路组成。3 个三态缓冲器 1、2、3 分别用于读锁存器、读引脚和第二功能的输入缓冲。输出驱动电路由与非门、场效应管 T2 和片内上拉电阻组成。与非门实际上起到开关的作用，它决定输出锁存器上的数据或输出第二输出功能的信号。当输出锁存器 Q 端的数据时，第二输出功能为"1"；当输出第二功能信号时，锁存器 Q 端为"1"。

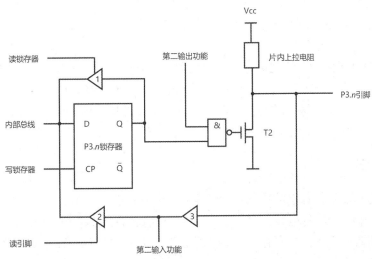

图 2-11 P3 口的某个位的电路结构

1. P3 口作为通用 I/O 口使用

（1）P3 口作为输出口。当 P3 口定义为第一输出功能时，第二输出功能端保持高电平，这时与非门为开启状态。当 CPU 输出"1"时，Q=1，$\overline{Q}$=0，场效应管 T2 截止，P3.n 引脚输出"1"；当 CPU 输出"0"时，Q=0，$\overline{Q}$=1，场效应管 T2 导通，P3.n 引脚输出"0"。

（2）P3 口作为输入口。当 P3 口定义为第一输入功能时，锁存器和第二输出功能均应置 1，场效应管 T2 截止，P3.n 引脚状态通过三态缓冲器 3 送至三态缓冲器 2，在读引脚信号有效时，通过三态缓冲器 2 的输出端进入内部总线；当 P3 口定义为第一输入功能时，也可以执行读锁存器操作，此时 Q 端信号经过三态缓冲器 1 进入内部总线。

2. P3 口作为第二功能使用

（1）P3 口第二输出功能。当 P3 口定义为第二输出功能时，由内部硬件将锁存器置 1，使与非门为开启状态，第二输出功能，如 TXD、$\overline{WR}$ 和 $\overline{RD}$ 等信号，经与非门送至场效应管 T2，再输出到 P3.n 引脚。当 CPU 输出"1"时，场效应管 T2 截止，P3.n 引脚输出"1"；当 CPU 输出"0"时，场效应管 T2 导通，P3.n 引脚输出"0"。

（2）P3 口第二输入功能。当 P3 口定义为第二输入功能时，该位的锁存器和第二输出功能端均应置 1，场效应管 T2 截止，该位引脚为高阻。此时第二输入功能，如 RXD、$\overline{INT0}$、$\overline{INT1}$、T0、T1 等信号，经三态缓冲器 3 送至第二输入功能端（此时端口不作为通用 I/O 口使用，无读引脚信号，三态缓冲器 2 截止）。

用户不需要考虑如何设置 P3 口的第一功能或第二功能。当 CPU 把 P3 口作为 SFR 进行寻址（包括位寻址）时，内部硬件自动将第二输出功能端置 1，此时 P3 口作为通用 I/O 口使用；当 CPU 不把 P3 口作为 SFR 进行寻址时，内部硬件自动将锁存器 Q 端置 1，此时 P3 口作为第二功能使用。

2.6　AT89S51 的时钟电路和时序

时钟电路用于产生单片机在工作时所需要的时钟信号，而时序是指 CPU 在执行指令时各控制信号在时间顺序上的关系，它是一系列具有时间顺序的脉冲信号。由于单片机本身是一个复杂的同步时序电路，为了保证片内各功能部件同步工作，单片机应在唯一时钟信号的控制下严格地按照时序进行工作。

CPU 发出的时序信号有两类：一类用于对片内各功能部件的控制，这类时序信号是芯片设计师关注的问题，用户无须了解；另一类用于对片外存储器或 I/O 口的控制，需要通过器件的控制引脚送到片外，这类时序信号对分析、设计硬件接口电路至关重要，也是软件编程遵循的原则，用户需要对其进行掌握。

2.6.1　时钟电路

AT89S51 各功能部件都以时钟信号为基准运行，它们有条不紊、一拍一拍地工作。因此，时钟频率直接影响单片机的运行速度，时钟电路的质量也直接影响单片机应用系统的稳定性。常用的时钟电路有两类：一类是内部时钟电路，利用芯片内部的振荡电路产生时钟信号；另一类是外部时钟电路，时钟信号由外部引入。

1．内部时钟电路

图 2-12 所示为内部时钟电路。该电路内部有一个用于构成晶体振荡器的高增益反相放大器，引脚 XTAL1 和 XTAL2 分别是高增益反相放大器的输入、输出端。这两个引脚外接晶体和电容，构成一个稳定的晶体振荡器（简称晶振），这种电路称为内部时钟电路，大多数单片机采用内部时钟电路。

内部时钟电路中的晶体振荡器及电容 C1、C2 构成并联谐振电路，接在高增益反相放大器的反馈电路中。系统的时钟频率取决于晶体振荡器频率。晶体振荡器频率越高，系统的时钟频率越高，单片机的运行速度也就越快。但反过来，单片机的运行速度越快，其对存储器的速度要求就越高，对印制电路板的工艺要求也越高，即要求线间的寄生电容越小。

晶体振荡器频率的可选范围通常是 1.2～12MHz。电容 C1 和 C2 的主要作用是帮助起振（谐振），其电容值的大小会影响晶体振荡器频率的高低、晶体振荡器的稳定性和其起振的速度。因此可以调节 C1 或 C2 的电容值大小对晶体振荡器频率进行微调，电容值通常为 20～100pF。当时钟频率为 12MHz 时，C1、C2 的典型电容值为 30pF。晶体振荡器和电容应尽可能与单片机芯片靠近，以减小寄生电容，更好地保证晶体振荡器稳定和可靠地工作。为了提高温度稳定性，应采用温度稳定性能好的高频电容。

AT89S51 通常选择振荡频率为 6MHz 或 12MHz 的石英晶体作为晶体振荡器。随着集成电路制造工艺技术的发展，单片机的时钟频率也在逐步提高，AT89S51 和 AT89S52 的时钟频率最高可达 33MHz。

2．外部时钟电路

图 2-13 所示为外部时钟电路。外部时钟电路将外部振荡器产生的脉冲信号直接加到其输入端，作为 CPU 的时钟信号。这时，外部振荡器的输出信号直接接到 XTAL1 端，XTAL2 端悬空。这种电路常用于多个 AT89S51 同时工作的场合，便于多个 AT89S51 之间进行同步，时钟信号一般为低于 12MHz 的方波。

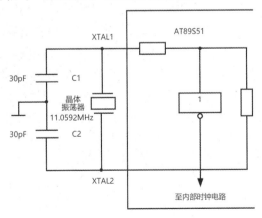

图 2-12　内部时钟电路

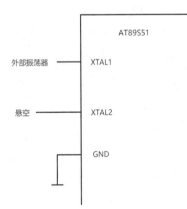

图 2-13　外部时钟电路

3．时钟信号的输出

当使用晶体振荡器时，XTAL1、XTAL2 引脚还能为单片机应用系统中的其他芯片提供时钟信号，这时需要增加驱动能力。时钟信号的输出方式有两种，如图 2-14 所示。

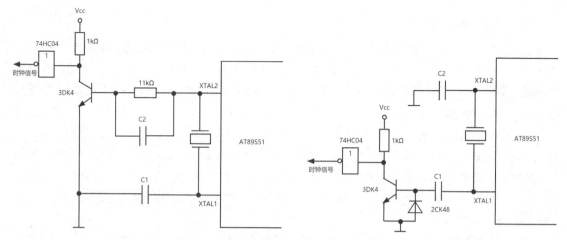

图 2-14　时钟信号的两种输出方式

2.6.2　时序

CPU 在执行指令时是在时序控制电路的控制下一步一步进行的。时序是用定时单位来说明的，各种时序均与时钟周期有关。

1. 时钟周期

时钟周期是单片机时钟信号的基本时间单位。若单片机的晶体振荡器频率为 f_{osc}，则时钟周期为 $T_{osc}=1/f_{osc}$。

2. 机器周期

CPU 完成一个基本操作所需要的时间称为机器周期（记为 T_{CY}）。AT89S51 的每个机器周期由 12 个时钟周期组成，即 $T_{CY}=12/f_{osc}$。若 f_{osc}=6MHz，则 T_{CY}=2μs；若 f_{osc}=12MHz，则 T_{CY}=1μs。在单片机中，常把执行一条指令的过程分为几个机器周期，每个机器周期完成一个基本操作，如取指令、读数据、写数据等。

AT89S51 采用定时控制方式，有固定的机器周期，1 个机器周期包括 12 个时钟周期，这 12 个时钟周期可分为 6 个状态：S1～S6。每个状态又可分为 2 个节拍，前半个时钟周期对应的节拍叫节拍 1（P1），后半个时钟周期对应的节拍叫节拍 2（P2）。因此，1 个机器周期中的 12 个时钟周期共有 12 个节拍，分别记作 S1P1、S1P2、S2P1、S2P2……S6P2。AT89S51 的机器周期如图 2-15 所示。

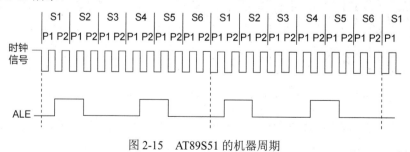

图 2-15　AT89S51 的机器周期

3. 指令周期

指令周期是单片机中最大的时间单位，是从 CPU 取出一条指令到该指令执行完毕所需的时间。指令周期以机器周期为单位，它一般由若干个机器周期组成。不同的指令所需的机器周期数不同。通常，包含一个机器周期的指令称为单周期指令，包含两个机器周期的指令称为双周期指令。指令的执行速度与指令所包含的机器周期数有关，包含的机器周期数越少的指令执行速度越快。

2.7 AT89S51 的复位操作和复位电路

复位是单片机的初始化操作，单片机在启动时都需要进行复位操作。复位的主要作用是使 CPU 和其他功能部件处于一个确定的初始状态，并从该初始状态开始工作。

2.7.1 复位操作

当 AT89S51 进行复位操作时，程序计数器的内容初始化为 0000H，也就是使 AT89S51 从 ROM 的 0000H 单元开始执行程序，同时使 CPU 及其他功能部件都从一个确定的初始状态开始工作。除了给单片机上电时需要对系统进行正常的初始化，当程序运行出错（如程序"跑飞"）或操作错误使系统处于"死锁"状态时，也需要进行复位操作，使其摆脱"跑飞"或"死锁"状态而重新启动。单片机在进行复位操作时，片内寄存器的复位状态如表 2-6 所示。

表 2-6　片内寄存器的复位状态

寄　存　器	复　位　状　态	寄　存　器	复　位　状　态
PC	0000H	DP1H	00H
A	00H	DP1L	00H
PSW	00H	TMOD	00H
B	00H	TCON	00H
SP	07H	TH0、TH1	00H
DPTR	0000H	TL0、TL1	00H
P0～P3	FFH	SCON	00H
IP	××000000B	SBUF	××××××××B
IE	0×000000B	PCON	0×××0000B
DP0H	00H	AUXR	×××00××0B
DP0L	00H	AUXR1	×××××××0B
WDTRST	××××××××B		

RST 引脚是单片机复位信号的输入引脚，该引脚高电平有效。当时钟电路工作以后，只需要给 AT89S51 的 RST 引脚加上大于 2 个机器周期（24 个时钟周期）的高电平就可使 AT89S51 复位。在复位时，把单片机的 ALE 和 $\overline{\text{PSEN}}$ 引脚设置为输入状态，即 ALE=1 和 $\overline{\text{PSEN}}$ =1，则片内 RAM 中的数据将不受复位的影响。

2.7.2 复位电路

AT89S51 的复位是由片外复位电路实现的。AT89S51 的复位电路结构如图 2-16 所示。RST 引脚通过一个施密特触发器与片外复位电路相连，施密特触发器用来抑制噪声，它在每个机器周期的 S5P2 输出，在片外复位电路采样一次后才能得到片内复位操作所需的信号。

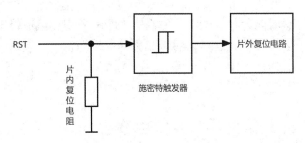

图 2-16　AT89S51 的复位电路结构

单片机的复位方式有两种：上电自动复位和按键手动复位。

上电自动复位是通过片外复位电路的电容充电来实现的，上电自动复位电路图如图 2-17 所示。在上电瞬间，电容 C 充电，RST 引脚的电位与 V_{CC} 相同，随着电容 C 充电电压的增加，RST 引脚的电位逐渐下降。为保证单片机能有效复位，RST 引脚上的高电平必须维持至少 2 个机器周期。该电路的典型电阻、电容参数：当晶体振荡器频率为 12MHz 时，$C=10\mu F$，$R=8.2k\Omega$；当晶体振荡器频率为 6MHz 时，$C=22\mu F$，$R=1k\Omega$。虽然上述参数比实际要求的值大很多，但设计人员通常并不关心多出的复位时间。

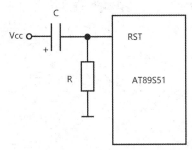

图 2-17　上电自动复位电路图

除上电自动复位以外，有时还需要实现按键手动复位。单片机复位电路一般都将上电自动复位和按键手动复位设计在一起，即设计为上电及按键复位电路，如图 2-18 所示。当电路中的 K_R 没有被按下时，其工作原理与图 2-17 所示的电路的工作原理相同，为上电自动复位电路。在单片机运行期间，也可实现按键手动复位。当晶体振荡器频率为 6MHz 时，$C=22\mu F$，$R_S\approx200\Omega$，$R_K\approx1k\Omega$。

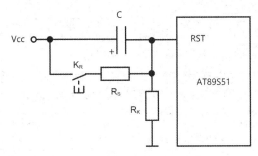

图 2-18　上电及按键复位电路

2.8　AT89S51 的最小应用系统

在 AT89S51 中，CPU、存储器（4KB Flash ROM 及 128B RAM）、4 个 I/O 口、外接时钟

电路及复位电路构成了 AT89S51 的最小应用系统，如图 2-19 所示。

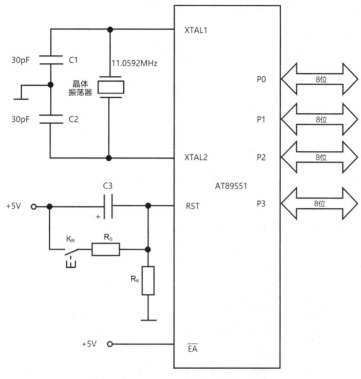

图 2-19　AT89S51 的最小应用系统

单片机最小应用系统是构成单片机应用系统的基本硬件单元。在单片机最小应用系统的基础上，用户可以根据实际需求进行灵活扩充，以适应不同单片机应用系统的特殊需求。

2.9　AT89S51 的低功耗节电模式

为了降低单片机运行时的消耗功率，ATS9S51 提供了两种低功耗节电模式，即空闲模式（Idle Mode）和掉电保持模式（Power Down Mode），即 AT89S51 除了可以使用正常的工作模式，还可以使用低功耗节电模式（又称为省电模式）。在掉电保持模式下，V_{CC} 可由后备电源供电。图 2-20 所示为两种低功耗节电模式的内部控制电路。

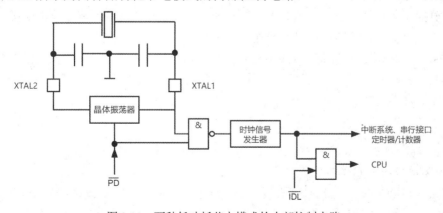

图 2-20　两种低功耗节电模式的内部控制电路

AT89S51 的两种低功耗节电模式需要通过软件设置才能实现，具体操作是设置 SFR 中的电源控制寄存器 PCON 的 PD 位和 IDL 位。电源控制寄存器 PCON 的格式如图 2-21 所示，其字节地址为 87H。

图 2-21　电源控制寄存器 PCON 的格式

PD：掉电保持模式控制位，当 PD=1 时单片机进入掉电保持模式。

IDL：空闲模式控制位，当 IDL=1 时单片机进入空闲模式。

2.9.1　空闲模式

在单片机程序执行过程中，若不需要 CPU 工作，则可以让它进入空闲模式，以降低单片机的功率消耗。

1．空闲模式的进入

若用指令把 PCON 中的 IDL 位置 1，则在图 2-20 中，$\overline{\text{IDL}}$=0，此时通往 CPU 的时钟信号被阻断，单片机的 CPU 停止工作，进入空闲模式。此时晶体振荡器仍然运行，并向单片机内部的中断系统、串行接口和定时器/计数器电路提供时钟，使它们继续工作。当 CPU 进入空闲模式时，SP、PC、PSW、A、P0～P3 口等所有其他寄存器，以及片内 RAM 和 SFR 中的内容均保持 CPU 进入空闲模式前的原始状态，ALE 和 $\overline{\text{PSEN}}$ 输出高电平。

2．空闲模式的退出

CPU 退出空闲模式的方式有两种：中断响应方式和硬件复位方式。

1）中断响应方式

在空闲模式下，若有任何一个允许的中断请求被响应，则 PCON 中的 IDL 位被片内硬件自动清 0，CPU 退出空闲模式。当系统执行完中断服务程序返回时，将从设置空闲模式指令的下一条指令（断点处）开始继续执行程序。

2）硬件复位方式

若 RST 引脚出现复位脉冲，则会导致 PCON 中的 IDL 位被清 0，CPU 退出空闲模式。在复位电路发挥控制作用前（复位操作需要 2 个机器周期才能完成），有长达 2 个机器周期的时间，单片机要从断点处（在将 IDL 位置 1 指令的下一条指令处）继续执行程序。在这段时间内，复位算法已经开始控制单片机的硬件并禁止 CPU 对片内 RAM 的访问，但不阻止其对外部端口（或片外 RAM）的访问。为了避免在硬件复位，CPU 退出空闲模式时出现对端口（或片外 RAM）的意外写操作，当设置 CPU 进入空闲模式时，在将 IDL 位置 1 的指令后面应该避免存在写端口（或片外 RAM）的指令。

2.9.2　掉电保持模式

1．掉电保持模式的进入

若用指令将 PCON 中的 PD 位置 1，则单片机进入掉电保持模式。由图 2-20 可知，这时进入晶体振荡器的时钟信号被封锁，晶体振荡器停止工作。由于时钟信号发生器没有时钟信号输出，因此单片机内部的所有功能部件均停止工作，但片内 RAM 和 SFR 中的内容被保存，端口的输出状态值都被保存在对应的 SFR 中。

2．掉电保持模式的退出

退出掉电保持模式有两种方法：硬件复位和外部中断。当采用硬件复位的方法退出掉电保持模式时，重新初始化所有的 SFR，但不改变片内 RAM 中的内容。当 V_{CC} 恢复到正常工作水平时，只要硬件复位信号维持 10ms，便可使单片机退出掉电保持模式。当采用外部中断的方法退出掉电保持模式时，这个外部中断必须使系统恢复到其进入掉电保持模式之前的稳定状态，因此应使外部中断输入保持足够长时间的低电平，以使晶体振荡器稳定。

习题 2

1．AT89S51 中都有哪些功能部件？各功能部件的主要功能是什么？

2．说明 AT89S51 的 $\overline{EA}$ 引脚的作用，以及该引脚接高电平和低电平时各有何功能。

3．程序计数器有哪些特点？

4．PSW 的作用是什么？常用的标志位有哪些？它们的作用是什么？

5．AT89S51 的存储空间如何划分？各地址空间的寻址范围是什么？

6．AT89S51 片内 128B 的 RAM 可分为哪几个区？各自的地址范围及功能是什么？

7．在访问片外 ROM 或片外 RAM 时，P0 口和 P2 口各用来传送什么信号？P0 口为什么要采用片外地址锁存器？

8．堆栈的功能是什么？AT89S51 复位时的 SP 值是多少？在进行程序设计时，为什么一般要对 SP 重新赋值？

9．分析 AT89S51 哪些地址单元具有位地址。

10．AT89S51 的时钟周期、机器周期、指令周期是如何设置的？若 AT89S51 的晶体振荡器频率为 12MHz，则一个机器周期是多长？

11．常用的单片机的复位方式有哪几种？复位后单片机的初始状态如何？

第3章 51单片机的指令系统及 汇编语言程序设计

学习和使用单片机的一个重要环节就是理解和掌握它的指令系统，不同类型的单片机所对应的指令系统是不同的。AT89S51 为 51 单片机，该系列单片机均使用汇编语言指令系统。本章主要介绍 51 单片机的指令系统，包括各种寻址方式及其特点，各类指令的格式、功能及使用等，以及 51 单片机的汇编语言程序设计。

3.1 指令系统概述及其寻址方式

3.1.1 指令系统概述

指令是使 CPU 按照人们的意图来执行某种操作的命令。一台计算机所能执行的全部指令的集合称为指令系统。指令系统可以体现计算机的性能，是使用计算机进行程序设计的基础。

指令有机器码和助记符两种表示方法。指令的机器码也称为指令码，是机器能够接收的指令，但对于程序设计人员来说，其使用并不方便。指令的助记符也称为汇编语言指令，这种形式有利于程序的编写，但在运行前需要转换为机器码。

指令的表示方法称为指令格式。指令的一般格式：

[标号:] <操作码>,[操作数] [;注释]

标号（可以没有）是用户定义的符号。标号值代表这条指令所在的地址。标号以字母为首，后面有 1～8 个字母或数字，并以 "：" 结尾，"[ ]" 中的内容表示可选项；操作码是由助记符表示的字符串，它指出本条指令所要执行的操作；操作数指出该操作过程中需要的操作数（或操作数地址），操作数可以有一个、两个、三个或没有，一个、两个操作数所对应的指令通常分别称为一地址指令、二地址指令或单操作数指令、双操作数指令；注释是为本条指令所做的说明，它的作用是便于用户阅读，以 "；" 开始。

3.1.2 指令系统的寻址方式

寻址方式是指寻找操作数地址的方式。在使用汇编语言进行编程时，数据的存放、传送、运算都需要通过指令来完成。用户自始至终都必须十分清楚操作数的位置，以及如何将它们传送到适当的寄存器中去参与运算。每种计算机都具有多种寻址方式，其所要解决的事情就是在整个寄存器和存储器的寻址空间中快速找到操作数地址。为了满足程序设计的需要，51单片机的指令系统使用了 7 种寻址方式，下面分别进行介绍。

1. 寄存器寻址

寄存器寻址是指将指令中的某个寄存器中的内容作为操作数,可以进行操作的寄存器包括当前工作寄存器区的 8 个工作寄存器 R0~R7、累加器 A、寄存器 B、数据指针(DPTR)和进位(CY)等。

【例 3-1】
```
MOV A,R0            ;将寄存器 R0 中的内容传送给累加器 A
```

2. 立即寻址

立即寻址是指操作数直接在指令中给出,紧跟在操作码的后面。指令中的操作数称为立即数,其标志为前面有"#"。

【例 3-2】
```
MOV A,#30H          ;将立即数 30H 传送给累加器 A
```

3. 直接寻址

直接寻址是指在指令中直接给出操作数的地址单元,该地址单元中的内容就是操作数。在这种寻址方式中,指令的操作数部分就是操作数的地址单元。直接寻址方式可以访问片内 RAM 的 128 个单元及所有 SFR。

【例 3-3】
```
MOV A,30H           ;将片内 RAM 中 30H 单元中的内容传送给累加器 A
MOV A,P0            ;将 P0 口(字节地址为 80H)中的内容传送给累加器 A
```
上述第二条指令也可以写为
```
MOV A,80H
```

4. 寄存器间接寻址

寄存器间接寻址是指将指令中的寄存器中存放的内容作为操作数地址,即先从寄存器中找到操作数地址,再按该地址找到操作数。为了区别寄存器寻址和寄存器间接寻址,在使用寄存器间接寻址方式时,应在寄存器名称前面加"@"。

寄存器间接寻址使用所选定工作寄存器区中的 R0 和 R1 作为地址指针(在进行堆栈操作时,使用堆栈指针),来寻址片内 RAM(00H~7FH)的 128 个单元,但它不能访问 SFR。寄存器间接寻址也适用于访问片外 RAM,此时用 R0、R1 或 DPTR 作为地址指针。

【例 3-4】
```
MOV A,@R0           ;将片内 RAM 中 40H 单元中的内容传送给累加器 A
```

5. 基址寄存器加变址寄存器间接寻址

基址寄存器加变址寄存器间接寻址方式用于对 ROM 进行寻址,它将 DPTR 或 PC 作为基址寄存器,将累加器 A 作为变址寄存器,将两者内容相加形成的 16 位地址作为目的地址进行寻址。

【例 3-5】
```
MOVC A,@A+DPTR
```
该指令的功能是从 ROM 的某个地址单元中取出 1B 数据传送给累加器 A。假设累加器 A 中的内容为 30H,DPTR 中的内容为 2000H,则该指令的执行结果是将 ROM 2030H 单元中的内容传送给累加器 A。

采用该寻址方式的指令只有以下 3 条。

```
MOVC A,@A+DPTR
MOVC A,@A+PC
JMP  @A+DPTR
```

其中，前两条是读 ROM 的指令，最后一条是无条件转移指令。

6. 相对寻址

在 51 单片机的指令系统中设有转移指令，其又可分为直接转移指令和相对转移指令，在相对转移指令中采用相对寻址方式。这种寻址方式是以当前 PC 值（指相对转移指令所在地址加转移指令字节数）为基地址，再加上偏移量（rel），形成新的转移目的地址，从而使程序转移到该目的地址。目的地址的计算公式为

$$目的地址=转移指令所在地址+转移指令字节数+rel$$

式中，rel 是一个 8 位带符号的二进制数补码，其取值范围为-128～+127。

【例 3-6】
```
JZ rel
```
该指令是一条只要累加器 A 为零就转移的双字节指令。若该指令所在地址为 2050H，则执行该指令时的当前 PC 值为 2052H，目的地址为 2052+rel。通常在编写程序时，只需要在转移指令中直接写出要转向的目的地址标号即可。

【例 3-7】
```
JZ LOOP
```
"LOOP"为目的地址标号。在进行计算机汇编时，由汇编程序自动计算和填入偏移量；但在进行人工汇编时，偏移量由人工计算。

7. 位寻址

位寻址是指在指令中直接给出位地址。该寻址方式可以对片内 RAM 中的 128bit 和 SFR 中的 83bit 进行寻址，并且位操作指令可对地址空间中的每一位进行传送及逻辑操作。

【例 3-8】
```
MOV C,40H        ;将位地址为 40H 的值传送到 CY 位
SETB PSW.3       ;将 PSW 中的 D3 位（RS0）置 1
```
综上所述，在单片机的存储空间中，指令究竟对哪个存储器空间进行操作是由指令操作码和寻址方式确定的。7 种寻址方式及其寻址空间如表 3-1 所示。

表 3-1　7 种寻址方式及其寻址空间

序　号	寻 址 方 式	寻 址 空 间
1	寄存器寻址	R0～R7、A、B、CY、DPTR
2	立即寻址	ROM
3	直接寻址	片内 RAM、SFR
4	寄存器间接寻址	片内 RAM、片外 RAM
5	基址寄存器加变址寄存器间接寻址	ROM
6	相对寻址	ROM
7	位寻址	片内 RAM 中的可寻址位、SFR 中的可寻址位

3.2　51 单片机的指令系统

在编写程序时，指令所起的作用和人们在说话与写作时所必须遵循的语法所起的作用相同。因此，在指令的学习过程中，应该重视指令的功能及指令的格式，在掌握了这些之后，才能应用指令编写程序，解决实际问题，实现学习指令的真正目的。51 单片机的指令按功能大致可分为数据传送类指令、算术运算类指令、逻辑运算类指令、控制转移类指令和位操作类指令。

3.2.1　数据传送类指令

数据传送类指令是指令系统中使用最频繁的一类指令，其功能是进行数据的传送。数据传送操作可以在累加器 A、工作寄存器 R0~R7、片内 RAM、片外 RAM 及 ROM 等之间进行。数据传送类指令一般可分为以下 6 种。

1. 片内 RAM 间的数据传送指令

片内 RAM 间的数据传送指令格式：

```
MOV  <目的操作数>,<源操作数>
```

该指令的功能是把源操作数传送给目的操作数，源操作数内容不变。这类指令一般不影响标志位，但是若指令运行结果会改变累加器 A 的值，则会影响奇偶标志位 P。

1）以累加器 A 为目的操作数的传送指令

```
MOV A,Rn          ;(Rn)→A, n=0~7
MOV A,direct      ;(direct)→A
MOV A,@Ri         ;((Ri))→A i=0, 1
MOV A,#data       ;#data→A
```

该组指令的功能是把源操作数中的内容送入累加器 A，源操作数有寄存器寻址、直接寻址、寄存器间接寻址和立即寻址等方式。

【例 3-9】

```
MOV A,R2          ;(R2)→A，寄存器寻址
MOV A,20H         ;(20H)→A，直接寻址
MOV A,@R0         ;((R0))→A，寄存器间接寻址
MOV A,#20H        ;20H→A，立即寻址
```

2）以 Rn 为目的操作数的传送指令

```
MOV Rn,A          ;(A)→Rn, n=0~7
MOV Rn,direct     ;(direct)→Rn, n=0~7
MOV Rn,#data      ;#data→Rn, n=0~7
```

该组指令的功能是把源操作数送入当前寄存器区的 R0~R7 中的某个寄存器。

3）以直接地址为目的操作数的传送指令

```
MOV direct,A      ;(A)→direct
MOV direct,Rn     ;(Rn)→direct, n=0~7
MOV direct1,direct2 ;(direct2)→direct1
MOV direct,@Ri    ;((Ri))→direct, i=0, 1
MOV direct,#data  ;#data→direct
```

该组指令的功能是把源操作数送入直接地址指定的存储单元。direct 指的是片内 RAM 或

SFR 地址。

4）以寄存器间接地址为目的操作数的传送指令

```
MOV @Ri,A          ;(A)→(Ri)，i=0，1
MOV @Ri,direct     ;(direct)→(Ri)，i=0，1
MOV @Ri,#data      ;#data→(Ri)，i=0，1
```

该组指令的功能是把源操作数送入 R0 或 R1 指定的存储单元。

2．16 位数据传送指令

```
MOV DPTR,#data16   ;#data16→DPTR
```

该指令的功能是把 16 位立即数送入 DPTR，用来设置 RAM 的地址指针。DPTR 为 16 位的数据指针，DPTR 可分为 DPH 和 DPL。该指令将#data16 中的高 8 位数据送入 DPH，低 8 位数据送入 DPL。

3．片外 RAM 数据传送指令

片外 RAM 数据传送指令用于 CPU 和片外 RAM 之间的数据传送。对片外 RAM 的访问均采用间接寻址方式。间接寻址寄存器分为两类：8 位间接寻址寄存器 R0 和 R1，寻址范围为 256B；16 位间接寻址寄存器 DPTR，寻址范围为 64KB。

```
MOVX A,@Ri         ;((Ri))→A，读片外 RAM 或 I/O 口
MOVX A,@DPTR       ;((DPTR))→A，读片外 RAM 或 I/O 口
MOVX @Ri,A         ;(A)→(Ri)，写片外 RAM 或 I/O 口
MOVX @DPTR,A       ;(A)→(DPTR)，写片外 RAM 或 I/O 口
```

MOV 的后面加 X 表示访问的是片外 RAM 或 I/O 口。前面两条指令为片外 RAM 或 I/O 口读指令，该指令执行时 $\overline{RD}$（P3.7）有效；后面两条指令为片外 RAM 或 I/O 口写指令，该指令执行时 $\overline{WR}$（P3.6）有效。

采用 Ri（i=0,1）进行间接寻址，可寻址 256B 的片外 RAM，8 位地址由 P0 口输出，锁存在地址锁存器中，然后 P0 口再作为 8 位数据口；采用 16 位的 DPTR 进行间接寻址，可寻址整个 64KB 片外 RAM 空间，高 8 位地址（DPH）由 P2 口输出，低 8 位地址（DPL）由 P0 口输出。

4．堆栈操作指令

由于堆栈操作有进栈和出栈两种操作，因此在指令系统中有相应的两条堆栈操作指令 PUSH（进栈指令）和 POP（出栈指令）。

1）进栈指令

```
PUSH direct        ;SP+1→SP，(direct)→(SP)
```

该指令的具体操作：先将 SP 加 1，指向栈顶的一个空单元，然后把 direct 单元中的内容送入 SP 指示的片内 RAM 中的单元。

【例 3-10】当(SP)=60H，(A)=30H，(B)=50H 时，执行指令：

```
PUSH A             ;SP+1=61H→SP，(A)→61H
PUSH B             ;SP+1=62H→SP，(B)→62H
```

这两条指令执行后，(61H)=30H，(62H)=50H，(SP)=62H。

2）出栈指令

```
POP direct         ;(SP)→(direct)，SP-1→SP
```

该指令的具体操作：先将 SP 指示的栈顶单元中的内容弹出到指定的片内 RAM 的 direct 单元中，然后将 SP 减 1。

【例 3-11】当(SP)=62H，(62H)=50H，(61H)=30H 时，执行指令：

```
POP DPH              ;(SP)=(62H)=50H→DPH, SP-1→SP, SP=61H
POP DPL              ;(SP)=(61H)=30H→DPL, SP-1→SP, SP=60H
```

这两条指令执行后，(DPTR)=5030H，(SP)=60H。

5. 交换指令

1）字节交换指令

```
XCH A,Rn             ;(A)↔(Rn), n=0~7
XCH A,direct         ;(A)↔(direct)
XCH A,@Ri            ;(A)↔((Ri)), i=0, 1
```

该组指令的功能是将累加器 A 中的内容和源操作数中的内容交换。源操作数可采用寄存器寻址、直接寻址和寄存器间接寻址等方式。

2）半字节交换指令

```
XCHD A,@Ri           ;(A.3~A.0)↔((R0).3~(R0).0)
```

该指令的功能是将累加器 A 的低 4 位与片内 RAM 的低 4 位交换。

3）累加器 A 半字节交换指令

```
SWAP A               ;(A.7~A.4)↔(A.3~A.0)
```

该指令的功能是将累加器 A 的低 4 位与高 4 位交换。

6. 查表指令

查表指令是用于读 ROM 中表格数据的指令，共两条。由于 ROM 只能读出不能写入，因此该组指令传送为单向传送，从 ROM 中读出数据送入累加器 A。两条查表指令均采用基址寄存器加变址寄存器间接寻址方式。

1）查表指令 1

```
MOVC A,@A+DPTR       ;((A)+(DPTR))→A
```

该指令以 DPTR 为基址寄存器，偏移量在累加器 A 中，将累加器 A 的内容和 DPTR 的内容相加得到一个 16 位地址，将由该地址指定的 ROM 单元的内容送入累加器 A。例如，对于 (DPTR)=3000H，(A)=40H，执行指令：

```
MOVC A,@A+DPTR       ;将 ROM 中 3040H 单元中的内容送入累加器 A
```

本指令的执行结果只与 DPTR 及累加器 A 的内容有关，与该指令存放的地址及常数表格存放的地址无关，因此常数表格可以存放在 64KB 的 ROM 空间中的任意位置。

2）查表指令 2

```
MOVC A,@A+PC         ;((A)+(PC))→A
```

该指令以 PC 为基址寄存器，偏移量在累加器 A 中，将累加器 A 的内容和当前 PC 值（下一条指令的起始地址）相加后得到一个新的 16 位地址，把该地址的内容送入累加器 A。该指令对访问空间有一定约束，常数表格只能存放在该指令所在地址之后的 256 个单元之内。

【例 3-12】当(A)=50H 时，执行地址 2000H 处的指令：

```
2000H: MOVC A, @A+PC
```

由于该指令占用一字节，下一条指令的地址为 2001H，即 PC=2001H，再加上寄存器 A 的值 50H，得到 2051H，即把 ROM 中 2051H 单元中的内容送入累加器 A。

数据传送类指令如表 3-2 所示。

表 3-2　数据传送类指令

助 记 符		功　能	字节数	执行时间 （机器周期数）	指令代码 （机器代码）
MOV	A,Rn	将寄存器内容送入累加器 A	1	1	E8H～EFH
MOV	A,direct	将直接寻址字节送入累加器 A	2	1	E5H，direct
MOV	A,@Ri	将间接寻址 RAM 送入累加器 A	1	1	E6H～E7H
MOV	A,#data	将立即数送入累加器 A	2	1	74H，data
MOV	Rn,A	将累加器 A 中的内容送入寄存器	1	1	F8H～FFH
MOV	Rn,direct	将直接寻址字节送入寄存器	2	2	A8H～AFH，direct
MOV	Rn,#data	将立即数送入寄存器	2	1	78H～7FH，data
MOV	direct,A	将累加器 A 中的内容送入直接寻址字节	2	1	F5H，direct
MOV	direct,Rn	将寄存器中的内容送入直接寻址字节	2	2	88H～8FH，direct
MOV	direct1,direct2	将直接寻址字节 2 送入直接寻址字节 1	3	2	85H，direct2，direct1
MOV	direct,@Ri	将间接寻址 RAM 送入直接寻址字节	2	2	86H～87H，direct
MOV	direct,#data	将立即数送入直接寻址字节	3	2	75H，direct，data
MOV	@Ri,A	将累加器 A 中的内容送入间接寻址 RAM	1	1	F6H～F7H
MOV	@Ri,direct	将直接寻址字节送入间接寻址 RAM	2	2	A6H～A7H，direct
MOV	@Ri,#data	将立即数送入间接寻址 RAM	2	1	76H～77H，data
MOV	@Ri,#data16	将 16 位常数送入间接寻址 RAM	3	2	90H，dataH，dataL
MOVC	A,@A+DPTR	将 ROM 代码字节送入累加器 A	1	2	93H
MOVC	A,@A+PC	将 ROM 代码字节送入累加器 A	1	2	83H
MOVX	A,@Ri	将片外 RAM（8 位地址）送入累加器 A	1	2	E2H～E3H
MOVX	A,@DPTR	将片外 RAM（16 位地址）送入累加器 A	1	2	E0H
MOVX	@Ri,A	将累加器 A 中的内容送入片外 RAM（8 位地址）	1	2	F2H～F3H
MOVX	@DPTR,A	将累加器 A 中的内容送入片外 RAM（16 位地址）	1	2	F0H
PUSH	direct	将直接寻址字节压入堆栈	2	2	C0H，direct
POP	direct	将栈顶字节弹入直接寻址字节	2	2	D0H，direct
XCH	A,Rn	寄存器和累加器 A 中的内容交换	1	1	C8H～CFH
XCH	A,direct	直接寻址字节和累加器 A 中的内容交换	2	1	C5H，direct
XCH	A,@Ri	间接寻址 RAM 和累加器 A 中的内容交换	1	1	C6H～C7H
XCHD	A,@Ri	间接寻址 RAM 和累加器 A 交换低半字节	1	1	D6H～D7H
SWAP	A	累加器 A 中的高、低半字节交换	1	1	C4H

3.2.2　算术运算类指令

51 单片机指令系统中的算术运算类指令有加法、减法、乘法、除法等指令，都是针对 8 位二进制无符号数的。算术运算的结果将影响 PSW 的进位标志位（CY）、辅助进位标志位（AC）、溢出标志位（OV）等。但加 1 和减 1 指令不影响这些标志位。

1. 不带进位的加法指令

```
ADD A,Rn              ;(A)+(Rn)→A, n=0～7
ADD A,direct          ;(A)+(direct)→A
ADD A,@Ri             ;(A)+((Ri))→A, i=0, 1
```

```
ADD A,#data              ;(A)+#data→A
```

该组指令的功能是把累加器 A 和操作数 2 中的内容相加，并将结果存放在累加器 A 中。操作数 2 可采用寄存器寻址、直接寻址、寄存器间接寻址和立即寻址方式。

加法运算对 PSW 中各个标志位的影响：

（1）若位 7 有进位，则进位标志位 CY 置 1；否则清 0。

（2）若位 3 有进位，则辅助进位标志位 AC 置 1；否则清 0。

（3）若位 7 有进位而位 6 没有进位，或者位 6 有进位而位 7 没有进位，则溢出标志位 OV 置 1；否则清 0。

（4）若累加器 A 中的运算结果有奇数个 1，则奇偶标志位 P 置 1；否则清 0。

2．带进位的加法指令

```
ADDC A,Rn               ;(A)+(Rn)+CY→A, n=0～7
ADDC A,direct           ;(A)+(direct)+CY→A
ADDC A,@Ri              ;(A)+((Ri))+CY→A, i=0, 1
ADDC A,#data            ;(A)+#data+CY→A
```

该组指令的功能是使操作数 2、累加器 A 和进位标志位 CY 中的内容相加，并将结果存放在累加器 A 中。操作数 2 的寻址方式和 ADD 指令相同，对 PSW 中标志位的影响也和 ADD 指令相同。

3．加 1 指令

```
INC A                   ;(A)+1→A
INC Rn                  ;(Rn)+1→Rn, n=0～7
INC direct              ;(direct)+1→direct
INC @Ri                 ;((Ri))+1→(Ri), i=0, 1
INC DPTR                ;（DPTR）+1→DPTR
```

该组指令的功能是把指令中所给出的操作数加 1。除对累加器 A 进行操作影响奇偶标志位 P 以外，不影响其他任何标志位。指令"INC DPTR"是 16 位数增 1 指令：首先对低 8 位 DPL 加 1，当数据溢出时，对 DPH 加 1，不影响进位标志位 CY。在用本指令修改输出口 P0～P3 数据时，原始输出口数据将从锁存器读入，而不从引脚读入。

4．十进制调整指令

```
DA A
```

该指令对累加器 A 中由上一条加法指令（加数和被加数均为压缩 BCD 码）所获得的 8 位结果进行调整，将其调整为压缩 BCD 码。

十进制调整方法：

（1）若累加器 A 的低 4 位大于 9 或辅助进位标志位 AC=1，则低 4 位加 6 修正，即 (A)+06H→(A)。

（2）若累加器 A 的高 4 位大于 9 或进位标志位 CY=1，则高 4 位加 6 修正，即(A)+60H→(A)。

（3）若累加器 A 的高 4 位等于 9，低 4 位大于 9，则高 4 位和低 4 位分别加 6 修正，即 (A)+66H→(A)。

上述调整是通过执行指令 DA A 自动实现的。

【例 3-13】(A)=56H，(R5)=67H，把它们看作两个压缩 BCD 码，进行 BCD 加法运算。执行指令：

```
ADD A,R5
```

```
DA A
```

结果：(A)=23H，CY=1。

5. 带借位的减法指令

```
SUBB A,Rn              ;(A)-(Rn)-CY→A, n=0～7
SUBB A,direct          ;(A)-(direct)-CY→A
SUBB A,@Ri             ;(A)-((Ri))-CY→A, i=0, 1
SUBB A,#data           ;(A)-#data-CY→A
```

该组指令的功能是从累加器 A 中减去操作数 2 和进位标志位 CY 的值，并将结果存放在累加器 A 中。

该组指令对 PSW 中各标志位的影响：

（1）若位 7 有借位，则进位标志位 CY 置 1；否则清 0。

（2）若位 3 有借位，则辅助进位标志位 AC 置 1；否则清 0。

（3）若位 6 有借位而位 7 没有借位，或者位 7 有借位而位 6 没有借位，则溢出标志位 OV 置 1；否则清 0。

6. 减 1 指令

```
DEC A                  ;(A)-1→A
DEC Rn                 ;(Rn)-1→Rn, n=0～7
DEC direct             ;(direct)-1→direct
DEC @Ri                ;((Ri))-1→(Ri), i=0, 1
```

该组指令的功能是将指定的操作数减 1。若操作数原来为 00H，减 1 后下溢为 FFH，不影响标志位（除了累加寄 A 减 1 影响奇偶标志位 P）。在用该组指令修改输出口 P0～P3 数据时，原始输出口数据将从锁存器读入，而不从引脚读入。

7. 乘法指令

```
MUL AB                 ;A×B→BA
```

该指令的功能是将累加器 A 和寄存器 B 中的 8 位无符号整数相乘，16 位乘积的低 8 位存放在累加器 A 中，高 8 位存放在寄存器 B 中。若乘积大于 255，则溢出标志位 OV 置 1；否则清 0。进位标志位 CY 一直清 0。

8. 除法指令

```
DIV AB                 ;A/B→A(商)，余数→B
```

该指令的功能是用累加器 A 中的 8 位无符号整数除以寄存器 B 中的 8 位无符号整数，所得商的整数部分存放在累加器 A 中，余数部分存放在寄存器 B 中，且进位标志位 CY 和溢出标志位 OV 清 0。若原来寄存器 B 中的内容为 0（除数为 0），则存放结果的累加器 A 和寄存器 B 中的内容不定，并将溢出标志位 OV 置 1。

算术运算类指令如表 3-3 所示。

表 3-3　算术运算类指令

助　记　符		功　　能	字节数	执行时间 （机器周期数）	指令代码 （机器代码）
ADD	A,Rn	将寄存器中的内容加入累加器 A	1	1	28H～2FH
ADD	A,direct	将直接寻址字节加入累加器 A	2	1	25H，direct
ADD	A,@Ri	将间接寻址 RAM 中的内容加入累加器 A	1	1	26H～27H

助 记 符		功 能	字节数	执行时间 （机器周期数）	指令代码 （机器代码）
ADD	A,#data	将立即数加入累加器 A	2	1	24H，data
ADDC	A,Rn	将寄存器中的内容加入累加器 A（带进位）	1	1	38H～3FH
ADDC	A,direct	将直接寻址字节加入累加器 A（带进位）	2	1	35H，direct
ADDC	A,@Ri	将间接寻址 RAM 中的内容加入累加器 A（带进位）	1	1	36H～37H
ADDC	A,#data	将立即数加入累加器 A（带进位）	2	1	34H，data
SUBB	A,Rn	将累加器 A 中的内容减去寄存器中的内容（带借位）	1	1	98H～9FH
SUBB	A,direct	将累加器 A 中的内容减去直接寻址字节（带借位）	2	1	95H，direct
SUBB	A,@Ri	将累加器 A 中的内容减去间接寻址 RAM 中的内容 （带借位）	1	1	96H～97H
SUBB	A,#data	将累加器 A 中的内容减去立即数（带借位）	2	1	94H，data
INC	A	将累加器 A 加 1	1	1	04H
INC	Rn	将寄存器加 1	1	1	08H～0FH
INC	direct	将直接寻址字节加 1	2	1	05H，direct
INC	@Ri	将间接寻址 RAM 加 1	1	1	06H～07H
DEC	A	将累加器 A 减 1	1	1	14H
DEC	Rn	将寄存器减 1	1	1	18H～1FH
DEC	direct	将直接寻址字节减 1	2	1	15H，direct
DEC	@Ri	将间接寻址 RAM 减 1	1	1	16H～17H
INC	DPTR	将数据指针加 1	1	2	A3H
MUL	AB	将累加器 A 和寄存器 B 相乘	1	4	A4H
DIV	AB	将累加器 A 除以寄存器 B	1	4	84H
DA	A	将累加器 A 进行十进制调整	1	1	D4H

3.2.3 逻辑运算类指令

1．累加器 A 的逻辑运算指令

1）累加器 A 的清 0 指令

```
CLR A
```

该指令的功能是将累加器 A 清 0，不影响 CY、AC、OV 等标志位。

2）累加器 A 的求反指令

```
CPL A
```

该指令的功能是将累加器 A 的内容按位逻辑取反，即原来为 1 的位变为 0，原来为 0 的位变为 1，不影响标志位。

3）累加器 A 的循环左移指令

```
RL A
```

该指令的功能是将累加器 A 的内容向左移 1 位，位 7 循环移入位 0，不影响标志位，如图 3-1 所示。

4）累加器 A 的带进位标志位循环左移指令

```
RLC A
```

该指令的功能是将累加器 A 的内容和进位标志位 CY 一起向左移 1 位，位 7 移入进位标志位 CY，CY 移入位 0，不影响其他标志位，如图 3-2 所示。

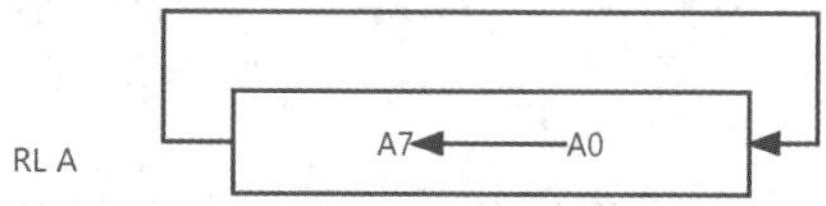

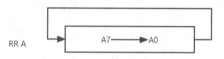

图 3-1　累加器 A 的循环左移指令 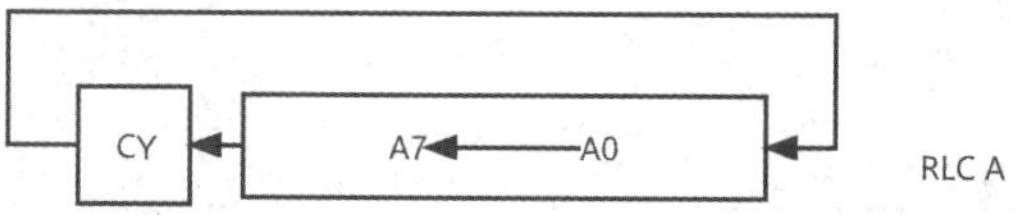　　　　　　图 3-2　累加器 A 的带进位标志位循环左移指令

5）累加器 A 的循环右移指令

```
RR  A
```

该指令的功能是将累加器 A 的内容向右移 1 位，位 0 循环移入位 7，不影响标志位，如图 3-3 所示。

6）累加器 A 的带进位标志位循环右移指令

```
RRC  A
```

该指令的功能是将累加器 A 的内容和进位标志位 CY 一起向右移 1 位，位 0 移入进位标志位 CY，CY 移入位 7，不影响其他标志位，如图 3-4 所示。

图 3-3　累加器 A 的循环右移指令　　　　　　图 3-4　累加器 A 的带进位标志位循环右移指令

2．两个操作数的逻辑运算指令

1）逻辑与指令

```
ANL A,Rn              ;(A)∧(Rn)→A, n=0～7
ANL A,direct          ;(A)∧(direct)→A
ANL A,#data           ;(A)∧#data→A
ANL A,@Ri             ;(A)∧((Ri))→A, i=0, 1
ANL direct,A          ;(direct)∧(A)→direct
ANL direct,#data      ;(direct)∧#data→direct
```

该组指令的功能是将两个指定的操作数按位进行逻辑与的操作，结果存放在目的操作数中。逻辑与指令常用于屏蔽字节中的某些位（置 0）。若清除某位，则用"0"和该位进行逻辑与运算；若保留某位，则用"1"和该位进行逻辑与运算。在用该组指令修改输出口 P0～P3 数据时，原始输出口数据将从锁存器读入，而不从引脚读入。

【例 3-14】(A)=0FH，(R0)=0FEH，执行指令：

```
ANL A, R0
```

结果：(R0)=0EH。

2）逻辑或指令

```
ORL A,Rn              ;(A)∨(Rn)→A, n=0～7
ORL A,direct          ;(A)∨(direct)→A
ORL A,#data           ;(A)∨#data→A
ORL A,@Ri             ;(A)∨((Ri))→A, i=0, 1
ORL direct,A          ;(direct)∨(A)→direct
ORL direct,#data      ;(direct)∨#data→direct
```

该组指令的功能是将两个指定的操作数按位进行逻辑或操作，结果存放在目的操作数中。逻辑或指令常用于使字节中某些位置 1，对于欲保留不变的位，用"0"与该位进行逻辑或运算，而对于欲置位的位，则用"1"与该位进行逻辑或运算。和逻辑与指令类似，在用该组指令修改输出口 P0～P3 数据时，原始输出口数据从锁存器读入，而不从引脚读入。

【例 3-15】(P1)=0FH，(A)=30H，执行指令：

```
ORL P1,A
```

结果：(P1)=3FH。

3）逻辑异或指令

```
XRL A,Rn            ;(A) ⊕ (Rn)→A, n=0～7
XRL A,direct        ;(A) ⊕ (direct)→A
XRL A,@Ri           ;(A) ⊕ ((Ri))→A, i=0, 1
XRL A,#data         ;(A) ⊕ #data→A
XRL direct,A        ;(direct) ⊕ (A)→direct
XRL direct,#data    ;(direct) ⊕ #data→direct
```

该组指令的功能是对两个指定的操作数执行按位逻辑异或操作，结果存放在目的操作数中。逻辑异或指令可用于对某个存储单元中的数据进行变换，完成其中某些位取反，而其余位不变的操作；也可用于判别两个操作数是否相等，若相等，则结果全为 0，否则不全为 0。

【例 3-16】(A)=90H，(R3)=73H，执行指令：

```
XRL A,R3
```

结果：(A)=0E3H。

逻辑运算类指令如表 3-4 所示。

表 3-4 逻辑运算类指令

助 记 符		功　　能	字节数	执行时间 （机器周期数）	指令代码 （机器代码）
ANL	A,Rn	对寄存器和累加器 A 进行逻辑与运算 并将结果存入累加器 A	1	1	58H～5FH
ANL	A,direct	对直接寻址字节和累加器 A 进行逻辑与 运算并将结果存入累加器 A	2	1	55H, direct
ANL	A,@Ri	对间接寻址 RAM 和累加器 A 进行逻辑与 运算并将结果存入累加器 A	1	1	56H～57H
ANL	A,#data	对立即数和累加器 A 进行逻辑与运算 并将结果存入累加器 A	2	1	54H, data
ANL	direct,A	对累加器 A 和直接寻址字节进行逻辑与 运算并将结果存入直接寻址字节	2	1	52H, direct
ANL	direct,#data	对立即数和直接寻址字节进行逻辑与运算 并将结果存入直接寻址字节	3	1	53H, direct, data
ORL	A,Rn	对寄存器和累加器 A 进行逻辑或运算 并将结果存入累加器 A	1	1	48H～4FH
ORL	A,direct	对直接寻址字节和累加器 A 进行逻辑或 运算并将结果存入累加器 A	2	1	45H, direct
ORL	A,@Ri	对间接寻址 RAM 和累加器 A 进行逻辑或 运算并将结果存入累加器 A	1	1	46H～47H
ORL	A,#data	对立即数和累加器 A 进行逻辑或运算 并将结果存入累加器 A	2	1	44H, data

助 记 符		功　　能	字节数	执行时间 （机器周期数）	指令代码 （机器代码）
ORL	direct,A	对累加器 A 和直接寻址字节进行逻辑或 运算并将结果存入直接寻址字节	2	2	42H，direct
ORL	direct,#data	对立即数和直接寻址字节进行逻辑或运算 并将结果存入直接寻址字节	3	2	43H，direct，data
XRL	A,Rn	对寄存器和累加器 A 进行逻辑异或运算 并将结果存入累加器 A	1	1	68H～6FH
XRL	A,direct	对直接寻址字节和累加器 A 进行逻辑异或 运算并将结果存入累加器 A	2	1	65H，direct
XRL	A,@Ri	对间接寻址 RAM 和累加器 A 进行逻辑异或 运算并将结果存入累加器 A	1	1	66H～67H
XRL	A,#data	对立即数和累加器 A 进行逻辑异或运算 并将结果存入累加器 A	2	1	64H，data
XRL	direct,A	对累加器 A 和直接寻址字节进行逻辑异或 运算并将结果存入直接寻址字节	2	1	62H，direct
XRL	direct,#data	对立即数和直接寻址字节进行逻辑异或 运算并将结果存入直接寻址字节	3	2	63H，direct，data
CLR	A	累加器 A 清 0	1	1	E4H
CPL	A	累加器 A 取反	1	1	F4H
RL	A	累加器 A 循环左移	1	1	23H
RLC	A	带进位标志位的累加器 A 循环左移	1	1	33H
RR	A	累加器 A 循环右移	1	1	03H
RRC	A	带进位标志位的累加器 A 循环右移	1	1	13H

3.2.4　控制转移类指令

通常情况下，程序是按顺序执行的，由 PC 自动加 1 来实现。控制转移类指令的功能是改变指令的执行顺序，将程序转到指令指定的新的 PC 地址执行。51 单片机的指令系统中的控制转移类指令主要包括无条件转移指令、条件转移指令和子程序调用和返回指令，这类指令一般不影响标志位。

1．无条件转移指令

1）长转移指令

```
LJMP addr16          ;addr16→PC
```

该指令是三字节指令，当指令执行时，把转移目的地址，即指令的第 2 字节和第 3 字节分别装入 PC 的高位和低位，无条件地转向 addr16 指定的目的地址，即 64KB 的 ROM 地址空间中的任何位置。

【例 3-17】在 ROM 的 0000H 单元中存放一条指令：

```
LJMP 3000H           ;3000H→PC
```

若执行该指令，则单片机上电复位后跳到 3000H 单元去执行用户程序，通常用一个标号表示指定的目的地址，如 LJMP L，第 2 个 L 为目的地址。

2）绝对转移指令

```
AJMP addr11              ;(PC)+2→PC，addr11→PC10~0
```

该指令是双字节指令，是 2KB 范围内的无条件转移指令。AJMP 把单片机的 64KB 的 ROM 划分为 32 个区，每个区为 2KB，转移目的地址必须与 AJMP 下一条指令的第 1 字节在同一个 2KB 中。在执行本指令时，先将 PC 加 2，即(PC)+2→PC（这里的 PC 就是指令存放的地址，也就是源地址，(PC)+2 是因为该指令为双字节指令），指向下一条指令的起始地址（称为 PC 的当前值），然后把指令中的 11 位无符号整数地址 addr11（A10~A0）送入 PC10~0，PC15~11 保持不变，形成新的 16 位转移目的地址。

【例 3-18】

```
BH:AJMP addr11
```

若 addr11=00100000000，BH 的地址为 1030，则执行该条指令后，程序转移到 1100H；若 BH 的地址为 3030H，则执行该条指令后，程序转移到 3100H。

3）短转移指令

```
SJMP rel                 ;(PC)+2+rel→PC
```

该指令为双字节指令，指令的操作数是相对地址 rel。由于 rel 是带符号的偏移量，因此程序可以无条件向前或向后转移，这种转移是在 SJMP 指令所在地址 PC（源地址）加 2（该指令字节数）的基础上，以-128~+127 为偏移量（256 个单元）的范围内实现的相对短转移，即

$$目的地址=源地址+2+rel$$

式中，源地址就是 SJMP 指令所在的地址，即执行前的 PC。因 rel 为-128~+127，故转移目的地址的范围为 256B。

4）间接转移指令

```
JMP @A+DPTR              ;(A)+(DPTR)→PC
```

该指令为单字节指令，目的地址由累加器 A 中的 8 位无符号数与 DPTR 中的 16 位无符号数之和来确定。该指令以 DPTR 中的内容为基址，以累加器 A 中的内容为变址。例如，当 DPTR 的值为确定值时，根据累加器 A 的不同来控制程序转向不同的程序段，即可实现多分支转移，因此间接转移指令也被称为散转指令。

2. 条件转移指令

1）累加器 A 判零转移指令

```
JZ rel                   ;若(A)=0，则执行转移，(PC)+2+rel→PC
JNZ rel                  ;若(A)≠0，则执行转移，(PC)+2+rel→PC
```

在该组指令中，若条件满足，则执行转移；若条件不满足，则顺序执行下一条指令。转移目的地址在以下一条指令首地址为中心的-128~+127 范围内。

【例 3-19】将片外 RAM 首地址为 DATA1 的一个数据块传送到片内 RAM 首地址为 DATA2 的存储单元中，当传送的数据为零时停止传送。

分析：由片外 RAM 向片内 RAM 的数据块传送一定要以累加器 A 作为过渡，利用累加器 A 判零转移指令正好可以判断是否要继续传送。实现数据块传送的参考程序：

```
        MOV DRTR,#DATA1  ;片外 RAM 数据块首地址送入 DPTR
        MOV R0,#DATA2    ;片内 RAM 数据块首地址送入 R0
LOOP:MOVX A,@DPTR        ;取片外 RAM 中的 1B 数据送入累加器 A
        JZ EXIT          ;若(A)=0，则转移到 EXIT
```

```
        MOV @R0, A              ;数据传送至片内 RAM 单元
        INC DPTR               ;修改地址指针，指向下一数据地址
        INC R0
        SJMP LOOP              ;循环取数
EXIT:SJMP $                    ;"$"表示当前地址
```

2）比较不相等转移指令

```
CJNE A,direct,rel
CJNE A,#data,rel
CJNE Rn,#data,rel
CJNE @Ri,#data,rel
```

该组指令均为三字节指令，功能是比较前两个操作数的大小，若两个操作数不相等，则转向目的地址；若两个操作数相等，则顺序执行指令。若第一个操作数（无符号整数）小于第二个操作数（无符号整数），则进位标志位 CY 置 1，否则清 0。该指令的执行不影响任何一个操作数的内容。

3）循环转移指令

```
DJNZ Rn,rel                   ;n=0～7
DJNZ direct,rel
```

该组指令将减 1 与条件转移两种功能结合在一起。程序每执行一次循环转移指令，就把源操作数（Rn 或 direct）减 1，并将结果存放在 Rn 或 direct 中，然后判断 Rn 或 direct 是否为零。若结果不为零，则转移到目的地址，否则顺序执行指令。转移目的地址在以当前 PC 值为中心的-128～+127 的范围内。

该组指令主要用于控制程序循环，将循环次数预先装入 Rn 或 direct，利用指令减 1 后是否为零作为转移条件，即可实现按次数控制程序循环。

3. 子程序调用和返回指令

1）长调用指令

```
LCALL addr16
```

该指令为三字节指令，指令的操作数给出了子程序的 16 位地址。在执行指令时，先把 PC 加 3，以获得下一条指令的地址（断点地址），并把断点地址压入堆栈（先处理低位，后处理高位）；然后把指令中 addr16 对应的 16 位子程序入口地址装入 PC，以使程序转到对应的子程序入口处。长调用指令可调用 64KB 范围内的 ROM 中的任何一个子程序，其执行不影响任何标志位。

2）绝对调用指令

```
ACALL addr11
```

该指令与 AJMP 一样，可提供 11 位目的地址。由于该指令为双字节指令，因此在执行该指令时先把 PC 加 2，以获得下一条指令的地址（断点地址），并把断点地址压入堆栈作为返回地址；然后把指令中提供的子程序低 11 位子程序入口地址装入 PC 的低 11 位，PC 的高 5位保持不变，以使程序转移到对应的子程序入口处。该指令可寻址 2KB，只能在与 PC 处于同一 2KB 的范围内调用子程序。该指令的执行不影响任何标志位。

3）返回指令

```
 RET;((SP))→PC15～8, (SP)-1→SP；((SP))→PC7～0, (SP)-1→SP
 RETI;((SP))→PC15～8,(SP)-1→SP；((SP))→PC7～0, (SP)-1→SP
```

RET 指令是子程序返回指令，放在子程序的末尾。其功能是从堆栈中自动取出断点地址

送入 PC，使程序返回到主程序断点处继续往下执行。该指令的执行不影响任何标志位。

RETI 指令是中断服务程序返回指令，放在中断服务程序的末尾。RETI 指令功能与 RET 指令功能相似，也是从堆栈中自动取出断点地址送入 PC，使程序返回到主程序断点处继续往下执行。不同之处在于 RETI 指令还负责清除中断响应时被置 1 的内部中断优先级寄存器的中断优先级状态，以告知中断系统已经结束该中断服务程序的执行，可以恢复中断逻辑以接收新的中断请求。

使用这两条指令时应注意：①RET 指令和 RETI 指令不能交换使用；②在子程序或中断服务程序中，PUSH 指令和 POP 指令必须成对使用，否则不能正确返回主程序断点处。

4）空操作指令

```
NOP                    ;(PC)+1→PC
```

该指令为单字节指令，不进行任何操作，只是先令 PC 加 1，然后继续执行下一条指令。它是一条单周期指令，在执行时消耗一个机器周期，因此 NOP 指令常用于实现等待或延时。

控制转移类指令如表 3-5 所示。

表 3-5　控制转移类指令

助　记　符		功　　能	字节数	执行时间（机器周期数）	指令代码（机器代码）
ACALL	addr11	绝对调用子程序	2	2	a10a9a810001，addr（7～0）
LCALL	addr16	长调用子程序	3	2	12H，addr（15～8），addr（7～0）
RET		子程序返回	1	2	22H
RETI		中断返回	1	2	32H
AJMP	addr11	绝对转移	2	2	a10a9a810001，addr（7～0）
LJMP	addr16	长转移	3	2	02H，addr（15～8），addr（7～0）
SJMP	rel	短转移（相对偏移）	2	2	80H，rel
JMP	@A+DPTR	相对 DPTR 的间接转移	1	2	73H
JZ	rel	若累加器 A 为零，则转移	2	2	60H，rel
JNZ	rel	若累加器 A 为非零，则转移	2	2	70H，rel
CJNE	A,direct,rel	比较直接寻址字节和累加器 A，若两者不相等，则转移	3	2	B5H，direct，rel
CJNE	A,#data,rel	比较立即数和累加器 A，若两者不相等，则转移	3	2	B4H，data，rel
CJNE	Rn,#data,rel	比较立即数和寄存器，若两者不相等，则转移	3	2	B8～BFH，data，rel
CJNE	@Ri,#data,rel	比较立即数和间接寻址 RAM，若两者不相等，则转移	3	2	B6～B7H，#data，rel
DJNZ	Rn,rel	寄存器减 1，若结果不为零，则转移	2	2	D8～DFH，rel
DJNZ	direct,rel	地址字节减 1，若结果不为零，则转移	3	2	D5H，direct，rel
NOP		空操作	1	1	00H

3.2.5　位操作类指令

位操作又称为布尔变量操作，它是以位为单位来进行运算的。AT89S51 内部设置了一个位处理器，它有自己的累加器（借用进位标志位 CY）和存储器（位寻址空间中的各位），也有用于完成位操作的运算器等。

位操作类指令的操作对象是片内 RAM 中的位寻址区，即片内 RAM 20H～2FH 中连续的128bit（地址为 00H～7FH），以及 SFR 中可进行位寻址的 83bit。在该指令中，位地址的表示方法主要有以下 4 种（均以 PSW 的第 5 位 F0 为例说明）。

（1）位名称表示方式：F0。

（2）点操作符表示方式（说明该位是什么寄存器中的什么位）：PSW.5。

（3）直接位地址表示方式：D5H。

（4）字节地址表示方式：(D0H).0。

1. 位传送指令

```
MOV C,bit              ;(bit)→CY
MOV bit,C              ;(CY)→bit
```

在该组指令中，bit 为直接寻址位，C 为进位标志位 CY 的简写。第 1 条指令表示把 bit 中的一位二进制数传送给 C，不影响其余标志位。第 2 条指令表示将 C 中的内容传送给指定位。注意，由于两个寻址位之间没有直接的传送指令，因此常用上述两条指令借助进位标志位来进行寻址位间的传送。

【例 3-20】将片内 RAM 中 20H 单元的第 3 位（位地址为 03H）的内容送入 P1 口的 P1.0，程序如下：

```
MOV C,03H              ;(03H)→CY
MOV P1.0,C             ;(CY)→P1.0
```

2. 位置位/复位指令

1）位置位指令

```
SETB bit               ;1→bit
SETB C                 ;1→CY
```

2）位复位指令

```
CLR bit                ;0→bit
CLR C                  ;0→CY
```

3. 位运算指令

位运算是逻辑运算，包含 ANL（逻辑与）、ORL（逻辑或）、CPL（逻辑非）3 种逻辑运算。在进行逻辑与和逻辑或运算时，以 CY 为目的操作数，位地址的内容为源操作数，逻辑运算的结果送回 CY。逻辑非运算对每个位地址内容取反。位运算指令有以下 6 条。

```
ANL C,bit              ;(CY)∧(bit)→CY
ANL C,/bit             ;(CY)∧(bit‾)→CY
ORL C,bit              ;(CY)∨(bit)→CY
ORL C,/bit             ;(CY)∨(bit‾)→CY
CPL bit                ;(bit‾)→bit
CPL C                  ;(CY‾)→CY
```

4．位条件转移指令

位条件转移指令以进位标志位 CY 或位地址 bit 的内容作为是否转移的条件，共有以下两类（5 条指令）。

1）以进位标志位 CY 的内容为条件的转移指令

```
JC   rel      ;若(CY)=1，则(PC)+2+rel→PC 转移；否则，(PC)+2→PC 顺序执行
JNC  rel      ;若(CY)=0，则(PC)+2+rel→PC 转移；否则，(PC)+2→PC 顺序执行
```

2）以位地址 bit 的内容为条件的转移指令

```
JB  bit,rel  ;若(bit)=1，则(PC)+3+rel→PC 转移；否则，(PC)+3→PC 顺序执行
JNB bit,rel  ;若(bit)=0，则(PC)+3+rel→PC 转移；否则，(PC)+3→PC 顺序执行
JBC bit,rel  ;若(bit)=1，则(PC)+3+rel→PC，并且 0→(bit)；否则，(PC)+3→PC 顺序执行
```

位操作类指令如表 3-6 所示。

表 3-6　位操作类指令

助 记 符		功　　能	字节数	执行时间 （机器周期数）	指令代码 （机器代码）
CLR	C	进位标志位清 0	1	1	C3H
CLR	bit	直接寻址位清 0	2	1	C2H，bit
SETB	C	进位标志位置 1	1	1	D3H
SETB	bit	直接寻址位置 1	2	1	D2H，bit
CPL	C	进位标志位取反	1	1	B3H
CPL	bit	直接寻址位取反	2	2	B2H，bit
ANL	C,bit	对直接寻址位和进位标志位进行逻辑与运算并将结果存入进位标志位	2	2	82H，bit
ANL	C,/bit	对直接寻址位的反码和进位标志位进行逻辑与运算并将结果存入进位标志位	2	2	B0H，bit
ORL	C,bit	对直接寻址位和进位标志位进行逻辑或运算并将结果存入进位标志位	2	2	72H，bit
ORL	C,/bit	对直接寻址位的反码和进位标志位进行逻辑或运算并将结果存入进位标志位	2	2	A0H，bit
MOV	C,bit	将直接寻址位的内容送入进位标志位	2	2	A2H，bit
MOV	bit,C	将进位标志位的内容送入直接寻址位	2	2	92H，bit
JC	rel	若进位标志位为 1，则转移	2	2	40H，rel
JNC	rel	若进位标志位为 0，则转移	2	2	50H，rel
JB	bit,rel	若直接寻址位为 1，则转移	3	2	20H，bit，rel
JNB	bit,rel	若直接寻址位为 0，则转移	3	2	30H，bit，rel
JBC	bit,rel	若直接寻址位为 1，则转移，并清除该位	3	2	10H，bit，rel

3.3　51 单片机的汇编语言程序设计

程序是指令的有序集合。单片机的运行过程就是执行指令序列的过程。编写指令序列的过程称为程序设计。51 单片机的程序设计一般采用汇编语言或高级语言。汇编语言由助记符、保留字和伪指令等组成，具有容易识别、记忆和读写等特点。汇编语言生成的目标程序占用

内存空间少、运行速度快，具有效率高、实时性强等特点。本节主要学习汇编程序伪指令及采用汇编语言进行程序设计的方法。

3.3.1 汇编程序伪指令

用汇编语言编写的程序称为汇编语言源程序，由于它是不能直接被计算机识别的，因此必须把它翻译成目标程序（机器语言程序），这个过程称为汇编。把汇编语言源程序自动翻译成目标程序的程序称为汇编程序。在汇编语言源程序中，应有向汇编程序发出的指示信息，告诉它如何完成汇编工作，这个功能通过伪指令来实现。

伪指令不属于汇编语言指令系统中的指令，它是程序员发给汇编语言源程序的命令，也称为汇编命令或汇编程序控制命令。伪指令只影响汇编过程，只有在汇编前的汇编语言源程序中才有伪指令，在得到目标程序后，伪指令便无存在的必要，所以伪指令在汇编后没有相应的机器码产生。伪指令具有控制汇编程序的 I/O、定义数据和符号、条件汇编、分配存储空间等功能。下面介绍一些常用的伪指令。

1. 定位伪指令

格式：

```
ORG 16位地址
```

功能：规定目标程序的起始地址。举例如下：

```
        ORG 0100H
START:MOV A,#10H
        ···
```

汇编后的目标程序在 ROM 中存放的起始地址为 0100H，即标号 START 的地址为 0100H。

2. 定义字节伪指令

格式：

```
[标号:] DB B1,B2,···,Bn
```

功能：用于从指定的地址开始，在 ROM 连续单元中定义字节数据。B1,B2,···,Bn 为字节数据列表。举例如下：

```
        ORG 1000H
TAB:DB 00H,01H,20,"A","B"
```

汇编后的结果：

```
(1000H)=00H
(1001H)=01H
(1002H)=14H
(1003H)=41H（字符"A"的ASCII码）
(1004H)=42H（字符"B"的ASCII码）
```

3. 定义字伪指令

格式：

```
[标号:] DW W1,W2,···,Wn
```

功能：用于从指定的地址开始，在 ROM 连续单元中定义字数据。W1,W2,···,Wn 为字数据列表。该伪指令经常用于定义一个地址表。举例如下：

```
        ORG 2000H
TAB1:DW 1000H,3045H,68H
```

汇编后的结果：

```
(2000H)=10H
(2001H)=00H
(2002H)=30H
(2003H)=45H
(2004H)=00H
(2005H)=68H
```

4．字或字节赋值伪指令

格式：

```
标号 EQU m
```

功能：用于给标号赋值，将 m 赋值给前面的标号，在程序中，标号和 m 是等价的。举例如下：

```
TEST EQU 2000H
```

该伪指令表示 TEST=2000H，在汇编时，所有 TEST 均以 2000H 来代替。

5．位赋值伪指令

格式：

```
标号 bit n
```

功能：用于将位地址 n 赋值给前面的标号，在程序中，标号和 n 是等价的。举例如下：

```
FLAG bit P0.0
```

该伪指令表示 FLAG 等价于位地址 P0.0（地址为 80H）。

6．汇编结束伪指令

格式：

```
[标号:]END[表达式]
```

功能：该伪指令是汇编语言源程序结束标志，表示终止汇编语言源程序的汇编。整个汇编语言源程序中只能有一条汇编结束伪指令，且位于该源程序的最后。如果汇编结束伪指令出现在汇编语言源程序中间，那么不执行它后面的汇编语言源程序。

3.3.2 顺序程序的设计方法

顺序程序是指不使用控制转移类指令的程序，是程序中最基本、最简单的编程结构，也称为简单程序。

【例 3-21】设有 1B 数据存放于片外 RAM 的 1000H 单元中，请编程将该数据的高 4 位屏蔽，并送回 1000H 单元。参考程序如下：

```
START:MOV DPTR,#1000H    ;将片外 RAM 的 1000H 的内容送入 DPTR
      MOVX A,@DPTR       ;将 1000H 单元中的数据送入累加器 A
      ANL A,#0FH         ;屏蔽数据的高 4 位
      MOVX @DPTR,A       ;将结果送回 1000H 单元
```

【例 3-22】求 16 位二进制数的补码。已知该 16 位二进制数存放在 R1、R0 中，求补后的结果存放在片内 RAM 的 31H、30H 单元中。

分析：由于正数的补码是其本身，负数的补码是其反码加 1。假设题目给定的 16 位二进制数是一个负数，则二进制数的求补为"取反加 1"的过程。参考程序如下：

```
START:MOV A,R0              ;将低位字节送入累加器 A
      CPL A                 ;取反
      ADD A,#01H            ;加 1
      MOV 30H,A             ;存放低位字节补码
      MOV A,R1             ;将高位字节送入累加器 A
      MOV C,ACC.7          ;存放符号位
      CPL A                 ;取反
      ADDC A,#00H          ;加进位
      MOV ACC.7,C          ;恢复符号位
      MOV 31H,A            ;存放高位字节补码
```

3.3.3 分支程序的设计方法

在许多情况下，需要根据不同的条件转向不同的处理程序，这种结构的程序称为分支程序。分支程序可根据具体要求，无条件或有条件地改变程序执行方向，编写分支程序需要正确使用条件转移指令和无条件转移指令。

【例 3-23】求 8 位有符号数的绝对值。已知该 8 位有符号数存放在 R1 中。参考程序如下：

```
START:MOV A,R1
      JNB ACC.7,NQ         ;若该数为正数，则转 NQ
      CPL A                 ;若该数为负数，则取反加一，变补码
      INC A                 ;加 1
      MOV R1,A             ;送回 R1
   NQ:SJMP $               ;结束
```

【例 3-24】设 X、Y 均为 8 位二进制数，分别存放在片内 RAM 的 30H、31H 单元中。求符号函数：

$$Y = \begin{cases} +1, & X > 0 \\ 0, & X = 0 \\ -1, & X < 0 \end{cases}$$

例 3-24 的程序流程图如图 3-5 所示。

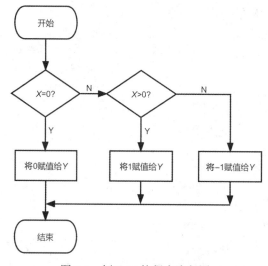

图 3-5　例 3-24 的程序流程图

参考程序如下：

```
START:MOV A,30H          ;取 X 中的内容送入累加器 A
     JZ NEXT1            ;若 X=0，则转 NEXT1
     JNB ACC.7,NEXT2     ;若 X>0（ACC.7≠1），则转 NEXT2
     MOV A,0FFH          ;若 X<0，则 Y=-1
     SJMP NEXT1
NEXT2:MOV A,#1           ;若 X>0，则 Y=1
NEXT1:MOV 31H,A          ;若 X=0，则 Y=0
```

本例也可以采用比较转移指令实现，参考程序如下：

```
START:CJNE 30H,#00H,S1   ;若 X≠0，则转 S1
     MOV 31H,#00H        ;若 X=0，则 Y=0
     LJMP S3
   S1:JC S2              ;若 X<0，则转 S2
     MOV 31H,#01H        ;若 X>0，则 Y=1
     LJMP S3
   S2:MOV 31H,#0FFH      ;若 X<0，则 Y=-1
   S3:SJMP $
```

【例 3-25】统计从 P1 口输入的数据中正数、负数和零的个数。

分析：用 R0、R1、R2 三个工作寄存器作为计数器，分别统计输入的正数、负数和零的个数。例 3-25 的程序流程图如图 3-6 所示。

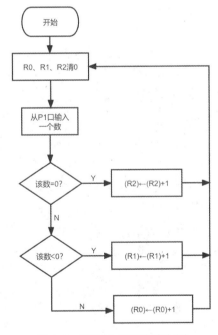

图 3-6 例 3-25 的程序流程图

参考程序如下：

```
START:CLR A
     MOV R0,A            ;计数器 R0、R1、R2 清 0
     MOV R1,A
     MOV R2,A
 NEXT:MOV A,P1           ;从 P1 口输入一个数
```

```
      JZ ZERO               ;若该数为 0, 则转 ZERO
      JB P1.7,NEG           ;若该数为负数, 则转 NEG
      INC R0                ;若该数为正数, 则计数器 R0 加 1
      SJMP NEXT
ZERO:INC R2                 ;若该数为 0, 则计数器 R2 加 1
      SJMP NEXT
 NEG:INC R1                 ;若该数为负数, 则计数器 R1 加 1
      SJMP NEXT
```

对于多分支程序, 需要采用 JMP @A+DPTR 间接转移指令实现。有以下两种设计方法。

1. 使用转移地址表的多分支程序

将转移地址列成表格, 将表格中的内容作为转移的目的地址。

【例 3-26】根据 R3 的内容转向对应的程序, R3 的内容为 $0 \sim n$, 处理程序的入口地址为 PRG0~PRGn ($n<128$)。

分析: 将 PRG0~PRGn 列在一个表格中, 每个入口地址占用 2B, PRGn 在表格中的偏移量为 $2n$, 将 R3 的内容乘 2 即得 PRGn 在表格中的偏移地址, 从偏移地址 $2n$ 和 $2n+1$ 两个单元中分别取出 PRGn 的高 8 位地址和低 8 位地址送入 DPTR, 用 JMP @A+DPTR 指令 (累加器 A 先清 0) 转移到 PRGn 程序入口执行。参考程序如下:

```
START:MOV DPTR,#TAB        ;转移地址表的首地址送入 DPTR
      MOV A,R3             ;分支转移参量→A
      ADD A,R3             ;(R3)×2→A
      MOV R0,A             ;暂存 R0
      MOVC A,@A+DPTR       ;取高位地址
      XCH A,R0
      INC A
      MOVC A,@A+DPTR       ;取低位地址
      MOV DPL,A
      MOV DPH,R0           ;转移地址送入 DPTR
      CLR A
      JMP @A+DPTR
  TAB:DW PRG0,PRG1,…,PRGn
```

2. 使用转移指令表的多分支程序

将转移到不同程序的转移指令列成表格, 判断条件后查询表格, 转到该表格中的指令执行。

【例 3-27】使用转移指令表的多分支程序设计方法完成例 3-26。参考程序如下。

```
      MOV DPTR,#TAB        ;转移指令表的首地址送入 DPTR
      MOV A,R3             ;分支转移参量送入累加器 A
      RL A                 ;将出口分支信息乘 2
      JMP @A+DPTR          ;多分支转移选择
TAB:AJMP PRG0              ;多分支转移表
      AJMP PRG1
      AJMP PRG2
      …
      AJMP PRGn
```

由于 AJMP 指令的转移范围为 2KB ROM 空间, 若各程序段较长, 2KB ROM 空间无法全部容纳, 则应改用 LJMP 指令。每条 LJMP 指令占用 3B, 若改用 LJMP 指令, 则程序段可位

于 64KB ROM 空间中的任何区域。参考程序如下。

```
START:MOV DPTR,#TAB
      MOV A,R3
      MOV B,#3
      MUL AB              ;将以上 3 条指令出口信息乘 3
      MOV R1,A            ;乘积的低 8 位暂存入 R1
      MOV A,B             ;乘积的高 8 位送入累加器 A
      ADD A,DPH
      MOV DPH,A           ;乘积的高 8 位叠加到 DPH
      MOV A,R1            ;乘积的低 8 位送回累加器 A
      JMP @A+DPTR
  TAB:LJMP PRG0
      LJMP PRG1
      LJMP PRG2
      …
      LJMP PRGn
```

3.3.4 循环程序的设计方法

循环程序是较常见的程序结构，当程序中的某些程序段需要反复执行多次时，可以采用循环程序，这样有助于简化程序，节省存储单元（并不节省执行时间）。

控制循环次数有两种方式：一种是先判断再处理，即先判断是否满足循环条件，若不满足，则不循环，多以循环条件控制；另一种是先处理再判断，即先循环一次后，再判断下一次循环还需不需要进行，多以循环次数控制。循环程序的两种结构如图 3-7 所示。

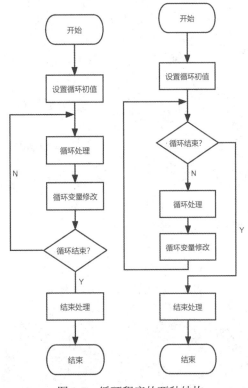

图 3-7　循环程序的两种结构

1. 单重循环

【例 3-28】求 n 个单字节数据的和。已知单字节数据存放在片内 RAM 从 40H 开始的单元中，n 存放在工作寄存器 R7 中，结果存放在 R3、R4 中（R3 存放高位字节，R4 存放低位字节）。参考程序如下。

```
START:MOV R3,#00H        ;结果寄存器清0
      MOV R4,#00H
      MOV R0,#40H        ;设置数据指针R0
 LOOP:MOV A,R4           ;求和
      ADD A,@R0
      MOV R4,A
      INC R0
      CLR A
      ADDC A,R3
      MOV R3,A
      DJNZ R7,LOOP       ;修改控制变量R7，循环终止控制
      SJMP $
```

用计数法控制循环终止只适用于循环次数已知的情况（本例中已知循环次数为 n）。而在多数情况下，循环次数是未知的，这时需要根据某种条件来判断是否应该终止循环，可以使用条件转移指令来控制循环的终止。

【例 3-29】将片外 RAM 首地址为 DATA1 的一个数据块传送到片内 RAM 首地址为 DATA2 的存储单元中，当传送的数据为 0 时终止。

分析：由片外 RAM 向片内 RAM 的数据块传送一定要以累加器 A 作为过渡，利用累加器 A 是否为 0 来判断是否要继续传送。参考程序如下。

```
START:MOV DRTR,#DATA1   ;片外RAM数据块首地址送入DPTR
      MOV R0,#DATA2      ;片内RAM数据块首地址送入R0
 LOOP:MOVX A,@DPTR       ;取片外RAM中的1B数据送入累加器A
      JZ EXIT            ;若(A)=0，则转移到EXIT
      MOV @R0,A          ;数据送入片内RAM单元
      INC DPTR           ;修改地址指针，指向下一数据地址
      INC R0
      SJMP LOOP          ;循环取数
 EXIT:SJMP $             ;"$"表示当前地址
      END
```

2. 多重循环

在单片机应用系统中常常用到多重循环，最简单的多重循环是由 DJNZ 指令构成的软件延时程序，该程序也是最常用的程序之一。

【例 3-30】设计 50ms 延时程序。

分析：设晶体振荡器频率为 12MHz，则机器周期为 1μs，由于 DJNZ 指令为双周期指令，执行一条 DJNZ 指令的时间为 2μs，利用软件延时 50ms 可以使用双重循环程序实现。

```
 DEL:MOV R7,#200
DEL1:MOV R6,#125
DEL2:DJNZ R6,DEL2;125×2μs=250μs=0.25ms
     DJNZ R7,DEL1;0.25ms×200=50ms
     RET
```

上述整个程序的执行时间大约为 200×125×2μs=50000μs=50ms。以上延时程序是没有精确计算延时时间的，它没有考虑到除 DJNZ R6,DEL2 指令以外的其他指令的执行时间，若把其他指令的执行时间计算在内，则上述程序的延时为

$$(125×2μs+1μs+2μs)×200+1μs=50601μs=50.601ms$$

如果要求实现比较精确的延时，那以修改后的程序如下。

```
 DEL:MOV R7,#200;
DEL1:MOV R6,#123;
     NOP;
DEL2:DJNZ R6,DEL2;2μs×123+1μs+1μs=248μs
     DJNZ R7,DEL1;(248μs+2μs)×200+1μs=50001μs
     RET
```

上述程序的实际延时为 $t=1μs+200×[(1μs+1μs+2μs×123)+2μs]=50001μs≈50ms$，这个延时就比较准确了。需要注意的是，软件延时程序不允许有中断，否则将严重影响延时的准确性。

3.3.5 子程序的设计方法

1. 子程序

子程序是单片机应用系统中需要多次使用的、完成相同的某种基本运算或操作的程序段，它可以被主程序或其他子程序调用。在单片机设计程序时，通常将延时模块、显示模块、键盘模块、数据采集模块、数据处理模块等功能模块编写成子程序。采用子程序设计可使程序结构简单，缩短程序的设计时间，减少占用的程序存储空间。

子程序由子程序名、具体功能程序段和子程序返回指令组成。在由汇编语言编写的程序中，子程序名是一个合法的标号，在单片机程序中是唯一的，不能重复；子程序的具体功能程序段是由一系列指令构成的具有一定功能的程序段；子程序在返回主程序时，最后一条指令必须是 RET 指令，其功能是把堆栈中的断点地址弹出，送入 PC 指针，从而实现子程序返回后从主程序断点处继续执行主程序。

2. 子程序的调用

主程序是通过调用指令来调用子程序的。51 单片机的指令系统中有两条子程序调用指令：长调用指令 LCALL addr16 和绝对调用指令 ACALL addr11。典型的子程序结构如下。

```
MAIN:···              ;MAIN 为主程序入口标号
     LCALL SUB        ;调用子程序 SUB
     ···
;以下为子程序 SUB 的程序段
SUB:PUSH PSW          ;现场保护
    PUSH ACC
    ···
    POP ACC           ;现场恢复
    POP PSW
    RET               ;最后一条指令必须是 RET 指令
```

在上述子程序结构中，必须用堆栈来进行断点和现场的保护。现场保护与现场恢复不是必要的，可根据实际的使用情况选用。若在子程序调用前主程序中已经使用了某些通用单元或寄存器，如累加器 A、通用寄存器 R0～R7、数据指针 DPTR 及有关的标志位和状态位等，并且在子程序执行过程中仍要用到这些单元或寄存器，就需要先把这些单元或寄存器的内容

压入堆栈保护起来。在执行完子程序后，返回主程序断点处继续执行主程序前，再从堆栈中弹出保护的内容，实现现场恢复。

【例 3-31】设计子程序，用查表法实现根据累加器 A 中的数 X（$0 \leqslant X \leqslant 15$）查 X 的平方值 Y。

分析：子程序入口为存放在累加器 A 中的数 X，子程序出口为存放在累加器 A 中的数 Y，子程序如下。

```
SQR:PUSH DPH           ;保存 DPH
    PUSH DPL           ;保存 DPL
    MOV DPTR,#TAB
    MOVC A,@A+DPTR     ;查表求 Y=X 的平方
    POP DPL            ;恢复 DPL
    POP DPH            ;恢复 DPH（先进后出）
    RET
TAB:DB 0,1,4,9,…,225   ;平方表
```

该查表过程也可以使用指令 MOVC A,@A+PC 实现，程序段如下。

```
         ORG 0100H      ;程序起始地址
0100H SQR:ADD A,#1      ;修正偏移量
0102H MOVC A,@A+PC      ;查表求 Y=X 的平方
0103H RET
0104H DB 0,1,4,9,…,225 ;平方表
```

在使用 MOVC A,@A+PC 实现查表时，需要修正偏移量，即查表指令与平方表之间的所有指令所占的字节数。本程序段中的"ADD A,#1"的作用是累加器 A 中的内容加 1，1 为查表的偏移量，因为这里查表指令与平方表之间的指令为 RET，其为单字节指令。累加器 A 加 1 后，可保证 PC 指向表首，其原来的内容反映的仅为从表首开始向下查找的单元数。

【例 3-32】求片内 RAM 两个无符号数据块的最大值。设数据块的首地址分别为 DATA1 和 DATA2，每个数据块的第 1 字节中存放数据块的长度（设数据块的长度均不为 0），结果存放在 MAX 单元中。

分析：本例采用设计子程序的方法求最大值，该子程序名为 SMAX。

主程序如下。

```
        MOV R0,#DATA1      ;取第 1 个数据块首地址
        ACALL SMAX         ;第 1 次调用 SMAX
        MOV 30H,A          ;用 30H 单元暂存数据块 DATA1 的最大值
        MOV R0,#DATA2      ;取第 2 个数据块首地址
        ACALL SMAX         ;第 2 次调用 SMAX
        CJNE A,30H,NEXT    ;比较两个数据块的最大值
 NEXT:JNC NEXT1            ;DATA2 的最大值>DATA1 的最大值，转 NEXT1
        MOV A,30H          ;DATA1 的最大值>DATA2 的最大值
NEXT1:MOV MAX,A            ;存放最大值
        SJMP $
```

子程序如下。

```
SMAX:MOV A,@R0         ;取数据块长度
     MOV R7,A          ;设置计数器 R7
     CLR A             ;准备比较
LOOP:INC R0            ;指向下一个数据块
     CLR C             ;标志位清 0，准备进行减法运算
     SUBB A,@R0        ;用减法运算做比较
```

```
        JNC L1              ;若(A)>((R0)),则转 L1
        MOV A,@R0          ;(A)<((R0)),((R0))→(A)
        SJMP L2
    L1:ADD A,@R0           ;恢复 A 的值
    L2:DJNZ R7,LOOP        ;循环
        RET
```

习题 3

1. 什么是寻址方式？51 单片机有哪几种寻址方式？

2. 指出下列指令中源操作数的寻址方式。

（1）MOV A,#40H

（2）MOV C,bit

（3）MOV A,P1

（4）MOVC A,@A+DPTR

（5）MOV A,@R0

（6）MOV A,R6

（7）SJMP LOOP

3. 判断以下指令的正误，若指令错误，请指出其错误之处。

（1）MOV @R0,A

（2）INC DPTR

（3）DEC DPTR

（4）CLR R0

（5）MOV DPTR,#0100H

（6）CJNE A,R0,NEXT

（7）MOV R0,#280

（8）MOV A,@R3

（9）ANL R0,R1

（10）ADDC A,20H

4. 请分析下列程序段的功能。

```
PUSH ACC
PUSH B
...
POP ACC
POP B
```

5. 设计程序，实现：从片内 RAM 30H 单元开始的存储区中有若干个数据，最后一个数据为字符$，统计数据块的长度，结果存入 40H 单元。

6. 设计程序，实现：从片内 RAM 的 20H 单元开始存放 10 个单字节数据，找出最大的数据，结果存入 MAX 单元。

7. 设计程序，实现：将片内 RAM 的 30H～3FH 单元中的内容传送到从片外 RAM 的 1000H 开始的连续单元中。

8. 设计延时 1s 的子程序。

第 4 章 C51 程序设计

在单片机应用系统开发中，有两种较普通的程序设计方法：基于汇编语言的程序设计方法和基于 C 语言的程序设计方法。由于 C 语言既具有高级语言使用方便的特点，又具有汇编语言可对硬件操作的特点，在大多数情况下，其机器代码生成效率和汇编语言相当，而可读性和可移植性却远远超过汇编语言，因此 C 语言已成为单片机应用系统开发中的主流语言。目前对 51 单片机编程的 C 语言大都采用 Keil C51（简称 C51），其是在标准 C 语言的基础上发展起来的。

4.1 概述

4.1.1 C51 的程序开发过程

C51 是指 51 单片机编程所用的 C 语言，在众多的 C51 开发软件中，Keil 公司的 μVision 较受欢迎，它是用于 C51 的程序编辑、调试等的集成开发软件。C51 的程序开发过程如图 4-1 所示。

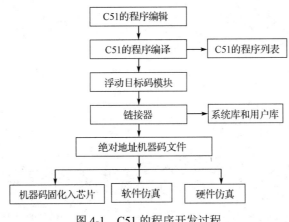

图 4-1　C51 的程序开发过程

4.1.2 C51 的程序结构

C51 的程序结构与标准 C 语言的程序结构相同，其程序由一个或若干个函数组成，每个函数都是完成某个特殊任务的程序模块。组成程序的若干个函数可以保存在一个源程序文件中，也可以保存在几个源程序文件，最后将它们连接在一起，源程序文件的扩展名为".C"。

下面举例说明。

【例 4-1】跑马灯程序设计。

```
#include<reg51.h>          //预处理命令，相当于调用 reg51.h 头文件
```

```
#include <intrins.h>        //预处理命令,相当于调用包算法文件
void delay(unsigned char a)
{
  unsigned char i;          //定义变量 i 为无符号字符型变量
  while(--a)                 //while 循环
  {
  for(i=0;i<125;i++);        //for 循环
  }
}
void main(void)
{
  unsigned char b,i;
  while(1)                   //无限循环
  {
  b=0xfe;                    //赋值语句
  for(i=0;i<8;i++)
    {
    P1=b;
    delay(250);
    b=_crol_(b,1);
    }
  }
}
```

下面对上述程序进行简要说明。

main()是主函数。C 语言程序是由函数构成的,一个 C 语言程序至少包含一个主函数,可以包含若干个其他功能函数。函数之间可以相互调用,但主函数只能调用其他功能函数,而不能被其他功能函数调用。

#indude <reg51.h>是预处理命令(后面没有分号),它的作用是调用 reg51.h 头文件。该文件包含 51 单片机全部的特殊功能寄存器的字节地址及可寻址位的位地址定义。在程序中包含 reg51.h 头文件的目的就是使用 P1 这个符号,即程序中所写的 P1 是指 AT89S51 的 P1 口,而不是其他变量。

虽然 C51 的基本语法、程序结构及程序设计方法都与标准 C 语言相同,但是其对标准 C 语言进行了扩展。深入理解 C51 与标准 C 语言的不同是掌握 C51 的关键点之一。

C51 与标准 C 语言的主要区别如下。

(1)头文件不同。51 单片机的生产厂家有多个,不同型号的单片机的差异主要在于 I/O 口、中断、定时器、串行接口、内部资源数量及功能的不同,使用者在编程时只需要将含有相应功能寄存器的头文件包含在程序内,就可实现其所具有的功能。

(2)数据类型不同。C51 与标准 C 语言相比,扩展了 4 种数据类型,主要针对 51 单片机位操作和特殊功能寄存器设置。

(3)数据存储模式不同。标准 C 语言最初是为通用计算机设计的,在通用计算机中,只有一个程序和数据统一寻址的内存空间,而 51 单片机有片内、片外 ROM,还有片内、片外 RAM,C51 的数据存储模式与 51 单片机的存储器紧密相关,而标准 C 语言并没有提供这部分存储器的地址范围的定义。

（4）库函数不同。C51 所定义的库函数和标准 C 语言所定义的库函数有所不同，标准 C 语言中的库函数是为通用计算机定义的，而 C51 中的库函数是根据 51 单片机的实际情况定义的，有些库函数必须针对 51 单片机的硬件特点做出相应的改进，与标准 C 语言的库函数的构成与用法有很大的不同。例如，在标准 C 语言中，屏幕打印和接收字符由 scanf 和 printf 两个函数实现，而在 C51 中，I/O 是通过单片机的串行接口完成的，执行 I/O 前必须进行串行接口初始化。

（5）函数不同。C51 有专门的中断函数。

4.2　C51 的标识符和关键字

4.2.1　标识符

标识符用来表示符号常量、变量、数组、函数、过程、类型及文件的名称。

标识符的命名规则如下。

（1）以字母或下画线开头，由字母、数字和下画线组成。

（2）不能与关键字同名，最好也不要与库函数同名。

（3）长度无限定，但不同版本的 C51 在编译时有自己的规定。

（4）字母区分大小写。

4.2.2　关键字

关键字是一类具有固定名称和特定含义的特殊标识符。标准 C 语言的所有关键字都是用小写字母标识的，共有 32 个关键字，如表 4-1 所示。

表 4-1　标准 C 语言的关键字

auto	break	case	char	const	continue	volatile	default
do	double	else	enum	extern	while	float	for
goto	if	int	long	void	register	return	short
signed	sizeof	static	unsigned	struct	switch	typedef	union

C51 除了支持标准 C 语言的关键字，还专门为 51 单片机扩展了 13 个关键字，如表 4-2 所示。

表 4-2　扩展关键字

bit	sbit	sfr	sfr16	data	bdata	idata
pdata	xdata	code	interrupt	reentrant	using	

4.3　C51 的运算量

4.3.1　常量与符号常量

1．常量

在程序运行过程中，值保持不变的量称为常量。常量包括日常所说的常数、字符、字符串等。

2. 符号常量

符号常量为用 define 定义的用标识符来表示的常量。常量名必须是一个标识符。定义一个符号常量的格式：

```
#define  常量名  常量
```

4.3.2 变量

在程序运行过程中，值可能发生变化的量称为变量。要在程序中使用变量，必须先将标识符作为变量名，并指出所用的数据类型和存储器类型，这样编译系统才能为变量分配相应的存储空间。变量必须先声明后使用，变量一旦声明，系统就为它开辟一个相应类型的存储空间，变量所占用的存储空间的首地址称为该变量的地址。定义一个变量的格式：

```
[存储种类] 数据类型 [存储器类型] 变量名表
```

在变量的定义中，除了数据类型和变量名表是必要的，其他都是可选的。存储种类有 4 种：自动（auto）、外部（extern）、静态（static）和寄存器（register）。默认存储种类为自动（auto）。存储器类型就是指定该变量在单片机硬件系统中所使用的存储区域，并在编译时进行准确的定位。

4.3.3 变量的存储类型

C51 编译器完全支持 51 单片机的硬件结构，可以访问其硬件系统中的所有部分，对于每个变量都可以准确地赋予存储类型，从而可使其能够准确地定位。C51 编译器能识别的存储类型如表 4-3 所示。

表 4-3 C51 编译器能识别的存储类型

存 储 类 型	说 明
data	直接访问片内 RAM（128B），访问速度最快
bdata	可位寻址片内 RAM（16B），允许位与字节混合访问
idata	间接访问片内 RAM（256B），允许访问全部片内地址
pdata	分页访问片外 RAM（256B）
xdata	片外 RAM（64KB）
code	ROM（64KB）

4.4 C51 的数据类型

数据是程序的必要组成部分，也是程序处理的对象。标准 C 语言规定在程序中使用的每个数据都必须属于某种数据类型。标准 C 语言的数据类型分为基本数据类型和复杂数据类型，复杂数据类型由基本数据类型构造而成。

4.4.1 基本数据类型

C51 支持标准 C 语言的基本数据类型，包括字符型（char）、整型（int）、短整型（short）、long（长整型）、浮点型（float）和双精度型（double），同时在此基础上扩展了 4 种数据类型，包括位类型（bit）、字节型特殊功能寄存器类型（sfr）、双字节型特殊功能寄存器类型（sfr16）

和特殊功能位类型（sbit）。C51 支持的基本数据类型如表 4-4 所示。

表 4-4　C51 支持的基本数据类型

数 据 类 型	位　　数	字 节 数	值　　域
signed char	8	1	−128～+127
unsigned char	8	1	0～255
signed int	16	2	−32768～+32767
unsigned int	16	2	0～65535
signed long	32	4	−2147483648～+2147483647
unsigned long	32	4	0～+4294967295
float	32	4	−3.402823E+38～3.402823E+38
double	64	8	−1.175494E+308～1.175494E+308
*	24	1～3	对象指针
bit	1	—	0 或 1
sbit	1	—	0 或 1
sfr	8	1	0～255
sfr16	16	2	0～65535

下面主要说明 C51 扩展的 4 种数据类型。

1．位类型（bit）

位类型的变量用于访问可寻址的位单元，用来定义普通的位类型的变量值只能是 0 或 1。

2．字节型特殊功能寄存器类型（sfr）

对于 AT89S51，特殊功能寄存器在片内 RAM 的 80H～FFH 范围内，sfr 占用 1B 内存单元。利用它可访问 AT89S51 内部的所有特殊功能寄存器。举例如下。

```
sfr P1=0x90
```

该语句定义了 P1 与地址 0x90 对应，在后面可用"P1=0xff"（使 P1 的所有引脚输出高电平）之类的语句来对特殊功能寄存器进行操作。

3．双字节型特殊功能寄存器类型（sfr16）

sfr16 占用 2B 内存单元。sfr16 和 sfr 一样用于操作特殊功能寄存器，它用于操作占用 2B 内存单元的特殊功能寄存器，如 DPTR。举例如下。

```
sfr16 DPTR=0x82
```

该语句定义了片内 16 位数据指针寄存器 DPTR，其低 8 位地址为 82H。在后面的语句中可以直接对 DPTR 进行操作。

4．特殊功能位类型（sbit）

sbit 用于定义片内特殊功能寄存器的可寻址位，其值是可进行位寻址的特殊功能寄存器的位绝对地址，如 PSW 寄存器 CY 位的绝对地址 0xd7。举例如下。

```
sfr PSW=0xd0    ;//定义特殊功能寄存器 PSW 的地址为 0xd0
sbit PSW^7=0xd7;//定义 CY 位为 PSW.7
```

符号"^"前面是特殊功能寄存器的名字，符号"^"后面的数字定义了特殊功能寄存器可寻址位在寄存器中的位置，取值为 0～7。

4.4.2 复杂数据类型

C51 编译器除了支持以上基本数据类型，还支持一些复杂数据类型，包括数组类型、指针类型、结构类型、联合体类型、枚举类型等。

1. 数组类型

数组是一组有序数据的组合，数组中的各个元素可以用数组名和下标确定。一维数组只有一个下标，多维数组有两个以上的下标。在 C 语言中，数组必须先定义，再使用。

一维数组的定义格式：

数据类型:数组名[常量表达式];

例如，定义一个具有 10 个元素的一维整型数组 a，程序如下。

```
int a[10];//数组 a 的 10 个元素分别为 a[0]～a[9]
```

在定义多维数组时，只需要在数组名后面增加相应维数的常量表达式，如二维数组的定义格式：

数据类型:数组名[常量表达式 1][常量表达式 2];

例如，定义一个具有 2×3 个元素的字符型二维数组 b，程序如下。

```
char b[2][3];
```

2. 指针类型

1）指针和指针变量的概念

内存空间中的每个字节的存储单元都有编号，称为地址。如果一个变量连续占用多个字节，则将其第 1 个字节的地址作为变量的地址。在 C 语言中，变量的地址称为指针。指针是一种数据类型，指针类型的数据是专门用来确定其他类型的数据地址的。

变量的指针可以存放在专门的变量中，这种专门用于存放指针的变量称为指针变量。若指针变量 p 中存放了变量 a 的地址，则称 p 指针指向变量 a。需要注意的是，有时指针变量也称为指针，需要根据上下文来区分其是指地址还是指变量。

2）指针变量的定义

指针变量的定义格式：

类型名 *指针变量名;

类型名可以是任意的 C 语言数据类型，表示所定义的指针变量可以指向的目标变量的类型，"*"表示所定义的变量是指针类型的，这种变量只能用来存放地址。

3）和指针有关的运算符

"&"为取地址运算符。例如，若 a 为变量，则&a 表示变量 a 的地址。

"*"为取值运算符，获取指针所指变量的值。例如，若 p 为指向变量 a 的指针，则*p 表示变量 a 的值。

注意：若 a 为变量，则*(&a)等价于 a。若 p 为指针，则&(*p)等价于 p。

4）指针变量的赋值

指针变量的赋值主要有以下两种方法。

（1）在定义指针变量时进行初始化。

举例如下。

```
int a;
int *p=&a;
```

（2）在定义指针变量后，使用赋值语句进行赋值。

举例如下。

```
int a,*p;
p=&a;
```

上述两种方法都需先定义变量 a，且 p 所指类型都需要与变量 a 的类型保证一致。

3. 结构类型

结构是将若干不同类型的数据变量有序地组合在一起而形成的一个有机的整体，便于引用。结构类型的定义格式：

```
struct 结构体名
{
    成员列表
    } 变量名列表;
```

举例如下。

```
struct student
{int num;
char name[20];
char sex;
int age;
float score;
char addr[30];
    } student1,student2;
```

该例中定义了两个 struct student 类型的变量，即 student1 和 student2。

4. 联合体类型

C51 中还有一种数据类型，它可以使几个不同的变量占用同一段内存空间，只是在时间上交错开，以提高内存空间的利用效率，这种数据类型称为联合体类型。联合体类型的定义格式：

```
union 联合类型名
{
    成员列表
    } 变量列表;
```

联合的意义就是把共用的成员都存储在同一个地方，也就是说，在一个联合体中，可以在从同一地址开始的内存单元中放入不同数据类型的数据。

5. 枚举类型

如果一个变量只有几种可能的值，则可以定义为枚举类型。枚举类型是指将变量的值一一列举出来，变量的值只限于列举出来的值。枚举类型的定义应当列出该类型变量的所有可能取值，其定义格式：

```
enum [枚举名]{枚举值列表}
```

举例如下。

```
enum Weekday{sun, mon, tue, wed, thu, fri, sat};
```

该例声明了一个枚举类型 enum Weekday，可以用此类型定义变量，如

```
enum Weekday workday, weekend;
```

workday 和 weekend 被定义为枚举变量，变量值只能是 sun 到 sat 之一，如

```
workday=mon;
weekend=sun;
```

4.4.3 运算符和表达式

C51 具有很强的数据处理能力和十分丰富的运算符。这些运算符按照在表达式中的作用，可分为赋值运算符、算术运算符、增量与减量运算符、关系运算符、逻辑运算符、位运算符、复合赋值运算符、逗号运算符、条件运算符、指针与地址运算符等。掌握各种运算符的意义和使用规则对于编写正确的 C51 程序是十分重要的。表达式就是把常量、变量、函数用各种运算符连接起来的合法的式子，根据所用运算符的不同，表达式也有很多种类。

1）赋值运算符

赋值符号"="就是赋值运算符，它的作用是将一个数值赋给一个变量。例如，"a=3"的作用是执行一次赋值操作（或称赋值运算），把常量 3 赋给变量 a。也可以将一个表达式的值赋给一个变量。

由赋值运算符构成的表达式称为赋值表达式，这种表达式还可以嵌套，从右向左逐一进行赋值运算，表达式的值是最后一次赋值的值。

2）算术运算符

C51 共有 6 种算术运算符，如表 4-5 所示。

表 4-5　算术运算符

运 算 符 号	说　　　明
+	加法
−	减法
*	乘法
/	除法
++	递加（加 1）
−−	递减（减 1）
%	余数

算术表达式的形式：

表达式 1 算术运算符 表达式 2

举例如下。

```
a+b*(10-a),(x+2)/(y-a)
```

3）增量与减量运算符

增量与减量运算符是 C 语言中特有的一种运算符，其作用是对运算对象进行加 1 或减 1 运算。"++"为增量运算符，"−−"为减量运算符。

要注意的是，虽然同是加 1 或减 1，运算对象在符号前或后，其含义是不一样的。例如，a++（或 a−−）是先使用 a 的值，再执行 a+1（或 a-1），++a（或−−a）是先执行 a+1（或 a-1），再使用 a 的值。增量与减量运算符只用于变量，不能用于常数或表达式。

4）关系运算符

关系运算符用来比较变量或常量的值，并将结果返回给变量。若关系为真，则结果为 1；若关系为假，则结果为 0。运算的结果不影响各个变量的值。C51 共有 6 种关系运算符，如表 4-6 所示。

表4-6　关系运算符

运 算 符 号	示　　例	说　　明
>	a>b	a 大于 b
>=	a>=b	a 大于或等于 b
<	a<b	a 小于 b
<=	a<=b	a 小于或等于 b
==	a==b	a 等于 b
!=	a!=b	a 不等于 b

前 4 种关系运算符具有相同的优先级，后 2 种关系运算符也具有相同的优先级，前 4 种关系运算符的优先级要高于后 2 种关系运算符。用关系运算符将两个表达式连接起来就是关系表达式。关系表达式通常用来判别某个条件是否满足，其一般形式：

表达式 1 关系运算符 表达式 2

举例如下。

a>b，a==b，(x=2)＜(y=4)，x+y>y

5）逻辑运算符

逻辑运算符的功能是判断语句的真、假。若判断语句为真，则结果为 1；若判断语句为假，则结果为 0。C51 共有 3 种逻辑运算符，如表 4-7 所示。

表4-7　逻辑运算符

运 算 符 号	示　　例	说　　明
&&	a&&b	a AND b
||	a||b	a OR b
!	! a	NOT a

用逻辑运算符将关系表达式或逻辑量连接起来就是逻辑表达式，其一般形式：

条件式 1 && 条件式 2
条件式 1 \|\| 条件式 2
!条件式 2

以上 3 个逻辑表达式分别是逻辑与、逻辑或、逻辑非。

6）位运算符

位运算符的作用是按位对变量进行运算，但是并不改变参与运算的变量的值。若要求按位改变变量的值，则要利用相应的赋值运算。C51 共有 6 种位运算符，如表 4-8 所示。

表4-8　位运算符

运 算 符 号	示　　例	说　　明
&	a&b	a 与 b 各位进行 AND 运算
|	a|b	a 与 b 各位进行 OR 运算
^	a^b	a 与 b 各位进行 XOR 运算
~	~b	将 b 取反
<<	a<<b	将 a 的值左移 b 位
>>	a>>b	将 a 的值右移 b 位

位运算的一般形式：

变量1 位运算符 变量2

位运算符的优先级从高到低依次是"～"（按位取反）→"<<"（左移）→">>"（右移）→"&"（按位与）→"︿"（按位异或）→"|"（按位或）。

7）复合赋值运算符

复合赋值运算符就是在赋值运算符"="的前面加上其他运算符。C51有数种复合赋值运算符，如表4-9所示。

表4-9 复合赋值运算符

运 算 符 号	说 明
+=	加法赋值
−=	减法赋值
*=	乘法赋值
/=	除法赋值
%=	取模赋值
<<=	左移位赋值
>>=	右移位赋值
&=	逻辑与赋值
|=	逻辑或赋值
︿=	逻辑异或赋值
!=	逻辑非赋值

复合赋值运算的一般形式：

变量 复合赋值运算符 表达式

在执行程序时，先对变量与表达式进行运算符所要求的运算，再把运算结果赋值给参与运算的变量。

8）逗号运算符

逗号运算符的作用是将两个表达式连接起来，又称为顺序求值运算符。逗号运算的一般形式：

表达式1,表达式2,表达式3,…,表达式n

在执行程序时，从左到右逐一求表达式的值，整个表达式的值为最后一个表达式的值。需要注意的是，大部分情况下使用逗号运算的目的只是分别得到各个表达式的值，而并不一定要得到和使用整个表达式的值。

9）条件运算符

条件运算符要求有3个运算对象。它能把3个表达式连接起来构成一个条件表达式。条件表达式的一般形式：

逻辑表达式 ？ 表达式1：表达式2

条件运算符的作用就是根据逻辑表达式的值选择使用表达式的值。当逻辑表达式的值为真（值为非0）时，整个表达式的值为表达式1的值；当逻辑表达式的值为假（值为0）时，整个表达式的值为表达式2的值。

10）指针与地址运算符

在前面介绍C51的数据类型时，已经介绍过指针类型变量，这里主要说明一下指针与地址运算符。运算符"*"用于取内容，运算符"&"用于取地址，取内容和取地址的一般形式分别如下。

> 变量=*指针变量
> 指针变量=&目标变量

取内容运算是指将指针变量所指向的目标变量的值赋给左边的变量；取地址运算是指将目标变量的地址赋给左边的变量。需要注意的是，指针变量中只能存放地址（指针型数据）。

4.5 C51 的函数

和普通的 C 语言程序类似，C51 也采用结构化的程序设计方法，函数是构成 C51 程序的基本模块，通过对函数模块的调用来实现特定的功能。每个 C51 程序由一个主函数和若干个子函数构成，主函数有且只能有一个，它可以调用其他函数，而不能被其他函数调用。因此，程序的执行总是从主函数开始，完成对其他函数的调用后再返回到主函数，最后由主函数结束整个程序。

C51 的函数主要包括库函数（也称为标准函数或系统函数）和用户自定义函数两种。库函数是系统提供的具有特定功能的函数，存放在标准函数库中供用户调用。用户在使用库函数前，可以通过预处理命令#include 将对应的标准函数库包含到程序内。如果用户需要的函数不在标准函数库中，那么也可以根据自己的需要自定义函数。对于自定义函数，用户在使用之前必须先对其进行定义，然后才能对其进行调用。

C51 的所有函数的定义，包括主函数 main()在内，都是平行的。也就是说，在一个函数的函数体内，不能再定义另一个函数，即不能嵌套定义。但函数之间允许相互调用，也允许嵌套调用。习惯上把调用者称为主调函数。函数还可以自己调用自己，称为递归调用。

4.5.1 C51 的函数定义

所谓函数，即子程序，是指语句的集合。把经常使用的语句定义成函数，在程序中调用，就可以减少重复编写程序的麻烦。用户可以根据实际需要编写不同用途的功能函数，C 语言编译器还提供了丰富的库函数。C 语言可以说是函数式的语言，利用这一特点，可以很容易实现结构化的程序设计。

用户在用 C51 进行程序设计时，既可以使用自定义函数，又可以调用系统提供的库函数。

1. C51 的函数语法结构

一个函数在一个 C51 程序中只允许被定义一次，C51 的函数定义的一般形式：

```
返回值类型 函数名 (形式参数列表)[{small/compact/large}][reentrant][interrupt
n][using m]
   {
   函数体
   }
```

1）返回值类型

函数返回值类型可以是前面介绍的各种数据类型，用于说明函数最后的 return 语句返回被调用处的返回值的类型。若一个函数没有返回值，则需要用关键字 void 明确说明。

2）函数名

函数名是用户为自定义函数取的名字，以便调用函数时使用。函数名可以是任意符合规则的字母或数字组合。

3）形式参数列表

形式参数列表用于列出在主调函数与被调用函数之间进行数据传递的形式参数。在定义函数时，形式参数的类型必须进行说明，可以在形式参数列表处直接进行说明，也可以在函数名后面进行形式参数类型说明。

4）small/compact/large 修饰符

small/compact/large 修饰符用于指定函数的存储模式，函数的存储模式确定了函数的参数和局部变量在内存空间中的地址。在 small 模式下，函数的参数和局部变量位于片内 RAM 的 128B 中。在 compact 模式下，函数的参数和局部变量位于片外 RAM 的低 256B 空间。在 large 模式下，函数的参数和局部变量位于片外 RAM 的 64KB 中。函数的存储模式可以指定为 small、compact、large 中的任意一种，也可以不指定，系统默认为 small 模式。

5）reentrant

reentrant 用于定义可重入函数。可重入函数是指允许被递归调用的函数。函数的递归调用是指当一个函数正在被调用而尚未返回时，又直接或间接调用函数本身。一般的函数不允许被递归调用，只有重入函数才允许被递归调用。

2．中断函数

由于标准 C 语言没有处理单片机中断的定义，为了能进行 AT89S51 的中断处理，C51 编译器对函数的定义进行了扩展，增加了一个扩展关键字 interrupt，使用 interrupt 可将一个函数定义为中断函数。中断函数的一般形式：

```
void 函数名(void)interrupt n [using m]
```

其中，关键字 interrupt 后面的 n（0～31）是中断号，通过中断号可以决定中断服务程序的入口。对于 AT89S51，n 的取值范围为 0～4，分别对应单片机的 5 个中断源。

n 为 0 对应外部中断 0。

n 为 1 对应定时器/计数器 0 中断。

n 为 2 对应外部中断 1。

n 为 3 对应定时器/计数器 1 中断。

n 为 4 对应串行接口中断。

其他值预留。

关键字 using 后面的 m（0～3）用于指定本函数内部使用的工作寄存器区，m 为工作寄存器区号，专门用来选择 AT89S51 的 4 个不同的工作寄存器区。若不指定该项，则该函数使用的工作寄存器区由 C51 编译器自动选择。

由于 C51 编译器在编译时对声明为中断服务程序的函数自动添加了相应的现场保护、禁止其他中断、返回时自动恢复现场等处理的程序段，因此在编写中断服务程序时不需要考虑现场保护问题，这可以减少用户编写中断服务程序的麻烦。

3．函数体

{ }中的内容称为函数体。若一个函数体内有多对花括号，则最外层的一对花括号为函数体的范围。在函数体中的声明部分是对函数体内部所用到的局部变量的说明。局部变量定义是对在函数内部使用的局部变量进行定义，只有在函数调用时才分配内存单元，在调用结束时，立刻释放所分配的内存单元。因此，局部变量只在函数内部有效。函数体语句是为完成函数特定功能而编写的各种语句。例如，定义一个延时函数的程序：

```
void delay(unsigned char i)
{
unsigned char j;
  for(;i>0;i--)
  {
    for(j=255;j>0;j--)
    {
      ;
    }
  }
}
```

这里定义了一个函数名为 delay 的函数，该函数没有返回值，仅有一个无符号字符型的形式参数 i。在函数体内定义了一个局部无符号字符型变量 j，通过 for 循环，完成延时。由于 j 是局部变量，因此其在返回主调函数后就不再有任何意义了。

4.5.2 C51 的库函数

C51 编译器中包含丰富的库函数，使用库函数可以大大简化用户设计程序的工作，提高编程效率。每个库函数都在相应的头文件中给出了函数原型声明，在使用时，只需要在程序的开始处使用预处理命令#include 将有关的头文件包含即可。

C51 的库函数类型考虑到了 AT89S51 的结构特性，用户在自己的应用程序中应尽可能地使用最小的数据类型，以最大程度地发挥 51 单片机的性能，同时减少应用程序的代码长度。表 4-10 所示为常用的库函数与头文件的对应关系。

表 4-10　常用的库函数与头文件的对应关系

库函数类型	头　文　件	常用函数示例及说明
输入/输出函数	在 stdio.h 头文件中定义	1. char purchar（char c）；串口字符输出函数。 2. int printf（const char *fmtstr[,argument]...）；串口输出数值和字符串函数。 3. 在使用函数前必须引用 stdio.h 头文件
数学计算函数	在 math.h 头文件中定义	1. int abs（int val）；计算并返回 val 的绝对值。 2. float sqrt（float x）；计算并返回 x 的平方根。 3. 在使用函数前必须引用 math.h 头文件
本征函数	在 intrins.h 头文件中定义	1. unsigned char _crol_（unsigned char val, unsigned char n）；将 val 循环左移 n 位。 2. unsigned char _cror_（unsigned char val, unsigned char n）；将 val 循环右移 n 位。 3. void _nop_（void）；空操作函数。 4. 在使用函数前必须引用 intrins.h 头文件
类型转换及内存分配函数	在 stdlib.h 头文件中定义	1. void *malloc（unsigned int size）；在内存中分配一个 size 大小的内存空间。返回值为一个 size 大小对象所分配的内存指针；若返回为 NULL，则无足够的内存空间。 2. 在使用函数前必须引用 stdlib.h 头文件

库函数类型	头 文 件	常用函数示例及说明
字符类测试函数	在 ctype.h 头文件中定义	1. bit isalpha（unsigned char c）：检查参数字符是否为英文字母，若是则返回 1，否则返回 0。 2. 在使用函数前必须引用 ctype.h 头文件
字符串处理函数	在 string.h 头文件中定义	1. char *strcmp（char *s1，char *s2）：比较字符串 s1 和 s2，若相同则返回 0；若 s1<s2，则返回一个负数；若 s1>s2，则返回一个正数。 2. 在使用函数前必须引用 string.h 头文件

4.6 C51 程序设计示例

本节列举用 AT89S51 控制发光二极管（LED）循环点亮的例子，使读者可以初步掌握 C51 程序设计的基本方法。

【例 4-2】如图 4-2 所示，在单片机应用系统的 P1 口上接有 8 个 LED，LED 的阳极接+5V，阴极接 P1 口的引脚，当 P1 口的某个引脚输出低电平时，相应的 LED 点亮。编写程序控制 LED 从上到下循环点亮。

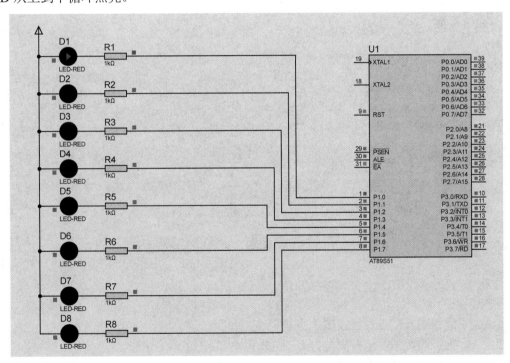

图 4-2 P1 口控制 8 个 LED 循环点亮的仿真电路

LED 点亮的条件如表 4-11 所示。

表 4-11 LED 点亮的条件

P1.7	P1.6	P1.5	P1.4	P1.3	P1.2	P1.1	P1.0	说 明
1	1	1	1	1	1	1	0	D1 亮
1	1	1	1	1	1	0	1	D2 亮

P1.7	P1.6	P1.5	P1.4	P1.3	P1.2	P1.1	P1.0	说　　明
1	1	1	1	1	0	1	1	D3 亮
1	1	1	1	0	1	1	1	D4 亮
1	1	1	0	1	1	1	1	D5 亮
1	1	0	1	1	1	1	1	D6 亮
1	0	1	1	1	1	1	1	D7 亮
0	1	1	1	1	1	1	1	D8 亮

参考程序如下。

```
#include <reg51.h>
#include <intrins.h>
#define uchar unsigned char
#define uint unsigned int
uchar temp;
void delay(uint i)          //定义延时函数 delay()，i 是形式参数
{
uint j;
for(;i>0;i--)
for(j=0;j<333;j++)
{;}                         //空函数
}
void main()                 //主函数
{
    temp=0xfe;              //变量 temp 赋值为 0xfe
    P1=temp;                //P1.0 为低电平
    while(1)
    {
        delay(500);         //延时 500ms
        temp=_crol_(temp,1);//temp 循环左移 1 位
        P1=temp;            //P1 口的 LED 循环点亮
    }
}
```

习题 4

1．C51 的程序开发过程包括哪些步骤？

2．C51 支持的数据类型有哪些？

3．C51 支持的存储类型有哪些？与单片机存储器有何对应关系？

4．如何定义一个函数？各个选项的意义是什么？

5．如何定义一个中断函数？当 n 为 0～4 时分别对应何种中断？

6．设计一个程序，使图 4-2 中的每个 LED 进行单一类型的变化：左移 2 次，右移 2 次，闪烁 2 次。

第5章 AT89S51 的中断系统

中断是 CPU 与外设进行信息交换的一种方式。AT89S51 有一套完整的中断系统，含有 5 个中断源，2 个中断优先级，使 CPU 能够对单片机内部或外部随机发生的事件进行实时处理。本章主要介绍 AT89S51 的中断系统，包括中断的概念、中断系统的结构、中断源，以及 AT89S51 的中断控制、中断处理过程、中断系统的应用等。

5.1 中断系统

5.1.1 中断的概念

中断是 CPU 与外设进行信息交换的一种方式。当 CPU 正在执行某段程序时，单片机内部或外部发生了某个随机事件，请求 CPU 迅速去处理，于是 CPU 暂时中止当前正在执行的程序（主程序），转去执行预先安排好的处理该事件的中断服务程序，处理完该事件后再返回原来被中断的地方（断点）继续执行主程序。中断过程的示意图如图 5-1 所示。

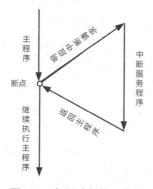

图 5-1 中断过程的示意图

图 5-1 反映了单片机对中断服务请求的整个响应和处理过程。其中，单片机中能够实现中断处理功能的硬件系统和软件系统称为中断系统，使 CPU 产生中断的原因称为中断源。中断源向 CPU 发出的处理请求称为中断请求或中断申请。CPU 中止当前正在执行的主程序，转去执行中断服务程序的过程称为 CPU 的中断响应过程。对中断请求的整个处理过程称为中断服务。在处理完事件后，CPU 返回断点的过程称为中断返回。在发生中断时，系统自动将断点地址压入堆栈，在中断返回时，系统执行中断返回指令，从堆栈中自动弹出断点地址到 PC，继续执行被中断的主程序。

在单片机应用系统中，中断系统的主要功能如下。

（1）分时操作。单片机利用中断功能可以实现 CPU 分时为多个 I/O 设备服务，大大提高了 CPU 的利用率。

（2）实时控制。在实时控制中，要求现场的各种参数、信息均随时间和现场变化，各控制参量随机地在任意时刻向 CPU 发出中断申请，请求 CPU 及时处理。若满足中断条件，则 CPU 会快速响应，进行实时处理。

（3）故障处理。在单片机应用系统中，由于外界干扰、硬件或软件设计中存在问题等因素，在实际运行时会出现掉电、硬件故障、运算错误、程序运行故障等情况，故障源可通过中断系统向 CPU 发出中断请求，CPU 可及时转去执行相应的故障处理程序进行处理，保证单片机应用系统的可靠工作。

5.1.2 中断系统的结构

中断过程是在硬件基础上配以相应的软件实现的，不同的单片机应用系统的硬件结构和软件指令是不相同的，中断系统也是不相同的。AT89S51 的中断系统有 5 个中断源，2 个中断优先级，可实现两级中断服务嵌套。由片内中断允许寄存器 IE 控制 CPU 是否响应中断请求；由中断优先级寄存器 IP 管理各中断源的优先级。AT89S51 的中断系统由中断请求标志位（在相关的 SFR 中）、中断允许寄存器 IE、中断优先级寄存器 IP 及内部硬件查询电路组成，如图 5-2 所示。

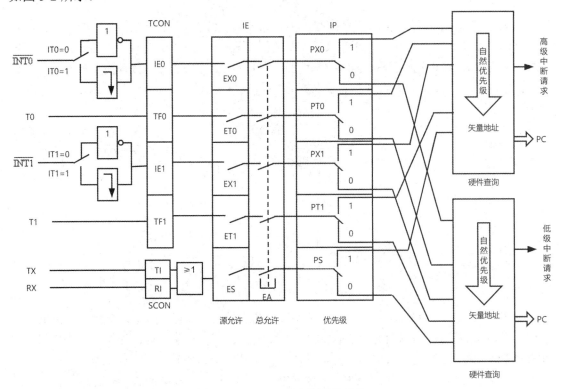

图 5-2　AT89S51 的中断系统结构

5.1.3 中断源

从图 5-2 可知，AT89S51 的中断系统共有 5 个中断源，可分为两类：一类是外部中断，即 $\overline{INT0}$ 和 $\overline{INT1}$；一类是内部中断，包括两个定时器/计数器 T0 和 T1 的溢出中断和串行接口的发送/接收中断。每一个中断源都可以由软件独立地控制为允许中断或关中断状态，每一个中断源的中断优先级别均可由软件来设置。

外部中断：外部中断是由外部信号引起的，分别由 $\overline{INT0}$ （P3.2）和 $\overline{INT1}$ （P3.3）引脚输入。

（1） $\overline{INT0}$ ：外部中断请求 0，中断请求信号由 P3.2 引脚输入，中断请求标志为 IE0。

（2） $\overline{INT1}$ ：外部中断请求 1，中断请求信号由 P3.3 引脚输入，中断请求标志为 IE1。

定时器/计数器中断是为满足定时或计数的需要而设置的。当计数器发生计数溢出时，表明设定的时间已到或计数值已满，这时可以向 CPU 发出中断请求。

（3）定时器/计数器 T0：计数溢出时发出的中断请求，中断请求标志为 TF0。

（4）定时器/计数器 Tl：计数溢出时发出的中断请求，中断请求标志为 TF1。

串行接口中断是为串行数据传送的需要而设置的。每当串行接口发送或接收一组串行数据时，就产生一个串行中断请求。

（5）串行接口中断请求：中断请求标志为发送中断 TI 或接收中断 RI。

5.1.4 中断请求标志寄存器

中断源是否发出中断请求是由中断请求标志位来确定的。 $\overline{INT0}$ 、 $\overline{INT1}$ 、T0 和 T1 的中断请求标志位存放在定时器/计数器控制寄存器 TCON 中；串行接口的中断请求标志位存放在串行接口控制寄存器 SCON 中。TCON 和 SCON 都是 SFR。

1. 定时器/计数器控制寄存器 TCON

TCON 为定时器/计数器控制寄存器，字节地址为 88H，可位寻址。该寄存器中既包括两个外部中断请求的标志位 IE0 与 IE1，又包括定时器/计数器 T0 和 Tl 的溢出中断请求标志位 TF0 和 TF1，此外还包括两个外部中断请求源的中断触发方式选择控制位。TCON 的格式如图 5-3 所示。

	D7	D6	D5	D4	D3	D2	D1	D0	
TCON	TF1	TR1	TF0	TR0	IE1	IT1	IE0	IT0	88H
位地址	8FH	—	8DH	—	8BH	8AH	89H	88H	

图 5-3 TCON 的格式

TCON 中各位的功能如下。

（1）TF1：定时器/计数器 Tl 的溢出中断请求标志位。

当启动 Tl 计数后，定时器/计数器 Tl 从初值开始加 1 计数，当最高位产生溢出时，由硬件将 TF1 置 1，向 CPU 申请中断。当 CPU 响应 TF1 中断时，由硬件将 TF1 自动清 0，也可由软件查询该标志位，并由软件清 0。

（2）TF0：定时器/计数器 T0 的溢出中断请求标志位，功能与 TF1 类似。

（3）IE1：外部中断 1 的中断请求标志位。当检测到外部中断 1 引脚上存在有效的中断请求信号时，由硬件将 IE1 置 1，当 CPU 响应中断请求时，由硬件将其清 0。

（4）IE0：外部中断 0 的中断请求标志位。

（5）IT1：外部中断 1 的触发方式控制位，可选择外部中断 1 为边沿触发方式或电平触发方式。

当 IT1=0，即外部中断 1 设置为电平触发方式时，CPU 在每个机器周期的 S5P2 期间采

样 $\overline{\text{INT1}}$（P3.3）引脚上的电平，若该电平为低电平，则将 IE1 置 1；若该电平为高电平，则将 IE1 清 0，在中断返回前必须撤销 $\overline{\text{INT1}}$ 引脚上的低电平，否则将再次引起中断，造成系统出错。

当 IT1=1，即外部中断 1 设置为边沿触发方式时，CPU 在每个机器周期的 S5P2 期间采样 $\overline{\text{INT1}}$（P3.3）引脚上的电平，若在两个连续机器周期内采样到引脚 $\overline{\text{INT1}}$ 上的外部中断请求输入信号电平发生从高到低的负跳变，则将 IE1 置 1，直到 CPU 响应中断时才由硬件将 IE1 清 0。在边沿触发方式中，为保证 CPU 在两个连续机器周期内检测到负跳变，输入的高、低电平起码要持续 12 个时钟周期。

（6）IT0：外部中断 0 触发方式控制位，可选择外部中断请求 0 为边沿触发方式或电平触发方式，其功能与 IT1 类似。

（7）TR1/TR0：定时器/计数器 T1、T0 的工作启动和停止控制位，与中断控制无关，将在第 6 章中详细介绍。

当 AT89S51 复位后，TCON 被清 0，5 个中断源的中断请求标志均为 0。

2．串行接口控制寄存器 SCON

SCON 为串行接口控制寄存器，字节地址为 98H，可位寻址。SCON 中有低 2 位锁存串行接口的发送中断和接收中断的中断请求标志 TI 和 RI，其格式如图 5-4 所示。

	D7	D6	D5	D4	D3	D2	D1	D0	
SCON	—	—	—	—	—	—	TI	RI	98H
位地址	—	—	—	—	—	—	99H	98H	

图 5-4　SCON 的格式

SCON 中各标志位的功能如下。

（1）TI：串行接口的发送中断请求标志位。当 CPU 将 1B 数据写入串行接口的发送缓冲器 SBUF 时，就开始进行 1 帧串行数据的发送，每发送完 1 帧串行数据后，硬件自动将 TI 置 1。当 CPU 响应串行接口发送中断时，并不对 TI 清 0，TI 必须在中断服务程序中由指令清 0。

（2）RI：串行接口的接收中断请求标志位。当串行接口接收完 1 帧串行数据后，硬件自动将 RI 置 1。当 CPU 响应串行接口接收中断时，并不对 RI 清 0，RI 必须在中断服务程序中由指令清 0。

5.2　AT89S51 的中断控制

AT89S51 的中断控制包括中断允许（禁止）、中断优先级管理，这两种控制分别通过中断允许控制寄存器 IE 和中断优先级控制寄存器 IP 来实现。

5.2.1　中断允许控制寄存器 IE

AT89S51 在中断源与 CPU 之间有两级中断允许控制逻辑电路，类似开关（见图 5-1），其中第 1 级为 1 个总开关，第 2 级为 5 个分开关，它们是由中断允许控制寄存器 IE 控制的。IE 的字节地址为 A8H，可位寻址，其格式如图 5-5 所示。

IE	EA	—	—	ES	ET1	EX1	ET0	EX0	A8H
位地址	AFH			ACH	ABH	AAH	A9H	A8H	

图 5-5 IE 的格式

AT89S51 通过 IE 实现对中断的允许或禁止。该功能实行两级控制，即 EA 为总中断允许控制位，各中断源的中断允许位为分控制位。只有当 EA=1 时开放中断系统，才能通过各分控制位对相应的中断源分别进行允许或禁止。当相应的分控制位为 1 时，中断请求被允许；反之则屏蔽所有中断请求。

IE 中各位的功能如下。

（1）EA：总中断允许控制位。当 EA=1 时，开放所有中断请求，各中断源的允许和禁止可通过相应中断允许位单独加以控制；当 EA=0 时，屏蔽所有中断请求。

（2）ES：串行接口中断允许控制位。当 ES=1 时，允许串行接口中断；当 ES=0 时，禁止串行接口中断。

（3）ET1：定时器/计数器 T1 的溢出中断允许位。当 ET1=1 时，允许 T1 溢出中断；当 ET1=0 时，禁止 T1 溢出中断。

（4）EX1：外部中断 1 中断允许位。当 EX1=1 时，允许外部中断 1 中断；当 EX1=0 时，禁止外部中断 1 中断。

（5）ET0：定时器/计数器 T0 的溢出中断允许位。当 ET0=1 时，允许 T0 溢出中断；当 ET0=0 时，禁止 T0 溢出中断。

（6）EX0：外部中断 0 中断允许位。当 EX0=1 时，允许外部中断 0 中断；当 EX0=0 时，禁止外部中断 0 中断。

AT89S51 在系统复位后，IE 中各中断允许位均被清 0，即禁止所有的中断。IE 中的各个位可由软件置 1 或清 0，即可允许或禁止各中断源的中断申请。若允许某一个中断源中断，则除了使 IE 中相应的位置 1，还必须使 EA 置 1。改变 IE 的内容可由位操作指令来实现，也可由字节操作指令实现。

【例 5-1】若只允许 2 个外部中断源的中断请求，禁止其他中断源的中断请求，请编写设置 IE 的相应程序段。

1）用位操作实现

```
ES=0;     //禁止串行接口中断
ET0=0;    //禁止定时器/计数器 T0 中断
ET1=0;    //禁止定时器/计数器 T1 中断
EX0=1;    //允许外部中断 0 中断
EX1=1;    //允许外部中断 1 中断
EA=1;     //总中断开关位开放
```

2）用字节操作实现

```
IE=0x85;
```

上述两段程序对 IE 的设置是相同的。

5.2.2 中断优先级控制寄存器 IP

AT89S51 有 2 个中断优先级，分别为高优先级和低优先级，可以通过中断优先级控制寄存器 IP 来设定每个中断源的中断优先级，同时可实现两级中断嵌套。所谓两级中断嵌套，是指当 AT89S51 正在执行低优先级中断服务程序时，可被高优先级中断请求所中断，待高优先级中断请求被处理完毕后，再返回低优先级中断服务程序。两级中断嵌套的过程如图 5-6 所示。

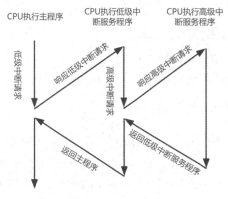

图 5-6　两级中断嵌套的过程

对于中断优先级和中断嵌套，需要满足以下几条基本原则。

（1）低优先级中断请求可被高优先级中断请求中断，高优先级中断请求不能被低优先级中断请求中断。

（2）同级中断请求不能中断同级中断请求。也就是说，对于任何一种中断请求（无论高优先级还是低优先级），一旦得到响应，就不会被其他的同级中断请求所中断。

（3）当 CPU 同时接收到几个中断请求时，先响应高优先级中断请求。

AT89S51 的中断优先级是通过片内的中断优先级控制寄存器 IP 进行设置的，其字节地址为 B8H，可位寻址。只要用程序改变其内容，就可进行各中断请求中断优先级的设置。IP 的格式如图 5-7 所示。

IP	—	—	—	PS	PT1	PX1	PT0	PX0	B8H
位地址	BFH	BEH	BDH	BCH	BBH	BAH	B9H	B8H	

图 5-7　IP 的格式

IP 中各位的功能如下。

（1）PS：串行接口中断优先级控制位。当 PS=1 时，串行接口中断为高优先级；当 PS=0 时，串行接口中断为低优先级。

（2）PT1：定时器 T1 中断优先级控制位。当 PT1=1 时，定时器 T1 中断为高优先级；当 PT1=0 时，定时器 T1 中断为低优先级。

（3）PX1：外部中断 1 优先级控制位。当 PX1=1 时，外部中断 1 为高优先级；当 PX1=0 时，外部中断 1 为低优先级。

（4）PT0：定时器 T0 中断优先级控制位。当 PT0=1 时，定时器 T0 中断为高优先级；当 PT0=0 时，定时器 T0 中断为低优先级。

（5）PX0：外部中断 0 优先级控制位。当 PX0=1 时，外部中断 0 为高优先级；当 PX0=0 时，外部中断 0 为低优先级。

IP 中的各位都可由软件置 1 或清 0，用位操作或字节操作都可以设置 IP 的内容，以设置各中断请求的中断优先级。当 AT89S51 系统复位后，IP 值为 0，各个中断请求均为低优先级中断请求。

当 CPU 同时接收到几个相同优先级的中断请求时，由内部的硬件查询序列确定它们的优先级顺序，即在相同优先级内有一个由内部的硬件查询序列确定的第二个优先级结构。在 AT89S51 的中断系统中，对于同级中断，系统默认的优先级顺序：外部中断 0>定时器 T0>外部中断 1>定时器 T1>串行接口中断。

【例 5-2】设置 IP 的初始值，使 AT89S51 的两个外部中断请求为高优先级，其他中断请求为低优先级。

1）用位操作实现

```
PX0=1;    //外部中断 0 设置为高优先级
PX1=1;    //外部中断 1 设置为高优先级
PS=0;     //串行接口设置为低优先级
PT0=0;    //定时器/计数器 T0 为低优先级
PT1=0;    //定时器/计数器 T1 为低优先级
```

2）用字节操作实现

```
IP=0x05;
```

5.3 AT89S51 的中断处理过程

5.3.1 中断响应的条件

CPU 响应中断需要满足下列条件。

（1）有中断请求，即中断源对应的中断请求标志位为 1。

（2）相应的中断允许位为 1，即 IE 中对应的中断源的中断允许控制位为 1。

（3）CPU 开放中断，即 IE 中总中断允许控制位 EA=1。

在执行程序的过程中，CPU 在每个机器周期的 S5P2 期间顺序采样每个中断源，在下一个机器周期 S6 期间按优先级顺序查询中断标志位。若某个中断标志位在上一个机器周期的 S5P2 期间被置 1，并于当前的排序选择周期被选中，则 CPU 执行一条由中断系统提供的长调用指令 LCALL，转去执行相应的中断服务程序。

当遇到以下任何一个条件时，CPU 对中断的响应将会受阻。

（1）CPU 正在处理同级或高优先级中断。

（2）当前的指令未执行完最后一个机器周期。

（3）当前正在执行的指令为 RETI 指令或任何访问 IE、IP 的指令。根据 AT89S51 的中断系统的规定，在执行完上述指令后，CPU 至少还要再执行一条其他指令，才能响应新的中断请求。

5.3.2 中断响应时间

中断响应时间是指从查询中断请求标志位到转到中断服务程序入口地址（简称为中断入口地址）所需的时间。中断响应至少需要 3 个机器周期。其中，中断请求标志位的查询占用 1 个机器周期，而这个机器周期恰好是指令的最后 1 个机器周期。在这个机器周期结束后，中断被响应，CPU 执行一条由中断系统提供的长调用指令 LCALL 以转到相应的中断入口地址，这需要 2 个机器周期，加上中断请求标志位的查询所占用的 1 个机器周期，一共需要 3 个机器周期，才能开始执行中断服务程序。

最长中断响应时间为 8 个机器周期，具体受到下列情况的影响：若 CPU 在进行中断请求标志位的查询时，正在执行 RETI 指令或访问 IE、IP 指令的第 1 个机器周期，则需要执行完当前指令并执行一条其他指令后，才能响应新的中断请求。执行上述 RETI 指令或访问 IE、IP 的指令最多需要 2 个机器周期。若紧接着要执行的指令恰好是需要执行时间最长的乘、除法指令（执行时间均为 4 个机器周期），则再执行一条长调用指令 LCALL 才能转到中断入口地址（需要 2 个机器周期），所以最长中断响应时间为 8 个机器周期。

综上所述，若只有一个中断，则 AT89S51 的中断响应时间为 3～8 个机器周期。

5.3.3　中断响应过程

若中断请求满足中断响应条件，则 CPU 响应中断请求。中断响应的主要过程：首先，中断系统通过硬件自动生成长调用指令 LCALL，其格式为 LCALL addr16，而 addr16 就是 5 个中断源的中断入口地址，如表 5-1 所示。该指令自动把断点地址（PC 值）压入堆栈进行保护，先压入低位地址，后压入高位地址，同时 SP 值加 2。其次，将对应的中断入口地址装入 PC（由硬件自动执行），同时清除中断请求标志位（串行接口中断和电平触发的外部中断除外），使 CPU 转去该中断入口地址执行中断服务程序。

表 5-1　5 个中断源的中断入口地址

中　断　源	中断入口地址
外部中断 0	0003H
定时器/计数器 T0 中断	000BH
外部中断 1	0013H
定时器/计数器 T1 中断	001BH
串行接口中断	0023H

通常在这 5 个中断入口地址处都有一条无条件转移指令，使 CPU 转去执行在其他地址中存放的中断服务程序。CPU 转去执行对应的中断服务程序，而不直接存放中断服务程序，是因为两个中断入口地址之间仅隔 8B，用 8B 存放中断服务程序往往不够用。

中断服务程序的最后一条指令必须是中断返回指令 RETI，该指令能够使 CPU 结束中断服务程序的执行，其具体功能：

（1）撤销中断申请，从堆栈中弹出断点地址返回给 PC，先弹出高位地址，后弹出低位地址，同时 SP 值减 2，恢复到断点地址处继续执行。

（2）使优先级状态触发器清 0，恢复原来的工作状态。

5.3.4　中断请求的撤销

在某个中断请求被响应后，CPU 应撤销该中断请求标志位，否则会引起重复中断而导致错误。下面按中断请求的类型分别说明中断请求的撤销方法。

1. 定时器/计数器中断请求的撤销

对于定时器/计数器 T0、T1 的溢出中断，在中断请求被响应后，硬件会自动清除中断请求标志位 TF0 和 TF1，即定时器/计数器中断请求是自动撤销的，除非定时器/计数器 T0、T1 再次溢出，才会再次产生中断。

2. 外部中断请求的撤销

外部中断请求可分为边沿触发方式和电平触发方式。外部中断请求的撤销实际上包括两项内容：中断标志位 IE0、IE1 的清 0 和 P3.2（或 P3.3）引脚上的外部中断信号的撤销。对于边沿触发方式的外部中断 0 或 1，在 CPU 响应中断后，由硬件自动对中断标志位 IE0 或 IE1 清 0，而 P3.2（或 P3.3）引脚上的外部中断请求信号在边沿信号消失后也就自动撤销了，所以边沿触发方式的外部中断请求是自动撤销的。对于电平触发方式的外部中断请求，虽然中断请求标志位 IE0 或 IE1 的撤销是自动的，但只要 P3.2（或 P3.3）引脚为低电平，在机器周期内采样时，就会把已清 0 的 IE0 或 IE1 标志位重新置 1，从而再次产生中断，这样会出现一次请求，多次中断的情况。只有在中断服务程序返回前撤销 P3.2（或 P3.3）引脚上的中断请求信号，即 P3.2（或 P3.3）为高电平，才能真正撤销该外部中断请求。为此，可在系统中增加电平触发方式的外部中断请求的撤销电路，如图 5-8 所示。

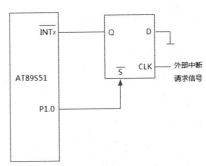

由图 5-8 可知，外部中断请求信号加到 D 触发器的 CLK（时钟）端。由于 D 端接地，因此当外部中断请求的正脉冲信号出现在 CLK 端时，Q 端输出为 0，外部中断向单片机发出中断请求。当 CPU 响应中断后，为了撤销中断请求，需要在 P1.0 引脚上输出一个足以使 D 触发器复位的负脉冲。令 D 触发器置 1，即令 Q=1，便可撤销中断请求信号。负脉冲可在中断服务程序中增加以下指令得到。

图 5-8　电平触发方式的外部中断请求的撤销电路

```
sbit S=P1^0;
S=1;
S=0;
S=1;
```

3. 串行接口中断请求的撤销

串行接口中断标志位是 TI 和 RI，但 CPU 不对这两个中断标志位自动清 0。在响应串行接口中断后，CPU 无法知道该中断是接收中断还是发送中断，需要测试这两个中断标志位的状态，以确定该中断是接收中断还是发送中断，之后才能撤销该中断。因此，串行接口中断请求的撤销只能使用软件的方法，在中断服务程序中进行，可通过以下指令在中断服务程序中对串行接口中断标志位进行清 0。

```
TI=0;
RI=0;
```

5.4　AT89S51 的中断系统应用

AT89S51 的中断系统运行必须由硬件和软件互相配合。在进行中断系统的软件设计时，一方面要进行中断系统的初始化，另一方面要编写中断服务程序，实现中断处理所需的功能。

1．进行中断系统的初始化

中断系统的初始化就是对与中断相关的几个 SFR 的相关控制位进行设置，一般放在主程序的初始化程序段，具体需要完成以下工作。

（1）设置中断允许控制寄存器 IE，开总中断并允许相应的中断源中断。

（2）设置中断优先级控制寄存器 IP，确定各中断源的中断优先级。

（3）对于外部中断源，还要设置中断请求的触发方式 IT1 或 IT0，以规定采用电平触发方式还是边沿触发方式。

2．编写中断服务程序

AT89S51 的中断服务程序一般包括两个部分的内容，一是保护现场，二是完成中断源请求的服务。中断服务程序的基本流程如图 5-9 所示。

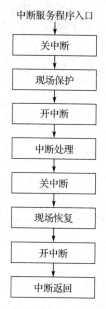

图 5-9　中断服务程序的基本流程

在编写中断服务程序时需要注意以下几个问题。

1）现场保护和现场恢复

现场指的是单片机中某些寄存器或存储单元中的数据或状态。通常，主程序和中断服务程序都会用到累加器 A、PSW 及其他一些寄存器，当 CPU 进入中断服务程序并使用上述寄存器时，就会破坏原来储存在寄存器中的内容。一旦中断返回，就会影响主程序的运行，因此，要把它们送入堆栈保护起来，这就是现场保护。在进入中断服务程序后，一定要先进行现场保护，再执行中断处理程序，在中断返回之前还要进行现场恢复。注意，在采用 C 语言进行编程时，不需要进行现场保护和现场恢复。

2）关中断和开中断

图 5-9 中，在现场保护和现场恢复前关中断是为了防止此时有更高优先级的中断进入，避免现场被破坏；在现场保护和现场恢复之后开中断是为了对下一次中断做好准备，也为了允许有更高优先级的中断进入。这样做的结果是，中断处理可以被打断，但原来的现场保护和现场恢复不允许被更改，除了在现场保护和现场恢复时，系统仍然保持着中断嵌套的功能。

若系统中有重要的中断请求，必须处理完毕，不允许被其他的中断嵌套，则应在现场保护前关总中断，不响应其他中断请求，现场保护后先不开总中断，待中断请求处理完毕后再开总中断。这时就需要把图5-9中的中断处理步骤前后的开中断和关中断两个步骤去掉。

3）中断处理

中断处理是中断请求的具体目的，用户应根据任务的具体要求来编写中断处理部分的程序。

4）中断返回

C语言的断点保护和中断返回是由CPU自动进行的。CPU在执行完中断服务程序后，先把响应中断时置1的不可寻址的优先级状态触发器清0，然后从堆栈中弹出栈顶上的2B的断点地址送到PC，弹出的第1B送入PCH，弹出的第2B送入PCL，CPU从断点处重新执行被中断的主程序。

【例5-3】如图5-10所示，在AT89S51的P1口上接有8个LED。在外部中断0输入引脚$\overline{\text{INT0}}$（P3.2）上接有按钮开关S1。当没有中断发生时，LED全部点亮。当有中断发生时，高4位的LED和低4位的LED交替闪烁10次。

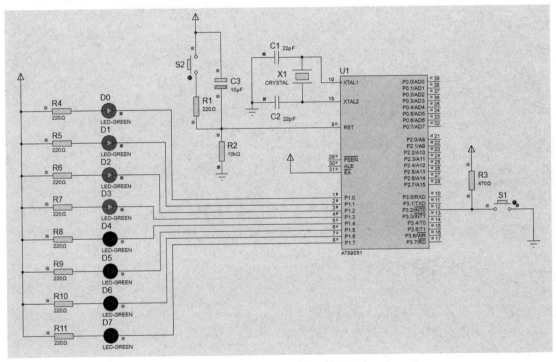

图5-10 中断服务程序实例

参考程序如下。

```
#include<reg51.h>
#define uchar unsigned char;
#define uint unsigned int;
void delay(uint i)                    //延时函数
{
  uint j;
  for(;i>0;i--)
```

```
      for(j=0;j<333;j++)
        {; }
    }
main()
{
   EA=1;                                  //总中断允许
   EX0=1;                                 //允许外部中断 0 中断
   IT0=1;                                 //选择外部中断 0 为边沿触发方式
    while(1)
     {
       P1=0x00;                           //点亮 8 个 LED
     }
}
void int0_led() interrupt 0 using 0      //外部中断 0 的中断服务函数
{
   uchar m;
   EX0=0;                                 //禁止外部中断 0 中断
   for(m=0;m<10;m++)
     {
      P1=0x0f;                            //点亮 P1 口高 4 位
      delay(1000);
      P1=0xf0;                            //点亮 P1 口低 4 位
      delay(1000);
     }
   EX0=1;                                 //中断返回前,打开外部中断 0 中断
```

需要注意以下问题。

(1)在采用 C 语言进行编程时,不需要进行现场保护和现场恢复。

(2)本例为单一外部中断应用案例,在执行中断服务程序时禁止执行外部中断 0 的嵌套。

5.5 外部中断源的扩展

AT89S51 可提供两个外部中断请求输入端 $\overline{INT0}$ 和 $\overline{INT1}$,在实际的单片机应用系统中,两个外部中断请求源往往不够用,可以对外部中断源进行扩展。下面通过一个具体实例来介绍扩展外部中断源的方法。

【例 5-4】如图 5-11 所示,若系统中有 5 个外部中断源 IR0~IR4,它们均为高电平有效,这时可按中断请求的"轻重缓急"进行排队,把其中的最高级中断源 IR0 直接接到 AT89S51 的 $\overline{INT0}$,其余的 4 个中断源 IR1~IR4 按图 5-11 所示的方法通过各自的 OC 门(集电极开路门)接到 AT89S51 的 $\overline{INT1}$,同时分别接到 P1 口的 P1.0~P1.3 引脚供 AT89S51 查询。各外部中断源的中断请求由外设的硬件电路产生。若采用图 5-11 所示的电路,IR0 的中断优先级最高,其余 4 个外部中断源的中断优先级取决于查询顺序,这里假设查询顺序为 P1.0~P1.3,则 IR1~IR4 的中断优先级由高到低的顺序依次为 IR1、IR2、IR3、IR4。IR1~IR4 的中断优先级的高、低取决于查询顺序。

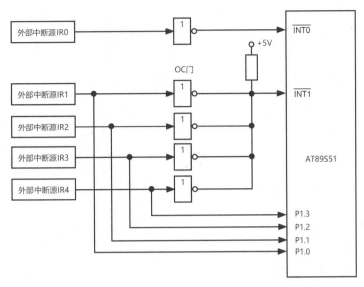

图 5-11 中断和查询相结合的多外部中断

若图 5-11 中的 4 个外部中断源中有 1 个外部中断源发出高电平有效的中断请求信号,则中断请求通过 4 个 OC 门的输出公共点,$\overline{\text{INT1}}$ 引脚上的电平就会变低。那么究竟是哪个外部中断源发出了中断请求信号呢?这还要通过查询 P1.0～P1.3 引脚上的逻辑电平来确定。本例假设在某个时刻只能有一个外部中断源发出中断请求信号,并设 IR1～IR4 这 4 个外部中断源的高电平可由相应的中断服务程序清 0,则处理 $\overline{\text{INT1}}$ 的中断服务程序如下。

```c
#include<reg51.h>
sbit IR1=P1^0;
sbit IR2=P1^1;
sbit IR3=P1^2;
sbit IR4=P1^3;
void init()                //中断初始化
{
  EA=1;
  EX0=1;
  EX1=1;                   //开中断
  IT0=1;
  IT1=1;                   //设外部中断为边沿触发方式
}
void ex0() interrupt 0 //外部中断 0 的中断服务函数
{
  INT0 中断服务程序
}
void ex1() interrupt 2 //外部中断 0 的中断服务函数
{
  if(IR1==1)
  {
    INT1 中断服务程序 1
  }
  else if(IR2==1)
```

```
{
    INT1 中断服务程序 2
}
else if(IR3==1)
{
    INT1 中断服务程序 3
}
else(IR4==1)
{
    INT1 中断服务程序 4
}
}
```

采用查询法扩展外部中断源比较简单，但是当扩展的外部中断源个数较多时，查询时间较长。为了克服查询法扩展外部中断源的缺点，可以使用可编程中断控制器 8259A 或优先权编码器 74LS148 等扩展外部中断源。

习题 5

1. 什么是中断？AT89S51 的中断系统有哪些中断源？

2. AT89S51 中与中断相关的控制寄存器有哪几个？其主要功能分别是什么？

3. AT89S51 系统各中断源的入口地址分别是什么？

4. 简述 AT89S51 的中断响应过程。

5. AT89S51 的 CPU 响应中断的必要条件有哪些？

6. AT89S51 响应外部中断的典型时间是多少？在哪些情况下，CPU 将推迟对外部中断请求的响应？

7. AT89S51 的外部中断有哪两种触发方式？分别如何设置？

8. 编写程序段，实现将 $\overline{INT1}$ 设置为高优先级中断，且为电平触发方式，定时器/计数器 T0 中断设为低优先级中断，串行接口中断设置为高优先级中断，其他中断设置为禁止状态。

9. 用 AT89S51 外部中断（单片机 P3.2 引脚上接一个按键开关）功能改变 LED 的显示状态。当没有外部中断 0 输入时，主程序运行状态为 4 个 LED 同时闪烁；当有外部中断 0 输入时，立即产生中断，执行中断服务程序，使 4 个 LED 依次循环点亮。

10. 某个系统有 3 个外部中断源 1、2、3，当某个中断源发出的中断请求使 $\overline{INT1}$ 引脚变为低电平时，电路可参考图 5-11，要求 CPU 对其进行处理，它们的优先级由高到低为 3、2、1，中断处理程序的入口地址分别为 2000H、2100H、2200H。试编写主程序及中断服务程序（转至相应的中断处理程序的入口即可）。

第 6 章 AT89S51 的定时器/计数器

在测控系统中，常常需要用定时器来实现定时控制、定时测量、延时动作、产生响声等功能，有时也需要用计数器对外部事件进行计数或计算，如电动机转速、频率、工件个数等。本章以 AT89S51 为例，介绍定时器/计数器的结构与工作原理，包括其 2 种工作模式、4 种工作方式和与其相关的 2 个 SFR，即 TMOD、TCON，以及定时器/计数器的应用。

6.1 定时器/计数器的结构与工作原理

6.1.1 定时器/计数器的结构

AT89S51 的定时器/计数器的结构框图如图 6-1 所示，包含 2 个可编程的定时器/计数器 T0 和 T1。每个定时器从内部结构上来说都是一个可编程的加法计数器，由编程来设置其工作在定时状态还是计数状态，也就是所谓的定时器/计数器。

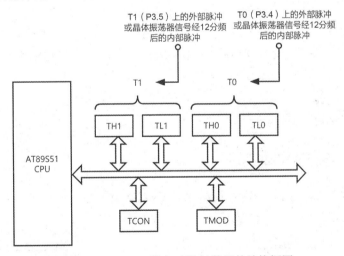

图 6-1 AT89S51 的定时器/计数器的结构框图

定时器/计数器 T0 和 T1 分别由 TH0、TL0 及 TH1、TL1 构成。

每个定时器/计数器都具有 2 种工作模式（定时器模式和计数器模式）、4 种工作方式（方式 0、方式 1、方式 2 和方式 3）。定时器/计数器属于加 1 计数器。

TMOD 用于选择定时器/计数器 T0、T1 的工作模式和工作方式。TCON 用于控制 T0、T1 的启动和停止计数，同时包含了 T0、T1 的状态。T0、T1 不论工作在定时器模式还是计数器模式，实质上都是对脉冲进行计数，只不过脉冲的来源不同。计数器模式是对加在 T0（P3.4）和 T1（P3.5）两个引脚上的外部脉冲进行计数，而定时器模式是对单片机的晶体振荡器信号经 12 分频后的内部脉冲进行计数。由于晶体振荡器频率是定值，所以可根据对内部脉冲的计数值计算出定时时间。

计数器的起始计数都是从计数器的初值开始的。当单片机复位时，计数器的初值为 0，也可用指令给计数器装入一个新的初值。

6.1.2　定时器/计数器的工作原理

定时器/计数器的工作原理：利用加 1 计数器对固定周期的脉冲计数，通过寄存器的溢出来触发中断，具体过程如下。

加 1 计数器输入的计数脉冲有两个来源：一个是由单片机的晶体振荡器信号经 12 分频后的内部脉冲；另一个是由 T0 或 T1 引脚输入的外部脉冲。每输入一个脉冲，计数器加 1，当加到计数器为全 1 时，再输入一个脉冲计数器就回 0，且计数器的溢出使 TCON 中 TF0 或 TF1置 1，向 CPU 发出中断请求（在允许定时器/计数器中断时）。定时器/计数器若工作于定时器模式，则表示时间已到；若工作于计数器模式，则表示计数值已满。

可见，由溢出时计数器的值减去计数器的初值就是加 1 计数器的计数值。定时器/计数器的具体应用步骤如下。

（1）根据需要的时间或计数次数，结合单片机的晶体振荡器频率，计算出初值，将初值装入相应的定时器/计数器中。

（2）根据需要，设置定时器/计数器的工作模式和工作方式，以及中断的开关设置，主要对 TMOD、IE、IP 的相应位进行正确的设置。

（3）启动定时器/计数器，主要对 TCON 的相应位（TR0、TR1）进行设置。

若已规定由软件启动定时器/计数器，则可将 TR0、TR1 置 1；若已规定由外部中断引脚电平启动定时器/计数器，则需要给外部中断引脚加启动电平。当实现启动要求后，定时器/计数器即按规定的工作方式和初值开始定时或计数。

6.2　与定时器/计数器相关的 SFR

6.2.1　工作方式寄存器 TMOD

AT89S51 的定时器/计数器工作方式寄存器 TMOD 用于选择定时器/计数器的工作模式和工作方式，字节地址为 89H，不能位寻址，其格式如图 6-2 所示。

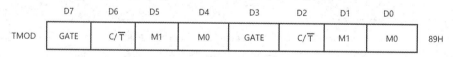

图 6-2　TMOD 格式

TMOD 的 8 位控制字分为 2 组，高 4 位控制 T1，低 4 位控制 T0。下面对 TMOD 的各位进行说明。

1）GATE：门控位

当 GATE=0 时，仅由运行控制位 TRx（x=0,1）来控制定时器/计数器的运行。

当 GATE=1 时，用外部中断引脚（$\overline{INT0}$ 或 $\overline{INT1}$）上的电平与运行控制位 TRx 来共同控制定时器/计数器的运行。

2）M1、M0：工作方式选择位

M1、M0 共有 4 种编码，对应于 4 种工作方式的选择，如表 6-1 所示。

表 6-1　工作方式选择位

M1	M0	工 作 方 式
0	0	方式 0，13 位定时器/计数器
0	1	方式 1，16 位定时器/计数器
1	0	方式 2，8 位自动重新装载初值的定时器/计数器
1	1	方式 3，仅适用于 T0，此时 T0 分为两个 8 位计数器，T1 停止计数

3）C/$\overline{T}$：计数器/定时器模式选择位

当 C/$\overline{T}$ =0 时，定时器/计数器为定时器模式，对单片机的晶体振荡器信号经 12 分频后的内部脉冲进行计数。

当 C/$\overline{T}$ =1 时，定时器/计数器为计数器模式，计数器对外部输入引脚 T0（P3.4）或 T1（P3.5）上的外部脉冲（负跳变）进行计数。

6.2.2　控制寄存器 TCON

TCON 的字节地址为 88H，可位寻址，位地址为 88H～8FH，其格式如图 6-3 所示。

图 6-3　TCON 格式

TCON 既参与中断控制，又参与定时/计数控制。有关中断的控制内容在第 5 章中已经介绍过，这里仅介绍与定时器/计数器相关的高 4 位功能。

1）TF1、TF0：计数溢出标志位

当计数器计数溢出时，该位置 1。在使用查询方式时，此位作为状态位供 CPU 查询，但应注意查询有效后，应使用软件及时将该位清 0；在使用中断方式时，此位作为中断请求标志位，进入中断服务程序后由硬件自动清 0。

2）TR1、TR0：计数运行控制位

当 TR1（或 TR0）=1 时，启动定时器/计数器的工作。

当 TR1（或 TR0）=0 时，停止定时器/计数器的工作。

该位可由软件置 1 或清 0。

6.3　定时器/计数器的工作方式

下面分别介绍定时器/计数器的 4 种工作方式。

6.3.1　方式 0

当 M1、M0 分别为 0、0 时，定时器/计数器工作于方式 0，其逻辑结构框图如图 6-4 所示（以 T1 为例）。

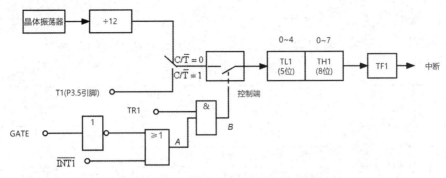

图 6-4　T1 工作于方式 0 的逻辑结构框图

定时器/计数器在方式 0 工作时为 13 位计数器，由 TLx（x=0,1）的低 5 位和 THx 的高 8 位构成。若 TLx 的低 5 位溢出，则向 THx 进位；若 THx 的高 8 位溢出，则 TCON 中的溢出标志位 TFx 置 1。

在图 6-4 中，C/$\overline{\text{T}}$ 位控制的电子开关决定了定时器/计数器的 2 种工作模式。

（1）当 C/$\overline{\text{T}}$=0 时，电子开关打在上面的位置，T1（或 T0）为定时器模式，将晶体振荡器 12 分频后的脉冲作为计数信号。

（2）当 C/$\overline{\text{T}}$=1 时，电子开关打在下面的位置，T1（或 T0）为计数器模式，计数脉冲为 P3.4（或 P3.5）引脚上的外部输入脉冲，当引脚上发生负跳变时，计数器加 1。

GATE 位决定定时器/计数器的运行控制是取决于 TRx 这一个因素，还是取决于 TRx 和 $\overline{\text{INT}x}$（x=0,1）这两个因素。

（1）当 GATE=0 时，A 点电位恒为 1，B 点电位仅取决于 TRx。若 TRx=1，则 B 点为高电平，控制端控制电子开关闭合，允许 T1（或 T0）对脉冲计数；若 TRx=0，则 B 点为低电平，电子开关断开，禁止 T1（或 T0）计数。

（2）当 GATE=1 时，B 点电位由 $\overline{\text{INT}x}$（x=0,1）的输入电平和 TRx 这两个因素来确定。当 TRx=1，且 $\overline{\text{INT}x}$=1 时，B 点才为高电位，控制端控制电子开关闭合，允许 T1（或 T0）计数。在这种情况下，计数器是否计数是由 TRx 和 $\overline{\text{INT}x}$ 这两个因素共同确定的。

6.3.2　方式 1

当 M1、M0 分别为 0、1 时，定时器/计数器工作于方式 1，其逻辑结构框图如图 6-5 所示（以 T1 为例）。

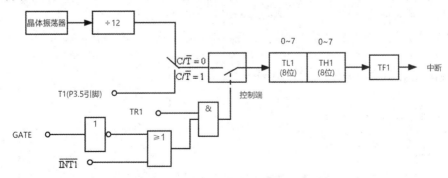

图 6-5　T1 工作于方式 1 的逻辑结构框图

方式 1 和方式 0 的差别仅在于计数器的位数，方式 1 为 16 位计数器，由 THx 高 8 位和

TLx低8位构成（x=0,1），方式0则为13位计数器。在方式1中，相关控制状态位的含义（GATE、C/$\overline{\text{T}}$、TFx、TRx）与方式0相同。

6.3.3　方式2

由于方式0和方式1的最大特点是在计数溢出后，计数器为全0，因此在循环定时或循环计数应用时存在用指令反复装入计数初值的问题。这不仅会影响定时精度，还会给程序设计带来麻烦。方式2就是为了解决该问题而设置的。

当M1、M0分别为1、0时，定时器/计数器工作于方式2，其逻辑结构框图如图6-6所示（以T1为例）。

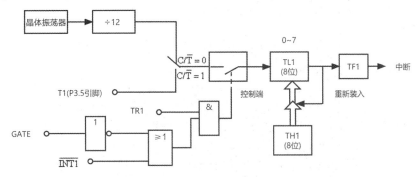

图6-6　T1工作于方式2的逻辑结构框图

定时器计数器在方式2工作时为自动重装初值（初值自动装入）的8位定时器/计数器，TLx（x=0,1）作为常数缓冲器，当TLx计数溢出时，在溢出标志位TFx置1的同时，还自动将THx中的初值发送至TLx，使TLx从初值开始重新计数。定时器/计数器工作于方式2时的过程如图6-7所示。

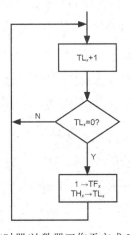

图6-7　定时器/计数器工作于方式2时的过程

定时器/计数器工作于方式2时可以省去在软件中重装初值的指令执行时间，简化定时初值的计算方法，可以相当精确地确定时间。

6.3.4　方式3

方式3是为了增加一个附加的8位定时器/计数器而设置的，这可以使AT89S51具有3个定时器/计数器。方式 3 只适用于定时器/计数器 T0，定时器/计数器 T1 不能工作于方式 3。T1 处于方式 3 时相当于 TR1=0，停止计数（此时 T1 可作为串行接口的波特率产生器）。

1. 工作于方式 3 的 T0

当 TMOD 的低 2 位为 1、1 时，T0 工作于方式 3，其逻辑结构框图如图 6-8 所示。

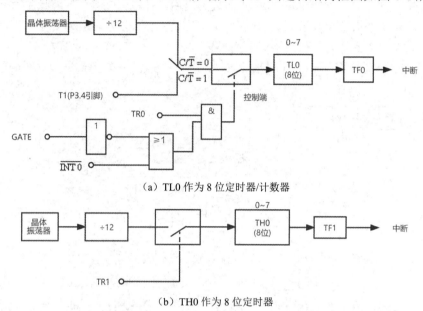

（a）TL0 作为 8 位定时器/计数器

（b）TH0 作为 8 位定时器

图 6-8　T0 工作于方式 3 时的逻辑结构框图

定时器/计数器 T0 分为两个独立的 8 位计数器 TL0 和 TH0，TL0 使用 T0 的状态控制位 C/$\overline{T}$、GATE、TR0、$\overline{INT0}$，而 TH0 被固定为一个 8 位定时器（不能工作于计数模式），并使用定时器 T1 的状态控制位 TR1 和 TF1，同时占用定时器 T1 的中断请求源 TF1。

2. T0 工作于方式 3 时 T1 的各种工作方式

一般情况下，当 T1 作为串行接口的波特率发生器时，T0 才工作于方式 3。当 T0 工作于方式 3 时，T1 可工作于方式 0、方式 1 和方式 2，作为串行接口的波特率发生器，或者用于不需要中断的场合。

1）T1 工作于方式 0

当 T1 的控制字 M1、M0 分别为 0、0 时，T1 工作于方式 0，其示意图如图 6-9 所示。

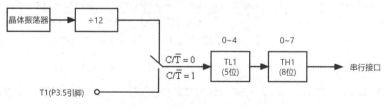

图 6-9　T1 工作于方式 0 的示意图

2）T1 工作于方式 1

当 T1 的控制字 M1、M0 分别为 0、1 时，T1 工作于方式 1，其示意图如图 6-10 所示。

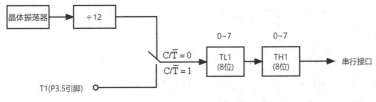

图 6-10　T1 工作于方式 1 的示意图

3）T1 工作于方式 2

当 T1 的控制字中 M1、M0 分别为 1、0 时，T1 工作于方式 2，其示意图如图 6-11 所示。

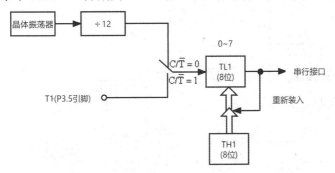

图 6-11　T1 工作于方式 2 的示意图

4）T1 工作于方式 3

当 T0 工作于方式 3 时，若把 T1 也设置为工作于方式 3，则 T1 停止计数。

6.4　定时器/计数器的应用

6.4.1　定时器/计数器的初始化

AT89S51 的定时器/计数器是可编程的，但在进行定时或计数之前要对其进行初始化，具体步骤如下。

（1）对 TMOD 赋值，以确定定时器/计数器的工作模式。

（2）设置定时器/计数器初值，直接将初值写入 TH0、TL0 或 TH1、TL1。

（3）根据需要，对 IE 设置初值，开放定时器中断。

（4）将 TCON 中的 TR0 或 TR1 置 1，启动定时器/计数器，定时器/计数器即按规定的工作模式和初值进行计数或定时。

设定时器/计数器的最大定时值/计数值为 M，则初值 X 的计算方法如下。

（1）计数方式：$X=M-$计数值。

（2）定时方式：由$(M-X)T=$定时值，得 $X=M-$定时值$/T$。

T 为计数周期，是单片机的机器周期。M 的值取决于单片机的工作方式（方式 0：$M=2^{13}$，方式 1：$M=2^{16}$，方式 2 和 3：$M=2^{8}$）。

6.4.2　定时器的应用

在定时器/计数器的 4 种工作方式中，方式 0 与方式 1 基本相同，只是计数器的计数位数不同。方式 0 为 13 位计数器，方式 1 为 16 位计数器。使用定时器/计数器可以进行定时控制、计数控制及时序控制，具体的应用有电子乐曲演奏的频率与节拍控制、频率或转速的测量及时序信号的生成等。

1. 方式 1 的应用

【例 6-1】假设系统时钟频率为 6MHz，要在 P2.0 引脚上输出一个周期为 2ms 的方波。

基本思想：方波的周期用定时器/计数器 T0 来确定，即由 T0 进行计数，每隔 1ms 计数溢出 1 次，每隔 1ms 产生一次中断，CPU 在响应中断后，在中断函数中对 P2.0 取反。这样就可以在 P2.0 引脚上输出一个周期为 2ms 的方波，其原理图及仿真结果如图 6-12 所示。为此要做以下几步工作。

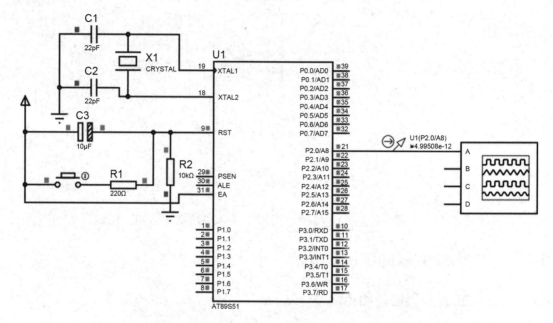

（a）原理图

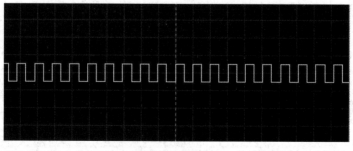

（b）仿真结果

图 6-12　例 6-1 的原理图及仿真结果

1）计算计数初值 X

$$机器周期=2\mu s=2\times10^{-6}s$$

设需要装入 T0 的初值为 X，则有

$$(2^{16}-X)\times2\times10^{-6}=1\times10^{-3}$$

$$2^{16}-X=500$$

$$X=65036$$

将 X 转化为十六进制数,即 X=FE0CH=1111111000001100B。因此,T0 的初值为 TH0=FEH,TL0=0CH。

2)初始化程序设计

本例采用定时器/计数器中断方式工作。初始化程序包括定时器/计数器的初始化和中断系统的初始化,主要是对 IP、IE、TCON、TMOD 的相应位进行正确的设置,并将计数初值装入定时器/计数器。

3)程序设计

中断服务程序除了要完成所要求的产生方波的工作,还要注意将计数初值重新装入定时器/计数器,为下一次产生中断做准备。

参考程序如下。

```c
#include <reg51.h>
sbit Signal=P2^0;                //定义位变量
void main()
{
  TMOD=0x01;                     //定时器/计数器 T0 工作于方式 1
  TH0=0xfe;
  TL0=0x0c;                      //设置定时器/计数器 T0 的初值
  EA=1;                          //总中断允许
  ET0=1;                         //定时器/计数器 T0 中断允许
  TR0=1;                         //启动定时器/计数器 T0
  while(1)                       //循环等待
  {
    ;
  }
}
Timer0_int (void) interrupt 1    //定时器/计数器 T0 中断函数
{
  Signal=~Signal;                //P2^0 取反
  TH0=0xfe;
  TL0=0x0c;                      //重新装入初值
}
```

【例 6-2】设计程序,控制 8 个 LED 每 0.5s 点亮一次。

在 AT89S51 的 P1 口上接有 8 个 LED,其电路仿真图如图 6-13 所示。下面采用定时器/计数器 T0 工作于方式 1 的定时中断,控制 P1 口上接的 8 个 LED 每 0.5s 点亮一次。

1)设置 TMOD

T0 工作于方式 1,应使 TMOD 的 M1、M0 分别为 0、1;设置 C/$\overline{T}$=0,为定时器模式;对 T0 的运行控制仅由 TR0 来完成,使相应的 GATE 位为 0。定时器/计数器 T1 不使用,各相关位均设为 0。因此,TMOD 应初始化为 0x01。

2)计算定时器/计数器 T0 的计数初值

设定时间为 5ms(5000μs),设定时器/计数器 T0 的计数初值为 X,假设晶体振荡器频率为 11.0592MHz,则定时时间=$(2^{16}-X)×12/$晶体振荡器频率,则 5000=$(2^{16}-X)×12/11.0592$,得 X=70928。

X 转换成十六进制后为 0xee00,其中 0xee 装入 TH0,0x00 装入 TL0。

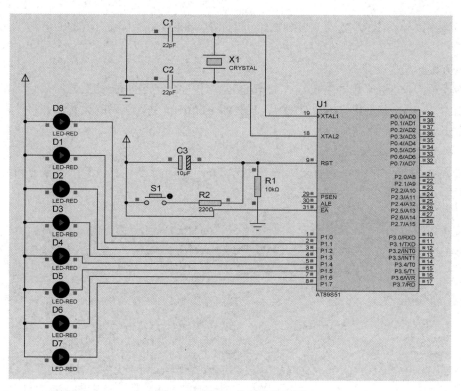

图 6-13　例 6-2 的电路仿真图

3）设置 IE

由于本例采用定时器/计数器 T0 中断，因此需要将 IE 中的 EA、ET0 置 1。

4）启动和停止定时器

设置 TCON 中的 TR0=1，则启动定时器/计数器 T0；TR0=0，则停止定时器/计数器 T0。参考程序如下。

```
#include <reg51.h>
#include <absacc.h>
char i=100;                    //定义循环次数
void main()                    //主函数
{
  TMOD=0x01;                   //定时器/计数器 T0 工作于方式 1
  TH0=0xee;                    //定义初值
  TL0=0x00;
  P1=0x00;                     //P1 口上的 8 个 LED 点亮
  EA=1;                        //总中断允许
  ET0=1;                       //定时器/计数器 T0 中断允许
  TR0=1;                       //启动定时器/计数器 T0
  while(1)                     //循环等待
  {
    ;
  }
}
void timer0() interrupt 1    //定时器/计数器 T0 中断函数
{
```

```
    TH0=0xee;                       //重新装入初值
    TL0=0x00;
    i--;                            //循环次数减1
    if(i<=0)
    {
      P1=~P1;                       //P1口按位取反
      i=100;                        //重置循环次数
    }
}
```

2．方式 2 的应用

【例 6-3】秒定时器的设计。

利用片内定时器/计数器来进行定时，时间间隔为 1s，其电路仿真图如图 6-14 所示。单片机 P1.0 引脚控制 LED 闪烁，时间间隔为 1s。

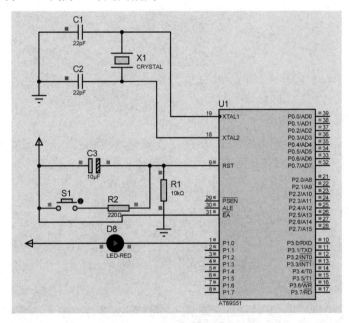

图 6-14　例 6-3 的电路仿真图

定时器的初始化编程主要设置定时常数和相关 SFR。本例使用定时器模式，即定时中断，实现每 1s 单片机的 P1.0 引脚输出状态发生一次翻转，即 LED 每 1s 点亮一次。

当定时器/计数器工作于定时器模式时，对机器周期计数，可根据单片机的晶体振荡器频率计算出机器周期，再计算出定时时间，从而得出定时时间常数，参考程序如下。

```
#include <reg51.h>
#define uchar unsigned char
#define uint unsigned int
#define TICK 10000              //10000x100μs=1s
#define T100us 256-100          //定时100μs（晶体振荡器频率为12MHz）
sbit led=P1^0;
uint C100us;
void main()                     //主函数
{
```

```
    led=0;                          //点亮 P1.0 上的 LED
    TMOD=0x02;                      //定时器/计数器 T0 工作于方式 2
    TH0=T100us;                     //设置定时初值为 100μs
    TL0=T100us;
    EA=1;                           //总中断允许
    ET0=1;                          //定时器/计数器 T0 中断允许
    TR0=1;                          //启动定时器/计数器 T0
    C100us=TICK;                    //设置循环次数为 10 000
    while(1)                        //循环等待
    {
        ;
    }
}
void timer0() interrupt 1          //定时器/计数器 0 中断函数
{
    C100us--;                       //循环次数减 1
    if(C100us==0)
        led=~led;                   //1s 时间到，P1.0 取反
        C100us=TICK;                //重置循环次数
}
```

3. 方式 3 的应用

【例 6-4】定时器/计数器输出 PWM（脉冲宽度调制）波形，其原理图如图 6-12（a）所示。

设计思路：AT89S51 可以使用一个定时器/计数器来控制产生波形的频率，使用另一个定时器/计数器来控制波形的占空比。其中，定时器/计数器 T0 工作于方式 3，定时器/计数器 T1 工作于方式 0。

本例使用定时器/计数器 T1 来控制波形的频率，使用定时器/计数器 T0 来控制波形的占空比，先在定时器/计数器 T1 的中断函数中启动定时器/计数器 T0，将输出波形设置为高电平，然后在定时器/计数器 T0 的中断函数中关闭定时器/计数器 T0，并将输出波形设置为低电平。PWM 波形仿真图如图 6-15 所示。

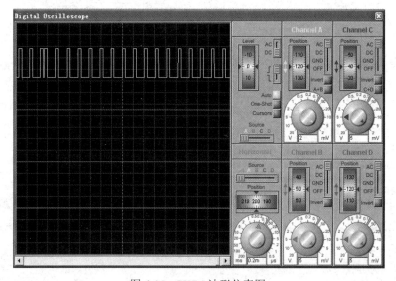

图 6-15　PWM 波形仿真图

参考程序如下。

```
#include <reg51.h>
sbit Signal=P2^0;      //定义位变量
void main()
{
  TMOD=0x03;           //定时器/计数器 T0 工作于方式 3，定时器/计数器 T1 工作于方式 0
  TH0=0x38;            //设置两个 8 位定时器/计数器初值
  TL0=0xce;
  EA=1;                //总中断允许
  ET0=1;               //T0 中断允许
  ET1=1;               //T1 中断允许
  Signal=1;            //P2.0 置 1
  TR0=1;               //启动 T0
  TR1=1;               //启动 T1
  while(1)             //循环等待
  {;}
}
void Timer0(void) interrupt 1 using 1   //T0 中断函数，使用通用工作寄存器组 1
{
  Signal=0;                             //P2.0 置 0，即输出波形为低电平
  TR0=0;                                //关闭定时器/计数器 T0
  TL0=0xce;                             //重装 8 位初值
}
void Timer1(void) interrupt 3 using 2   //T1 的中断函数，使用通用工作寄存器组 2
{
  Signal=1;                             //P2.0 置 1，即输出波形为高电平
  TR0=1;                                //启动定时器/计数器 T0
  TH0=0x38;                             //重装 8 位初值
}
```

4．门控位 GATE*x* 的应用——测量正脉冲宽度

【例 6-5】本例介绍定时器/计数器中 TMOD 中的门控位 GATE*x* 的应用——测量正脉冲宽度。以 T1 为例，利用门控位 GATE*x* 测量加在 $\overline{INT1}$ 引脚上的正脉冲宽度。

门控位 GATE1 可使 T1 的启动计数受 $\overline{INT1}$ 的控制，当 GATE1=1，TR1=1 时，只有 $\overline{INT1}$ 引脚输入高电平，T1 才被允许计数。利用 GATE1 的这一功能，可测量 $\overline{INT1}$ 引脚（P3.3）上的正脉冲宽度，如图 6-16 所示。

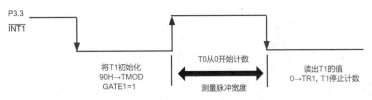

图 6-16　利用 GATE1 测量正脉冲宽度

测量正脉冲宽度的电路原理图如图 6-17 所示。利用定时器/计数器门控位 GATE1 来测量 $\overline{INT1}$ 引脚上的正脉冲宽度（该脉冲宽度应可调），正脉冲宽度在 6 位 LED 数码管上以机器周期数显示出来。要求正脉冲宽度通过旋转信号源的旋钮可调。参考程序如下。

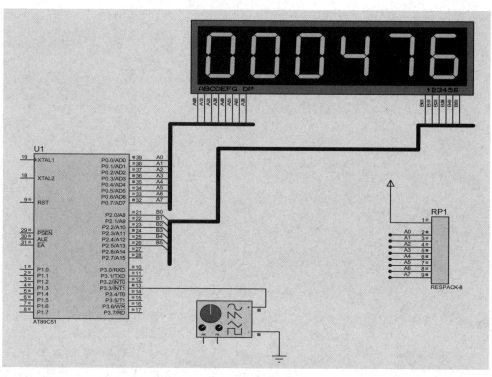

图 6-17　测量正脉冲宽度的电路原理图

```c
#include <reg51.h>
#define uchar unsigned char
#define uint unsigned int
sbit P3_3=P3^3;        //定义位变量
uchar count_high;      //定义计数变量，用来读取 TH1
uchar count_low;       //定义计数变量，用来读取 TL1
uchar shiwan,wan,qian,bai,shi,ge;
uchar flag;            //设置标志位
uchar codetable[]={0x3f,0x06,0x5b,0x4f,0x66,0x6d,0x7d,0x07,0x7f,0x6f};//共
阴极数码管段码表
uint num;              //正脉冲宽度的机器周期数
void delay(uint z)  //延时函数
{
  unsigned int x,y;
  for(x=z;x>0;x--)
  for(y=110;y>0;y--);
}
void display(uint a,uint b,uint c,uint d,uint e,uint f)//数码管显示函数
{
  P2=0xfe;
  P0=table[f];
  delay(2);
  P2=0xfd;
  P0=table[e];
  delay(2);
```

```c
    P2=0xfb;
    P0=table[d];
    delay(2);
    P2=0xf7;
    P0=table[c];
    delay(2);
    P2=0xef;
    P0=table[b];
    delay(2);
    P2=0xdf;
    P0=table[a];
    delay(2);
}
void read_count()                        //读取 TMOD 的内容
{
  do
  {
    count_high=TH1;                      //读高字节
    count_low=TL1;                       //读低字节
  }while(count_high!=TH1);
  num=count_high*256+count_low;          //可显示处理的 2B 机器周期数
}
void main()                              //主函数
{
  while(1)
  {
    flag=0;
    TMOD=0x90;                           //设置定时器/计数器 T1 工作于方式 1 的定时方式,GATE=1
    TH1=0;                               //设置定时器/计数器 T1 的计数初值
    TL1=0;
    while(P3_3==1);                      //等待 INT1 变为低电平
    TR1=1;                               //若 INT1 变为低电平,则启动 T1(未开始计数)
    while(P3_3==0);                      //等待 INT1 变为高电平,变高后 T1 开始计数
    while(P3_3==1);                      //等待 INT1 变为低电平,变低后 T1 停止计数
    TR1=0;
    read_count();                        //读取定时器/计数器的内容
    shiwan=num/100000;                   //分离出十万、万、千、百、十、个位
    wan=num%100000/10000;
    qian=num%10000/1000;
    bai=num%1000/100;
    shi=num%100/10;
    ge=num%10;
    while(flag!=100)                     //刷新显示 100 次
    {
      flag++;
      display(ge,shi,bai,qian,wan,shiwan);
    }
```

```
        }
    }
```

运行程序，把加在 $\overline{\text{INT1}}$ 引脚上的正脉冲宽度显示在 LED 数码管显示器上。晶体振荡器频率为 12MHz，若默认信号源为 1kHz 的方波，则显示应为 500。

需要注意的是，在仿真时，偶尔会显示 501，这是信号源的问题，若将信号源换成频率固定的激励源，则不会出现此问题。

习题 6

1．AT89S51 的定时器/计数器有哪几种工作模式？各工作模式分别有什么特点？

2．若 AT89S51 采用 12MHz 的晶体振荡器频率，定时 1ms，则当定时器/计数器工作于方式 1 时的初值（16 进制数）应为多少？

3．若 AT89S51 采用 12MHz 的晶体振荡器频率，则当定时器/计数器工作于方式 0、1、2 时，其最大的定时时间分别是多少？

4．当 AT89S51 的定时器/计数器工作于定时和计数模式时，其计数脉冲分别由谁提供？

5．AT89S51 的定时器/计数器的方式 2 有什么特点？该方式适用于哪些场合？

6．编写程序，要求定时器/计数器 T0 工作于方式 2，在 P1.5 引脚输出周期为 400μs，占空比为 10∶1 的矩形脉冲。

7．设 AT89S51 采用 12MHz 的晶体振荡器频率，试编写一段程序，对定时器/计数器 T0 进行初始化，使之工作于方式 2，产生 200μs 定时，并用查询 T0 溢出标志位的方法，控制 P1.1 引脚输出周期为 2ms 的方波。

8．若用定时器/计数器测量某正脉冲宽度，采用何种方式可得到最大量程？若晶体振荡器频率为 6MHz，则允许测量的最大脉冲宽度是多少？

9．用 AT89S51 设计一个模拟信号灯电路，信号灯接在 P1.0 引脚，$\overline{\text{INT1}}$ 接光敏元件。使该电路具有以下功能。

（1）白天信号灯熄灭，夜间信号灯闪烁，亮 2s，灭 2s，依次循环。

（2）将 $\overline{\text{INT1}}$ 信号作为门控信号，启动定时器/计数器的定时。

第7章 AT89S51 的串行接口及串行通信

串行通信技术是单片机应用系统开发中常用的技术之一，串行接口也是单片机内部集成的常规功能部件之一。AT89S51 中的串行接口为全双工串行接口，它能同时发送和接收数据。本章介绍串行通信的基本概念、串行接口的结构及相关 SFR、串行通信工作方式、波特率的设置、串行接口的编程与应用等。

7.1 串行通信的基本概念

数据通信方式有两种，分别是串行通信和并行通信，其示意图如图 7-1 所示。

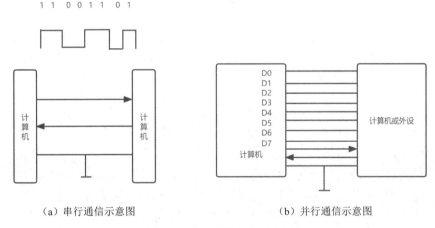

（a）串行通信示意图　　　　　　　（b）并行通信示意图

图 7-1　数据通信方式示意图

并行通信是指同时传输 8bit 数据（也可以是 16、32、64bit 数据等），在图 7-1（b）中，共有 11 根信号线，分别为 8 根数据线、1 根控制线、1 根状态线、1 根地线。并行通信的特点是数据传输速度快，适用于近距离传输。

串行通信是指数据一位一位地传输，在图 7-1（a）中，共有 3 根信号线，分别为 1 根发送线、1 根接收线、1 根地线。串行通信的特点是硬件简单，适用于远距离传输、对速度要求不高的场合。

串行通信有异步通信和同步通信两种方式。

7.1.1 异步通信

异步通信是指通信的发送与接收设备使用各自的时钟控制数据的发送和接收。AT89S51采用异步通信方式进行数据传输。

异步通信以帧作为传输单位，每一帧由起始位、数据位、奇偶校验位和停止位组成，如

图 7-2 所示。在一帧中，先是 1bit 起始位 0，然后是 7bit 数据，规定低位在前，高位在后，接下来是奇偶校验位（可以省略，此时数据为 8bit），最后是 1bit 停止位 1。用这种格式表示字符，字符可以一个接一个地进行传输。

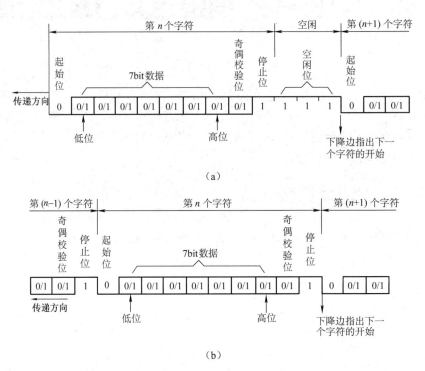

（a）

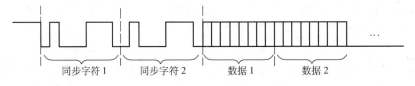

（b）

图 7-2　异步通信方式结构图

异步通信的特点是不要求收、发双方时钟的严格一致，实现容易，设备开销较小，但由于每个字符要附加 2～3bit 用于起始位和停止位，各帧之间还有间隔，因此传输效率不高。

在异步通信中，CPU 与外设之间必须有两项规定，即字符格式和波特率的规定。字符格式的规定是双方能够对同一种 0 和 1 的串理解成同一种意义。原则上，字符格式可以由通信双方自由规定，但从通用、方便的角度出发，一般使用标准进行规定，如 ASCII 标准。波特率是数据传送的速率，其定义是每秒钟传送的二进制数的位数。

7.1.2　同步通信

同步通信仅在传输开始处用若干个字符作为同步号令，然后连续传输数据，如图 7-3 所示。由于同步通信没有在每个字符中配置起始位和停止位，因此结构紧凑、传输效率高、速度快。

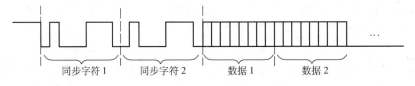

图 7-3　同步通信方式结构图

同步通信比异步通信传输速度快，但因为同步通信必须要用一个时钟来协调接收器和发送器的工作，所以同步通信的设备比较复杂。

7.1.3 串行通信的数据传输

串行通信的数据传输方式按通信过程可分为 3 种，如图 7-4 所示。

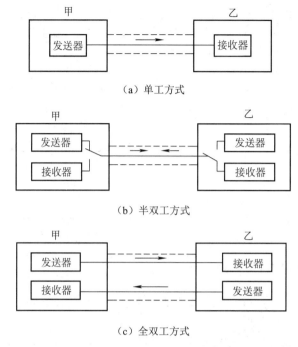

（a）单工方式

（b）半双工方式

（c）全双工方式

图 7-4　串行通信的数据传输方式

（1）单工方式：通信双方中一方只能发送，另一方只能接收，传输方向是单一的。

（2）半双工方式：通信双方只连接一根传输线（共地），但任何一方都可以发送，当一方发送时，另一方只能接收。

（3）全双工方式：通信双方需要连接两根传输线（共地），一根将数据从甲方传输到乙方，另一根将数据从乙方传输到甲方，允许双向同时发送。

AT89S51 采用全双工方式。

7.2　串行接口的结构及相关 SFR

7.2.1　串行接口的结构

AT89S51 中有一个可编程的全双工串行接口，它可作为 UART（通用异步接收发送设备）使用，也可作为同步移位寄存器使用，其帧格式可为 8bit、10bit 或 11bit，并能设置各种波特率，给用户带来很大的便利。

串行接口主要由两个独立的串行数据缓冲寄存器（一个发送 SBUF 和一个接收 SBUF）、发送控制器、接收控制器、输入移位寄存器及若干控制门电路组成。两个 SBUF 共用一个 SFR 字节地址（99H）。串行接口的结构如图 7-5 所示。

单片机串行接口的工作方式通过初始化设置，将两个相应控制字分别写入串行接口控制寄存器 SCON（98H）和电源控制寄存器 PCON（87H）即可。下面详细介绍这两个 SFR 中各位的功能。

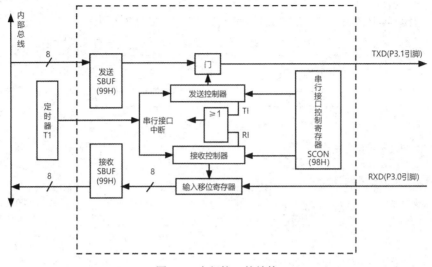

图 7-5　串行接口的结构

7.2.2　串行接口控制寄存器 SCON

串行接口控制寄存器 SCON 的字节地址为 98H，可位寻址，位地址为 98H～9FH，其格式如图 7-6 所示。

	D7	D6	D5	D4	D3	D2	D1	D0	
SCON	SM0	SM1	SM2	REN	TB8	RB8	TI	RI	98H
位地址	9FH	9EH	9DH	9CH	9BH	9AH	99H	98H	

图 7-6　SCON 的格式

下面介绍 SCON 中各位的功能。

（1）SM0、SM1：串行接口的 4 种工作方式选择位。

SM0、SM1 的编码组合分别对应 4 种工作方式，如表 7-1 所示。

表 7-1　串行接口的 4 种工作方式

SM0	SM1	工 作 方 式	功 能 说 明
0	0	0	同步移位寄存器方式（用于扩展 I/O 口）
0	1	1	8 位异步收发，波特率可变（由定时器控制）
1	0	2	9 位异步收发，波特率为 $f_{OSC}/64$ 或 $f_{OSC}/32$
1	1	3	9 位异步收发，波特率可变（由定时器控制）

（2）SM2：多机通信控制位。

因为多机通信是在方式 2 和方式 3 下进行的，因此 SM2 位主要用于方式 2 或方式 3。当串行接口以方式 2 或方式 3 接收数据时，若 SM2=1，则只有当接收到的第 9bit 数据（RB8）为 1 时，才使 RI 置 1，产生中断请求，并将接收到的前 8bit 数据送入 SBUF；当接收到的第 9bit 数据（RB8）为 0 时，将接收到的前 8bit 数据丢弃。而若 SM2=0，则不论第 9bit 数据是 1 还是 0，都将前 8bit 数据送入 SBUF，并使 RI 置 1，产生中断请求。

当串行接口工作于方式 1 时，若 SM2=1，则只有接收到有效的停止位时才会使 RI 置 1。当串行接口工作于方式 0 时，SM2 必须为 0。

（3）REN：允许串行接收位。

REN 由软件置 1 或清 0。当 REN=1 时，允许串行接口接收数据；当 REN=0 时，禁止串行接口接收数据。

（4）TB8：发送的第 9bit 数据。

当串行接口工作于方式 2 和方式 3 时，TB8 用于存放发送的第 9bit 数据，该位由软件置 1 或清 0。

当串行接口在进行双机串行通信时，TB8 一般作为奇偶校验位使用。当串行接口在进行多机串行通信时，该位用来表示主机发送的是地址帧还是数据帧，若 TB8=1，则主机发送的是地址帧；若 TB8=0，则主机发送的是数据帧。

（5）RB8：接收的第 9bit 数据。

当串行接口工作于方式 2 和方式 3 时，RB8 用于存放接收到的第 9bit 数据。当串行接口工作于方式 1 时，若 SM2=0，则 RB8 是接收到的停止位；当串行接口工作于方式 0 时，不使用 RB8。

（6）TI：发送中断标志位。

当串行接口工作于方式 0 时，在串行发送完第 8bit 数据后，TI 由硬件置 1，在其他工作方式中，串行发送的停止位开始时置 TI 为 1。当 TI=1 时，表示一帧数据发送结束。TI 位的状态可由软件查询，也可申请中断。当 CPU 响应中断后，在中断服务程序中向 SBUF 写入要发送的下一帧数据。TI 必须由软件清 0。

（7）RI：接收中断标志位。

当串行接口工作于方式 0 时，在接收完第 8bit 数据后，RI 由硬件置 1。在其他工作方式中，串行接收到停止位时，RI 置 1。当 RI=1 时，表示一帧数据接收完毕，并申请中断，要求 CPU 从接收 SBUF 取走数据。该位的状态也可由软件查询。RI 必须由软件清 0。SCON 的所有位都可进行位操作清 0 或置 1。

7.2.3 电源控制寄存器 PCON

电源控制寄存器 PCON 的字节地址为 87H，不能位寻址，其格式如图 7-7 所示。

图 7-7 PCON 的格式

在 PCON 中，只有最高位波特率选择位 SMOD 与串行接口有关，其他各位的功能在 2.9 节中已经做过介绍。

当 SMOD=1 时，波特率相对 SMOD=0 时的波特率加倍，所以也称 SMOD 为波特率倍增位。

7.3 串行通信工作方式

根据实际需要，串行接口可设置 4 种工作方式，可为 8bit、10bit 和 11bit 帧格式。

方式 0 以 8bit 数据为 1 帧，不设起始位和停止位，先发送或接收最低位。

方式 1 以 10bit 数据为 1 帧，设有 1bit 起始位 0 和 1bit 停止位 1，中间是 8bit 数据，先发送或接收最低位。

方式 2 和 3 以 11bit 数据为 1 帧，设有 1bit 起始位 0，8bit 数据，1bit 附加第 9bit 和 1bit 停止位 1。

附加第 9bit（D8）由软件置 1 或清 0。D8 在发送时于 TB8 中，在接收时送入 RB8。

串行接口的 4 种工作方式由 SCON 中的 SM0、SM1 定义（见表 7-1）。

7.3.1 方式 0

串行接口的方式 0 为同步移位寄存器 I/O 方式。这种方式并不用于两个 AT89S51 之间的异步串行通信，而用于串行接口外接移位寄存器，以扩展并行 I/O 口。

方式 0 以 8 位数据为 1 帧，不设起始位和停止位，先发送或接收最低位。方式 0 的波特率是固定的，为 $f_{osc}/12$。方式 0 的帧格式如图 7-8 所示。

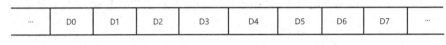

图 7-8　方式 0 的帧格式

1. 方式 0 的发送

方式 0 的发送过程：当 CPU 执行一条将数据写入发送 SBUF 的指令时，产生一个正脉冲，串行接口把发送 SBUF 中的 8bit 数据以 $f_{osc}/12$ 的固定波特率从 RXD 引脚串行输出，先发送低位，TXD 引脚输出同步移位脉冲，发送完 8 位数据后，TI 置 1。方式 0 的发送时序如图 7-9 所示。

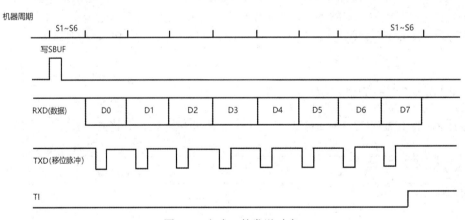

图 7-9　方式 0 的发送时序

2. 方式 0 的接收

方式 0 的接收过程：REN 为串行接口允许接收控制位，当 REN=0 时，禁止接收；当 REN=1 时，允许接收。当 CPU 向串行接口的 SCON 写入控制字（设置为方式 0，并使 REN 置 1，同时 RI=0）时，产生一个正脉冲，串行接口接收数据。引脚 RXD 为数据输入端，TXD 为移位脉冲信号输出端，接收器以 $f_{osc}/12$ 的固定波特率采样 RXD 引脚的数据信息，当接收器接收完 8bit 数据后，RI 置 1，表示 1 帧数据接收完毕，可进行下 1 帧数据的接收。方式 0 的接收时序如图 7-10 所示。

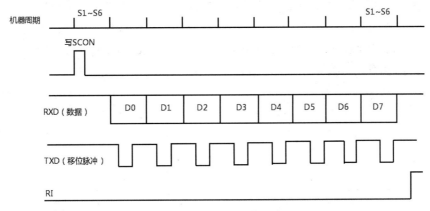

图 7-10　方式 0 的接收时序

7.3.2　方式 1

串行接口的方式 1 为双机串行通信方式，其连接电路如图 7-11（a）所示。当 SM0、SM1 两位为 0、1 时，串行接口设置为方式 1 的双机串行通信。TXD 引脚和 RXD 引脚分别用于发送和接收数据。

方式 1 发送成接收的 1 帧数据有 10 位，1bit 起始位 0，8bit 数据，1bit 停止位 1，先发送或接收最低位，其帧格式如图 7-11（b）所示。

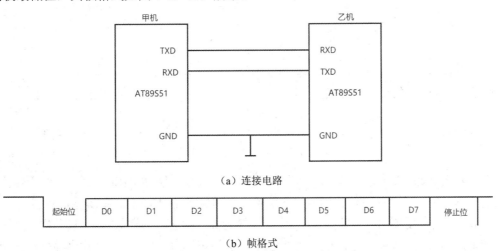

（a）连接电路

（b）帧格式

图 7-11　方式 1 的连接电路及帧格式

当串行接口工作于方式 1 时，其为波特率可变的 8bit 异步通信接口。方式 1 的波特率计算公式为

$$方式 1 的波特率 = \frac{2^{\text{SMOD}}}{32} \times T1 的溢出率$$

式中，SMOD 为 PCON 最高位的值（0 或 1）。

1．方式 1 的发送

当串行接口以方式 1 输出时，数据位由 TXD 端输出，发送的 1 帧数据有 10bit，1bit 起始位 0，8bit 数据和 1bit 停止位 1，当 CPU 执行一条数据写入发送 SBUF 的指令（SBUF=*p）时，就开始发送数据。方式 1 的发送时序如图 7-12 所示。在图 7-12 中，TX 时钟的频率就是发送的波特率。当发送开始时，内部发送控制信号 $\overline{\text{SEND}}$ 变为有效，将起始位向 TXD 引脚（P3.1）输出，此后每经过一个 TX 时钟周期，便产生一个移位脉冲，并由 TXD 引脚输出 1bit 数据。8bit 数据全部发送完毕后，TI 置 1，$\overline{\text{SEND}}$ 失效。

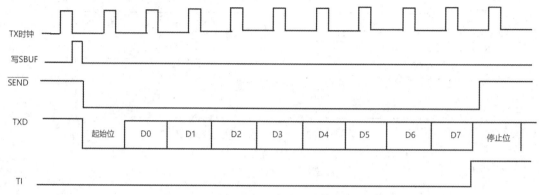

图 7-12　方式 1 的发送时序

2. 方式 1 接收

串行接口以方式 1（SM0、SM1=0、1）接收数据时（REN=1），数据从 RXD（P3.0）引脚输入。当检测到起始位的负跳变时，开始接收数据。方式 1 的接收时序如图 7-13 所示。

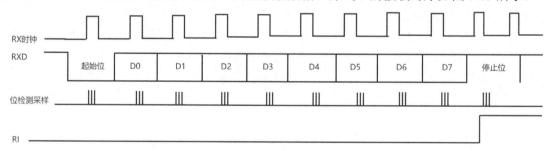

图 7-13　方式 1 的接收时序

在接收数据时，定时控制信号有两种，一种是接收移位脉冲（RX 时钟），它的频率和传送的波特率相同；另一种是位检测器采样脉冲，它的频率是 RX 时钟的 16 倍。也就是说，在接收 1bit 数据期间，有 16 个采样脉冲，以 16 倍波特率的速率采样 RXD 引脚状态。

当采样到 RXD 端从 1 到 0 的负跳变时，启动检测器，接收的值为 3 次连续采样（第 7、8、9 个脉冲时采样）中至少 2 次相同的值，以确认负跳变有效，这样能较好地消除由干扰造成的影响，以保证串行接口可靠无误地接收数据。

当确认起始位有效后，开始接收 1 帧数据。在接收每 1bit 数据时，也都进行 3 次连续采样（第 7、8、9 个脉冲时采样），接收的值为 3 次采样中至少 2 次相同的值，以保证接收到的数据准确。当 1 帧数据接收完毕后，必须同时满足以下 2 个条件，这次接收才算真正有效。

（1）RI=0，即上一帧数据接收完毕时，RI=1 发出的中断请求已被响应，接收 SBUF 中的数据已被取走，说明接收 SBUF 已空。

（2）SM2=0 或收到的停止位=1，即串行接口工作于方式 1 时，停止位已进入接收 SBUF

和 RB8，且 RI 置 1。

若不同时满足这 2 个条件，则接收到的数据不能装入接收 SBUF，该数据丢失。

7.3.3　方式 2

当串行接口工作于方式 2 和方式 3 时，其被定义为 9bit 异步通信接口。每帧数据均为 11bit，1bit 起始位 0，8bit 数据，1bit 可控制为 1 或 0 的第 9bit 数据和 1bit 停止位 1。方式 2 和方式 3 的帧格式如图 7-14 所示。

图 7-14　方式 2 和方式 3 的帧格式

方式 2 的波特率计算公式为

$$方式\ 2\ 的波特率 = \frac{2^{\text{SMOD}}}{64} \times f_{\text{osc}}$$

1．方式 2 的发送

在数据发送前，先根据通信协议由软件设置 TB8（如双机通信时的奇偶校验位或多机通信时的地址/数据标志位），然后将要发送的数据写入发送 SBUF，即可启动发送过程。串行接口能自动把 TB8 取出，并装入第 9bit 数据所在的位置，再逐一发送。在数据发送完毕后，TI置 1。

方式 2 和方式 3 的发送时序如图 7-15 所示。

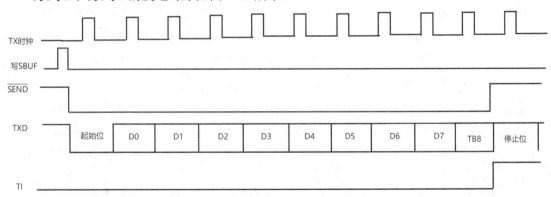

图 7-15　方式 2 和方式 3 的发送时序

2．方式 2 的接收

当 SM0、SM1 分别为 1、0，且 REN=1 时，允许串行接口以方式 2 接收数据，数据由 RXD 端输入，接收 11 位数据。当位检测逻辑采样到 RXD 引脚从 1 到 0 的负跳变，并判断起始位有效后，便开始接收 1 帧数据。当 1 帧数据接收完毕后，必须同时满足以下 2 个条件，才能将接收到的数据装入接收 SBUF。

（1）RI=0，意味着接收 SBUF 为空。

（2）SM2=0 或接收到的第 9bit 数据为 RB8=1。

当同时满足上述 2 个条件时，接收到的数据装入接收 SBUF，第 9bit 数据装入 RB8，且 RI 置 1；若不同时满足这 2 个条件，则该数据丢失。

方式 2 和方式 3 的接收时序如图 7-16 所示。

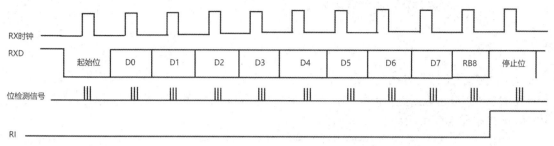

图 7-16 方式 2 和方式 3 的接收时序

7.3.4 方式 3

当 SM0、SM1 分别为 1、1 时，串行接口工作于方式 3。方式 3 为波特率可变的 9bit 异步通信方式，方式 3 和方式 2 的工作方式相同，只有波特率不相同。

方式 3 的波特率计算公式为

$$方式 3 的波特率 = \frac{2^{SMOD}}{64} \times T1 \text{ 的溢出率}$$

7.4 波特率的设置

通过软件对 AT89S51 的串行接口编程，可设定其 4 种工作方式。其中，方式 0 和方式 2 的波特率是固定的；方式 1 和方式 3 的波特率是由 T1 的溢出率（T1 每秒钟溢出的次数）来确定的。

需要注意的是，在串行通信中，收、发双方的发送和接收波特率必须一致。

1. 波特率的定义

波特率是对数据传送速率的定义，其在 CPU 与外界的通信中十分重要。在串行通信中，数据是按位进行传输的，波特率用来表示每秒钟所传送的二进制位数。设发送一位所需要的时间为 T，则波特率为 $1/T$。若数据传送的速率是 120B/s，且 1B 包含 10bit 信息（1bit 起始位 0、8bit 数据和 1bit 停止位 1），则传送的波特率为 120×10=1200bit/s。

对于定时器/计数器的不同工作方式，波特率的范围是不一样的，这是因为 T1 在不同工作方式下计数位数有所不同。

2. 波特率的计算方法

波特率和串行接口的工作方式有关，下面总结各种工作方式的波特率的计算方法。

（1）当串行接口工作于方式 0 时，波特率固定为晶体振荡器频率 f_{OSC} 的 1/12，且不受 SMOD 的影响。若 f_{OSC}=12MHz，则波特率为 f_{OSC}/12，即 1Mbit/s。

（2）当串行接口工作于方式 2 时，波特率与 SMOD 的值有关，其关系式为

$$方式 2 的波特率 = \frac{2^{SMOD}}{64} \times f_{OSC}$$

当 f_{OSC}=12MHz 时，若 SMOD=0，则波特率=187.5kbit/s；若 SMOD=1，则波特率=375kbit/s。

（3）串行接口工作于方式 1 或方式 3 时，常将 T1 作为波特率发生器，其关系式为

$$\text{波特率} = \frac{2^{\text{SMOD}}}{32} \times \text{T1 的溢出率} \qquad (7\text{-}1)$$

由式（7-1）可见，T1 的溢出率和 SMOD 的值共同决定波特率。

在实际设定波特率时，T1 常设置为方式 2 定时（自动装入初值），即 TL1 作为 8bit 计数器，TH1 用于存放备用初值。这种方式不仅操作方便，而且可以避免因软件重装初值带来的定时误差。

设 T1 在方式 2 工作时的初值为 X，则有

$$\text{T1 的溢出率} = \frac{\text{计数速率}}{256 - X} = \frac{f_{\text{OSC}}}{12(256 - X)} \qquad (7\text{-}2)$$

将式（7-2）代入式（7-1），则有

$$\text{波特率} = \frac{2^{\text{SMOD}}}{32} \times \frac{f_{\text{OSC}}}{12(256 - X)} \qquad (7\text{-}3)$$

由式（7-3）可见，这种方式下的波特率随 f_{OSC}、SMOD 和初值 X 而变化。

在实际使用时，经常根据已知波特率和晶体振荡器频率 f_{OSC} 来计算 T1 的初值 X。

为避免复杂的初值计算，这里将常用的波特率和初值的关系列成表格形式供读者参考，如表 7-2 所示。

表 7-2　常用的波特率和初值的关系

波 特 率	f_{OSC}	SMOD	T1 的工作方式	T1 的初值
62 500bit/s	12MHz	1	2	FFH
19 200bit/s	11.0592MHz	1	2	FDH
9600bit/s	11.0592MHz	0	2	FDH
4800bit/s	11.0592MHz	0	2	FAH
2400bit/s	11.0592MHz	0	2	F4H
1200bit/s	11.0592MHz	0	2	E8H

在选择波特率时，有以下两点需要注意。

（1）当晶体振荡器频率 f_{OSC} 为 12MHz 或 6MHz 时，将初值 X 和 f_{OSC} 带入式（7-3），分子除以分母，不能整除，计算出的波特率有一定误差。要消除误差，可以调整晶体振荡器频率 f_{OSC}。例如，可采用 11.0592MHz 的晶体振荡器频率。因此，当使用串行接口进行串行通信时，为减小波特率误差，应该使用的晶体振荡器频率为 11.0592MHz。

（2）若串行通信选择很低的波特率，如 55bit/s，则可将 T1 设置为方式 1 定时。但在这种情况下，当 T1 溢出时，需要在中断服务程序中重新装入初值。中断响应时间和执行指令时间会使波特率产生一定的误差，可用改变初值的方法加以调整。

【例 7-1】若 AT89S51 的晶体振荡器频率为 11.0592MHz，T1 设置为方式 2 定时，作为波特率发生器，其波特率为 2400bit/s，求初值。

若设置 T1 为方式 2 定时，则 SMOD=0。

将已知条件带入式（7-3），有

$$\text{波特率} = \frac{2^{\text{SMOD}}}{32} \times \frac{f_{\text{OSC}}}{12(256 - X)} = 2400\text{bit/s}$$

从中解得 X=244=F4H。只要把 F4H 装入 TH1 和 TL1，T1 发出的波特率就为 2400bit/s。

该结果也可直接从表 7-2 中查到。这里的晶体振荡器频率选为 11.0592MHz，就可使初值为整数，从而产生精确的波特率。

7.5　串行接口的编程与应用

利用 AT89S51 的串行接口可以实现 AT89S51 之间的点对点串行通信、多机通信及 AT89S51 与 PC 间的单机或多机通信。

7.5.1　串行接口初始化

在串行接口工作之前，应先对其进行初始化，设置产生波特率的 T1、串行接口控制和中断控制。具体步骤如下。

（1）确定 T1 的工作方式（编程 TMOD）。

（2）计算 T1 的初值，装载 TH1、TL1。

（3）启动 T1（编程 TCON 中的 TR1 位）。

（4）确定串行接口控制位（编程 SCON）。

（5）串行接口在中断方式工作时，要进行中断设置（编程 IE、IP）。

【例 7-2】对 AT89S51 的串行接口进行初始化，采用方式 1，以 4800bit/s 的波特率接收和发送字符，测试串行接口正常工作的代码（设 f_{osc} =12MHz）。

```
#include <reg51.h>
main()
{
 unsigned char a;
 TMOD=0x20;          //设置 T1 为方式 2
 TH1=0xf3;           //设置 T1 的初值
 TL1=0xf3;
 SCON=0x50;          //设置串行接口为方式 1，并允许接收
 PCON=0x80;          //SMOD=1
 TR1=1;              //启动 T1
 while(1)
 {
  while(RI==0);      //等待 RI=1
  a=SBUF;            //接收字符送入 a
  RI=0;              //清除接收中断请求
  SBUF=a;            //字符送入 SBUF
  while(TI==0);      //等待 TI=1
  TI=0;              //清除发送中断请求
 }
}
```

7.5.2　串行接口方式 0 扩展并行 I/O 口

AT89S51 的串行接口方式 0 可用于 I/O 扩展。串行接口工作于方式 0 时为同步移位寄存器工作方式，其波特率固定为 f_{osc}/12。数据由 RXD 端（P3.0）输入，同步移位脉冲由 TXD 端（P3.1）输出。发送、接收的数据为 8bit，低位在先。

1. 用 74LS165 扩展并行输入口

串行接口方式 0 输入的典型应用是外接并行输入/串行输出的同步移位寄存器 74LS165 芯片，用于并行输入口的扩展。

【例 7-3】图 7-17 所示为串行接口方式 0 扩展并行输入口的仿真电路图，串行接口外接一片 8bit 并行输入/串行输出的同步移位寄存器 74LS165 芯片，接在 74LS165 芯片的 8 个开关 S0~S7 的状态通过串行接口方式 0 读入单片机。其中，74LS165 芯片的 SH/$\overline{\text{LD}}$ 端（1 脚）为控制端，由单片机的 P1.1 引脚控制。若 SH/$\overline{\text{LD}}$=0，则 74LS165 芯片可以并行输入数据，且串行输出口关闭；若 SH/$\overline{\text{LD}}$=1，则并行输入口关断，可以向单片机串行输出。当 P1.0 引脚连接的开关 S 闭合时，可进行开关 S0~S7 状态数字量的并行读入。单片机采用中断方式来对 S0~S7 状态进行读取，并从 P2 端口输出，驱动对应的 LED 点亮（开关 S0~S7 分别对应 1 个 LED）。

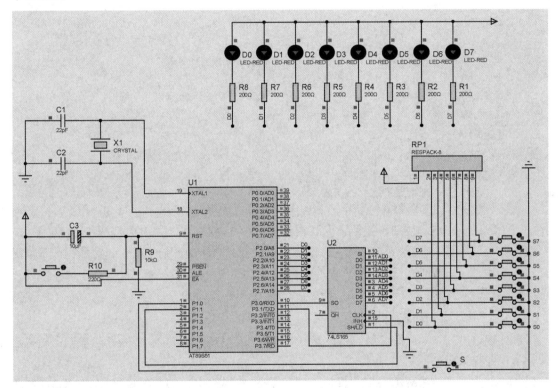

图 7-17　串行接口方式 0 扩展并行输入口的仿真电路图

参考程序如下。

```
#include <intrins.h>
#include <stdio.h>
sbit P1_0=0x90;
sbit P1_1=0x91;
unsigned char nRxByte;
void delay(unsigned int i)  //延时函数
{
  unsigned char j;
```

```
  for(;i>0;i--)
  for(j=0;j<125;j++);
}
main()                          //主函数
{
  SCON=0x10;                    //串行接口初始化为方式0，REN-1允许接收
  EA=1;                         //总中断允许
  ES=1;                         //串行接口中断允许
  while(1)
  {;}
}
void Serial_Port() interrupt 4 using 0 //串行接口中断服务函数
{
  if(P1_0==0)                   //P1_0=0，开关S按下，可并行读入开关S0~S7的状态
  {
    P1_1=0;                     //P1_1=0，并行读入开关的状态
    delay(1);
    P1_1=1;                     //P1_1=1，将开关的状态串行读入串行接口
    RI=0;
    nRxByte=SBUF;               //接收的开关状态数据从SBUF读入nRxByte单元
    P2=nRxByte;                 //驱动LED点亮
  }
}
```

程序说明：当 P1.0 为 0，即开关 S 按下时，表示允许并行读入开关 S0~S7 的状态。先通过 P1.1 将 SH/$\overline{\text{LD}}$ 置 0，并行读入开关 S0~S7 的状态；再使 P1.1=1，即 SH/$\overline{\text{LD}}$ 置 1，74LS165 芯片将刚才读入的 S0~S7 状态通过 QH 端（RxD 脚）串行发送到单片机的 SBUF 中，在中断服务程序中，把 SBUF 中的数据读入 nRxByte 单元，并送到 P2 端口，驱动 8 个 LED 点亮。

2. 用 74LS164 扩展并行输出口

串行接口方式 0 输出的典型应用是外接串行输入/并行输出的同步移位寄存器 74LS164 芯片，用于并行输出口的扩展。

【例 7-4】图 7-18 所示为串行接口方式 0 扩展并行输出口的仿真电路图，74LS164 是 8bit 串行输入/并行输出的同步移位寄存器。串行接口工作于方式 0，通过 74LS164 芯片的输出来控制 8 个 LED 的亮灭。当串行接口设置为方式 0 输出时，串行数据由 RXD 端（P3.0）输出，移位脉冲由 TXD 端（P3.1）输出。在移位脉冲的作用下，串行接口发送 SBUF 的数据逐位从 RXD 端串行地发送到 74LS164 芯片。根据图 7-18，编写程序控制 8 个 LED 流水点亮。

74LS164 芯片的 8 引脚（CLK 端）为移位脉冲输入端，9 引脚为控制端。9 引脚的电平由单片机的 P1.0 口控制，当 9 引脚为 0 时，允许串行数据由 RXD 端（P3.0）向 74LS164 芯片的串行数据输入端 A 和 B（1 引脚和 2 引脚）输入，但是 74LS164 芯片的 8bit 并行输出口关闭；当 9 引脚为 1 时，A 和 B 关闭，但是允许 74LS164 芯片中的 8bit 数据并行输出。当串行接口将 8bit 数据发送完毕后，申请中断，在中断服务程序中，单片机通过串行接口输出下一

个 8bit 数据。

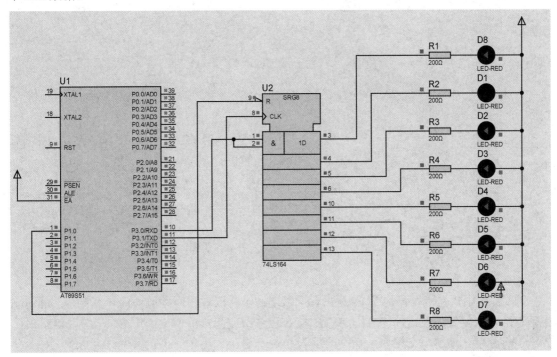

图 7-18　串行接口方式 0 扩展并行输出口的仿真电路图

参考程序如下。

```c
#include <reg51.h>
#include <stdio.h>
sbit P1_0=0x90;
unsigned char nSendByte;
void delay(unsigned int i)  //延时函数
{
  unsigned char j;
  for(;i>0;i--)
  for(j=0;j<125;j++)
  ;
}
main()                      //主函数
{
  SCON=0x00;               //串行接口初始化为方式 0
  EA=1;                    //总中断允许
  ES=1;                    //串行接口中断允许
  nSendByte=0x01;          //LED 点亮初值为 0x01
  SBUF=nSendByte;          //将 LED 点亮初值送入发送 SBUF
  P1_0=0;                  //74LS164 的 9 引脚清 0
  while(1)
  {;}
}
```

```
void Serial_Port() interrupt 4 using 0//串行接口中断服务函数
{
  if(TI)
  {
    P1_0=1;                          //74LS164 的 9 引脚置 1
    SBUF=nSendByte;
    delay(500);
    P1_0=0;                          //74LS164 的 9 引脚清 0
    nSendByte=nSendByte<<1;          //LED 点亮数据左移 1 位
    if(nSendByte==0x00)
    nSendByte=0x01;                  //重新赋值
    SBUF=nSendByte;
  }
  TI=0;                              //清除中断请求
  RI=0;
}
```

程序说明：

（1）程序中定义了全局变量 nSendByte，以便在中断服务程序中能访问该变量。nSendByte 用于存放从串行接口发送的 LED 点亮数据，在程序中使用左移 1 位操作符"<<"对 nSendByte 变量进行移位，使得串行接口发送的数据为 0x01、0x02、0x04、0x08、0x10、0x20、0x40、0x80，从而使 LED 流水点亮。

（2）程序中 if 语句的作用是当 nSendByte 左移 1 位，由 0x80 变为 0x00 后，需要对变量 nSendByte 重新赋值，变为 0x01。

（3）主程序中的 SBUF=nSendByte 语句必不可少，若没有该语句，则主程序不从串行接口发送数据，也就不会产生随后的发送完成中断。

（4）语句"while(1){;}"用于实现反复循环的功能。

7.5.3 双机通信

1. 双机串行通信的硬件连接

AT89S51 串行接口的输入、输出均为 TTL 电平。这种以 TTL 电平串行传输数据的方式抗干扰性差，通信距离短，传输速率低。为了提高双机串行通信的可靠性，增大双机串行通信的通信距离并提高传输速率，一般采用标准串行接口，如 RS-232、RS-422A、RS-485 等，来实现双机串行通信。

1）TTL 电平通信接口

如果双机通信距离小于 1.5m，那么它们的串行接口可直接相连，连接电路如图 7-11（a）所示。甲机的 RXD 端与乙机的 TXD 端相连，乙机的 RXD 端与甲机的 TXD 端相连，从而直接用 TTL 电平传输方式来实现双机通信。

2）RS-232C 双机通信接口

如果双机通信距离为 1.5～15m，那么可利用 RS-232C 双机通信接口实现点对点的双机通信，其接口电路如图 7-19 所示。

图 7-19 中的 MAX232A 是美国 MAXIM（美信）公司生产的 RS-232C 双工发送器/接收器

电路芯片。

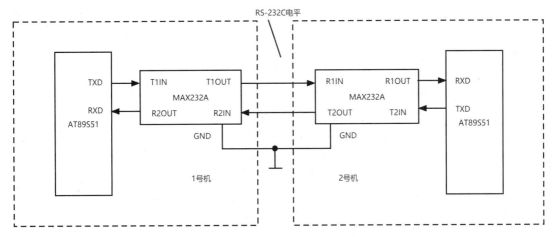

图 7-19　RS-232C 双机通信接口电路

3）RS-422A 双机通信接口

RS-232C 双机通信接口虽然应用很广泛，但其推出时间较早，有明显的缺点，如传输速率低、通信距离短、接口处信号容易产生串扰等，所以国际上又推出了 RS-422A 双机通信接口。RS-422A 双机通信接口与 RS-232C 双机通信接口的主要区别是收发双方的信号地不再共地，RS-422A 双机通信接口采用了平衡驱动和差分接收的方法。每个方向有两条平衡导线用于数据传输，这相当于两个单端驱动器。在输入同一个信号时，一个驱动器的输出永远是另一个驱动器的反相信号。对于在两条线上传输的信号电平，当一个表示逻辑 1 时，另一个一定表示逻辑 0。若在传输过程中，信号中混入了干扰和噪声（以共模形式出现），借助差分接收器，RS-422A 双机通信接口能识别有用信号并正确接收传输的信息，使干扰和噪声相互抵消。

综上所述，RS-422A 双机通信接口能在长距离、高速率下传输数据。它的最高传输速率为 10Mbit/s，在此速率下，电缆允许长度为 12m，若采用较低传输速率，则最长传输距离约为 1219m。

为了增加通信距离，可以在通信线路上采用光电隔离方法，RS-422A 双机通信接口电路如图 7-20 所示。

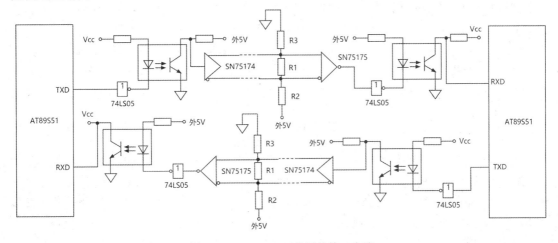

图 7-20　RS-422A 双机通信接口电路

在图 7-20 中，每个通道的接收端都接有 3 个电阻 R1、R2 和 R3，其中 R1 为传输线的匹配电阻，其取值范围为 50Ω～1kΩ，其他两个电阻是为了解决第 1 个数据的误码而设置的匹配电阻。为了起到隔离、抗干扰的作用，该电路必须使用两组独立的电源。

图 7-20 中的 SN75174、SN75175 是 TTL 电平到 RS-422A 电平与 RS-422A 电平到 TTL 电平的电平转换芯片。

4）RS-485 双机通信接口

RS-422A 双机通信需要四芯传输线，这对于在工业现场中的长距离通信来说是很不经济的，故在工业现场中，通常采用平衡双绞线传输的 RS-485 双机通信接口，它很容易实现双机通信。RS-485 双机通信接口是 RS-422A 双机通信接口的升级型号，它与 RS-422A 双机通信接口的区别在于 RS-422A 双机通信接口为全双工通信接口，采用两对平衡差分信号线；而 RS-485 双机通信接口为半双工通信接口，采用一对平衡差分信号线。RS-485 双机通信接口对于多站互连是十分方便的，很容易实现双机通信。RS-485 双机通信接口最多允许并联 32 台驱动器和 32 台接收器。图 7-21 所示为 RS-485 双机通信接口电路。RS-485 双机通信接口与 RS-422A 双机通信接口一样，最长传输距离约为 1219m，最长传输速率为 10Mbit/s。其通信线路要采用平衡双绞线，平衡双绞线的长度与 RS-485 双机通信接口的传输速率成反比，传输速率在 100kbit/s 以下时，才能使用规定的最长电缆。只有在很短的距离下才能获得最大传输速率。一般长度为 100m 的平衡双绞线的最长传输速率仅为 1Mbit/s。

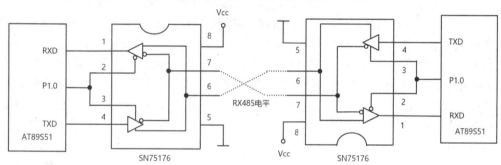

图 7-21　RS-485 双机通信接口电路

在图 7-21 中，RS-485 双机通信接口以双向、半双工的方式来实现双机通信。在 AT89S51 发送或接收数据前，应先将 SN75176 的发送门或接收门打开，当 P1.0=1 时，发送门打开，接收门关闭；当 P1.0=0 时，接收门打开，发送门关闭。

图 7-21 中的 SN75176 芯片内集成了一个差分驱动器和一个差分接收器，且具有 TTL 电平到 RS-485 电平与 RS-485 电平到 TTL 电平的转换功能。此外，常用的 RS-485 接口芯片还有 MAX485。

2．串行通信设计需要考虑的问题

在进行单片机的串行通信接口设计时，需要考虑以下问题。

（1）确定通信双方的数据传输速率。

（2）根据数据传输速率确定串行通信接口标准。

（3）在串行通信接口标准允许的范围内确定通信的波特率。为减小波特率的误差，通常选用 11.0592MHz 的晶体振荡器频率。

（4）根据任务需要，确定在通信过程中收发双方所使用的串行通信协议。

（5）数据线的选择是一个很重要的因素。数据线一般选用双绞线，并需要根据通信距离选择纤芯的直径。若空间的干扰较多，则需要选择带有屏蔽层的双绞线。

（6）在通信协议确定后，再进行通信软件的编程。

3．双机串行通信

在 7.3 节中已经讨论了串行接口方式 0 的移位寄存器工作方式，该方式主要用于扩展并行 I/O 接口。而串行接口的方式 1～3 是用于串行通信的，下面介绍串行接口的方式 1 的双机串行通信软件编程。需要注意的是，下面介绍的双机串行通信的编程实际上与前面介绍的各种串行标准的硬件接口电路无关，因为采用何种标准串行通信接口是由双机串行通信距离、传输速率及抗干扰性来决定的。

【例 7-5】串行接口方式 1 的单工串行通信的仿真电路图如图 7-22 所示，双机的 RXD 和 TXD 相互交叉相连，甲机的 P1 口接 8 个开关，乙机的 P1 口接 8 个 LED。甲机设置为只能发送不能接收的单工方式。要求甲机读入 P1 口的 8 个开关状态后，将其通过串行接口发送到乙机，乙机将接收到的 8 个开关状态送入 P1 口，由 P1 口上的 8 个 LED 来显示 8 个开关的状态。双方的晶体振荡器频率均采用 11.0592MHz。

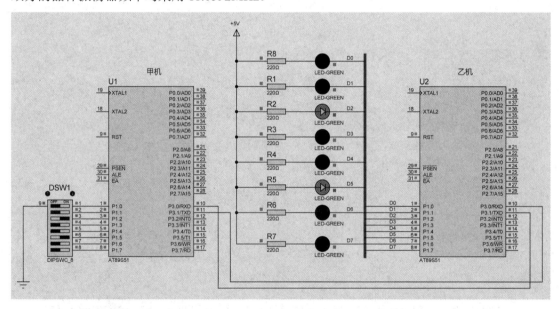

图 7-22　串行接口方式 1 的单工串行通信的仿真电路图

参考程序如下。

```
//甲机发送程序
#include <reg51.h>
#define uchar unsigned char
#define uint unsigned int
void main()
{
  uchar temp=0;
  TMOD=0x20;              //设置定时器/计数器 T1 为方式 2
  TH1=0xfd;              //波特率设置为 9600bit/s
  TL1=0xfd;
```

```
  SCON=0x40;              //串行接口初始化为方式 1 发送，不接收
  PCON=0x00;              //SMOD=0
  TR1=1;                  //启动 T1
  P1=0xff;
  while(1)
  {
    temp=P1;              //读入 P1 口的开关状态
    SBUF=temp;            //数据送入串行接口发送
    while(TI==0);         //T1=0，数据未发送完，循环等待
    TI=0;                 //数据已发送完，TI 清 0
  }
}
//乙机接收程序
#include <reg51.h>
#define uchar unsigned char
#define uint unsigned int
void main()
{
  uchar temp=0;
  TMOD=0x20;              //设置定时器/计数器 T1 为方式 2
  TH1=0xfd;              //波特率设置为 9600bit/s
  TL1=0xfd;
  SCON=0x50;             //串行接口初始化为方式 1 传送，REN=1，允许接收
  PCON=0x00;
  TR1=1;
  while(1)
  {
    while(RI==0);         //RI 为 0，未接收到数据
    RI=0;                 //接收到数据，RI 清 0
    temp=SBUF;
    P1=temp;              //接收到的数据送入 P1 口以控制 8 个 LED 的亮灭
  }
}
```

在串口通信中，通常用定时器/计数器方式 2 确定波特率，因为它不需要用中断服务程序设置初值，且得到的波特率比较准确。在用户使用的波特率不是很低的情况下，建议使用定时器/计数器 T1 的方式 2 来确定波特率。

【例 7-6】串行接口方式 3（或方式 2）双机通信的电路仿真图如图 7-23 所示，甲机和乙机进行方式 3（或方式 2）双机通信。甲机把控制 8 个 LED 点亮的数据发送给乙机并点亮其 P1 口的 8 个 LED。方式 3 比方式 1 多了 1 个可编程位 TB8，该位一般作为奇偶校验位。乙机接收到的 8 位二进制数据有可能出错，需要进行奇偶校验，其方法是将乙机的 RB8 与 PSW 的奇偶校验位 P 进行比较，若二者相同，则接收数据；否则拒绝接收数据。

本例使用了一个虚拟终端来观察甲机发出的数据。在 Proteus 界面右击，在弹出的菜单中选择"Virtual Terminal"选项，串行接口方式 3（或方式 2）双机通信的仿真结果如图 7-24 所示。

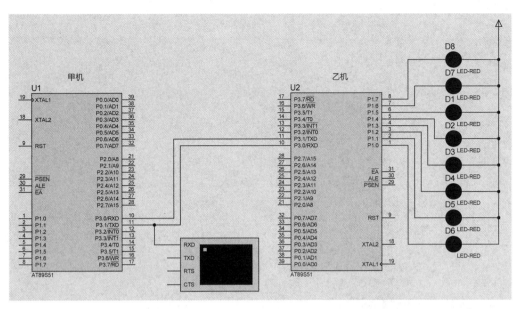

图 7-23　串行接口方式 3（或方式 2）双机通信电路仿真图

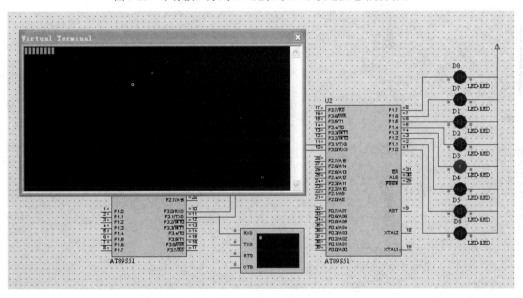

图 7-24　串行接口方式 3（或方式 2）双机通信的仿真结果

参考程序如下。

```
//甲机发送程序
#include <reg51.h>
sbit p=PSW^0;                  //P 位为 PSW 的第 0 位，即奇偶校验位
unsigned char Tab[8]={0xfe,0xfd,0xfb,0xf7,0xef,0xdf,0xbf,0x7f};
                               //控制 LED 显示数据数组，数组为全局变量
void Send(unsigned char dat)   //发送 1B 数据的函数
{
  TB8=P;                       //将奇偶校验位作为第 9 位数据发送，采用偶校验
  SBUF=dat;
  while(TI==0);                //检测发送标志位 TI, TI=0，未发送完
  ;                            //空操作
```

```c
    TI=0;                              //1B 数据发送完，TI 清 0
}
void delay(void)                       //延时约 200ms
{
  unsigned char m,n;
  for(m=0;m<250;m++)
   for(n=0;n<250;n++);
}
void main(void)                        //主函数
{
  unsigned char i;
  TMOD=0x20;                           //设置定时器/计数器 T1 为方式 2
  SCON=0xc0;                           //设置串行接口为方式 3
  PCON=0x00;                           //SMOD=0
  TH1=0xfd;                            //给 T1 赋初值，波特率值设置为 9600bit/s
  TL1=0xfd;
  TR1=1;                               //启动 T1
  while(1)
  {
    for(i=0;i<8;i++)
    {
      Send(Tab[i]);
      delay();                         //大约 200ms 发送一次数据
    }
  }
}
//乙机接收程序
#include <reg51.h>
sbit p=PSW^0;                          //P 位为 PSW 的第 0 位，即奇偶校验位
unsigned char Receive(void)            //接收 1B 数据的函数
{
  unsigned char dat;
  while(RI==0);                        //检测接收中断标志位 RI，RI=0，未接收完，循环等待
  ;
  RI=0;                                //已接收 1B 数据，RI 清 0
  A=SBUF;                              //将接收 SBUF 的数据存于累加器 A
  if(RB8==P)                           //只有奇偶检验成功才能往下执行，接收数据
  {
    dat=A;                             //将接收 SBUF 的数据存于 dat
    returndat;                         //将接收的数据返回
  }
}
void main(void)                        //主函数
{
  TMOD=0x20;                           //设置定时器/计数器 T1 为方式 2
  SCON=0xd0;                           //设置串行接口为方式 3，允许接收，REN=1
  PCON=0x00;                           //SMOD=0
  TH1=0xfd;                            //给 T1 赋初值，波特率值设置为 9600bit/s
  TL1=0xfd;
  TR1=1;                               //接通 T1
```

```
      REN=1;                                  //允许接收
      while(1)
   {
      P1=Receive();                           //将接收到的数据送入 P1 口显示
   }
 }
```

4. 单片机向主机发送字符串

【例 7-7】单片机向主机发送字符串的电路仿真图如图 7-25 所示,单片机通过 TXD 引脚按一定时间间隔向主机发送 ASCII 表中的从 SP 空格开始的字符串,要求将发送的字符串在虚拟终端上显示出来。

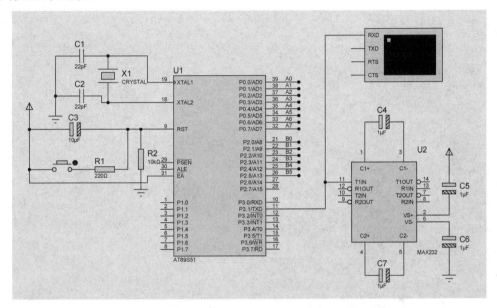

图 7-25　单片机向主机发送字符串的电路仿真图

本任务的单片机只负责向外发送字符,但发送形式是字符串,所以要在程序中编写字符发送函数。若在虚拟终端中要实现换行显示,则程序中要输出的是 "\r\n"。

在调试运行状态下,若虚拟终端没有任何显示,则在 Proteus 中执行 "Debug" → "Virtual Terminal" 菜单命令即可。若虚拟终端显示的不是字符串,则在虚拟终端窗口中右击,在弹出的菜单中选择 "Echo Typed Characters" 选项即可。注意在调试时需要设置虚拟终端的波特率为 9600bit/s。单片机向主机发送字符串的仿真结果如图 7-26 所示。

图 7-26　单片机向主机发送字符串的仿真结果

参考程序如下。

```c
#include <reg51.h>
#define uchar unsigned char
#define uint unsigned int
void delay_ms(uint ms)                //延时函数
{
  uint i;
  while(ms--)
  {
    for(i=0;i<120;i++);
  }
}
void send_char(uchar i)               //发送字符函数
{
  SBUF=i;
  while(!TI);
  TI=0;
}
void send_str(uchar *s)               //发送字符串函数
{
  while(*s!='\0')
  {
    send_char(*s);
    s++;
    delayms(5);
  }
}
void SCON_init(void)                  //初始化函数
{
  TMOD=0x20;                          //设置定时器/计数器 T1 为方式 2
  TH1=0xfd;                           //波特率设置为 9600bit/s
  TL1=0xfd;
  SCON=0x40;                          //串行接口工作于方式 1
  PCON=0x00;                          //SMOD=0
  TI=0;
  TR1=1;
}
void main(void)                       //主函数
{
  uchar i=0;
  SCON_init();
  delayms(200);
  send_str("welcom qiqihaer\r\n");
  send_str("Receiving from at89s51.....\r\n");
  send_str("******************************\r\n");
  send_str("\r\nStart\r\n");
  delayms(50);
```

```
    while(1)
    {
      send_char(i+"");
      delayms(100);
      send_char("");
      send_char("");
      delayms(100);
      if(i==95)                              //每输出一遍加 END 和*线
      {
        send_str("\r\nend\r\n");
        send_str("*****************************\r\n");
        delayms(100);
      }
      i=(i+1)%96;
      if(i%10==0)
      {
        send_str("\r\n");
        delayms(100);
      }
    }
}
```

7.5.4 多机通信（方式 2 或方式 3 实现多机通信）

当一台主机与多台从机之间的距离较近时，可直接用 TTL 电平进行多机通信，其连接方式如图 7-27 所示。

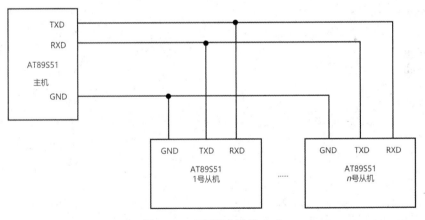

图 7-27 多机通信连接方式

这种通信方式连接简单，但因为通信使用 TTL 电平，所以有效通信距离较短，通常只有 1m 左右。由于 AT89S51 的 P3 口只能载 4 个 LSTTL，所以从机数量也只能在 4 个以内。在必须增加从机数量时，应增加驱动。此外，在采用这种多机通信方式时，主机可以与各从机进行全双工通信，但是各从机之间只能通过主机交换信息。

在多机通信中，要保证主机与从机实现可靠的通信，必须使通信接口具有识别能力，而 SCON 中的 SM2 就是为满足这一要求而设置的。在串行接口于方式 2（或方式 3）工作时，发送和接收的每一帧信息都是 11bit，其中第 9bit 数据是可编程位，通过对 SCON 的 TB8 赋 1 或 0，可区别发送的是地址帧还是数据帧（规定地址帧的第 9bit 为 1，数据帧的第 9bit 为 0）。若 SM2=1，则当接收地址帧时，数据装入 SBUF，并将 RI 置 1，当接收数据帧时，RI 不置 1，数据被丢弃；若 SM2=0，则无论地址帧还是数据帧都产生将 RI 置 1 的中断标志，数据装入 SBUF。

多机通信过程如下。

（1）所有从机的 SM2 置 1，处于只接收地址帧的状态。

（2）主机发送 1 帧地址信息，包含 8bit 地址，第 9bit 为地址、数据标志位，当第 9bit 置 1 时表示发送的是地址。

（3）当从机接收到地址帧后，将所接收的地址与本从机的地址相比较。对于地址相符的从机，SM2 清 0 以接收主机随后发送的数据；对于地址不符合的从机，仍保持 SM2 置 1 的状态，不接收主机随后发送的数据。

（4）当主机改为与另外的从机联系时，可重发地址帧寻址其从机，而先前被寻址过的从机恢复 SM2=1。

在通信软件设计中可采用查询方式和中断方式。一般来说，查询方式占用 CPU 的时间较多，适用于功能较少的场合，因此中断方式应用更多。

【例 7-8】根据图 7-27，编写程序实现主机向 3 号从机发送字符 a～h。

参考程序如下。

```
//主机发送数据程序
#include <reg51.h>
#define buf 8
unsigned char buffer[8]=['a','b','c','d','e','f','g','h'];
unsigned char p;                      //定义当前字符位置指针
main()                                //主函数
{
  SCON=0xc0;                          //初始化主机串行接口，工作于方式 3
  TMOD=0x20;                          //设置定时器/计数器 T1 为方式 2
  TH1=0xfd;                           //波特率设置为 9600bit/s
  TL1=0xfd;
  PCON=0x00;                          //SMOD=0
  EA=1;
  ES=1;
  ET1=0;
  TR1=1;
  P=0;
  TB8=1;                              //发送地址帧
  SBUF=3;                             //与 3 号从机通信
  while(p<=buf);                      //等待全部 8 个数据帧发送完毕
}

void send(void) interrupt 4 using 3  //主机串行接口发送中断函数
{
  TI=0;                              //发送中断标志位清 0
  if(p<buf)
```

```
    {
      TB8=0;                                  //设置数据帧标志
      SBUF=buffer[p];                         //启动传输
    }
    p++;
}


//3号从机接收数据程序
#include <reg51.h>
#define buf 8
unsigned char buffer[buf];                  //定义接收缓冲区
unsigned char p;                            //定义当前字符位置指针
main()                                      //主函数
{
  SCON=0xf0;                                //初始化串行接口，工作于方式3，SM2=1，REN=1
  TMOD=0x20;
  TH1=0xfd;
  TL1=0xfd;
  EA=1;
  ES=1;
  ET1=0;
  TR1=1;
  P=0;
  TB8=1;
  SBUF=3;
  while(p<=buf);
}
void receive(void) interrupt 4 using 3 //接收中断服务函数
{
  RI=0;                                     //发送中断标志位清0
  if(RB8==1)
  {
    if(SBUF==3)                             //若为本地址帧
    SM2=0;                                  //则SM2=0，以接收数据帧
    return;
  }
  buffer[p++]=SBUF;
  if(p>=buf)
  SM2=1;                                    //若数据接收完，则SM2=1，准备下一次通信
}
```

习题 7

1. 什么是串行异步通信？它有哪些作用？
2. AT89S51 的串行接口由哪些功能部件组成？它们各有什么作用？
3. AT89S51 的串行接口有几种工作方式和帧格式？

4．AT89S51 串行接口在各种工作方式下的波特率如何确定？

5．若异步通信接口按方式 3 传送，已知其每分钟传送 3600 个字符，则其波特率是多少？

6．若晶体振荡器频率为 11.0592MHz，串行接口工作于方式 1，波特率为 4800bit/s，写出用 T1 作为波特率发生器的方式字和计数初值。

7．利用 AT89S51 串行接口实现 1 台主机与 4 台从机进行多机串行通信，连接方式参考图 7-27，设 4 台从机通信地址号分别为 00H～02H，请叙述主机向地址号为 02H 的从机发送 1B 数据的过程。

8．试设计一个 AT89S51 的双机通信系统，串行接口工作于方式 1，波特率为 2400bit/s，编写程序，实现将甲机片内 RAM 中的 40H～4FH 的数据块通过串行接口传送到乙机片内 RAM 的 40H～4FH 单元中。

第8章 AT89S51 的系统扩展及应用

在由单片机构成的实际测控系统中，单片机最小应用系统往往不能满足其具体要求，因此在设计系统时首先要解决系统扩展问题。本章主要介绍 AT89S51 的系统扩展及应用，包括片外存储器、并行 I/O 接口和串行总线的扩展及应用。

8.1 系统扩展概述

8.1.1 系统总线及其结构

1. 系统总线

因为单片机应用系统是以 CPU 为核心的，各器件要与 CPU 相连，且必须协调工作，所以在单片机中引入了总线的概念，各器件共同享用总线，在任何时候只能有一个器件发送数据（可以有多个器件同时接收数据）。

总线分为控制总线、地址总线和数据总线三种。数据总线用于传送数据，控制总线用于传送控制信号，地址总线则用于选择存储单元或外设。

2. 系统总线的结构

当单片机内部资源不够时，就需要进行系统扩展，单片机外部扩展资源包括存储器（RAM/ROM）、键盘、显示器、I/O 接口、中断、ADC、DAC、串行总线等。AT89S51 采用系统总线，扩展易于实现，其系统扩展结构如图 8-1 所示。

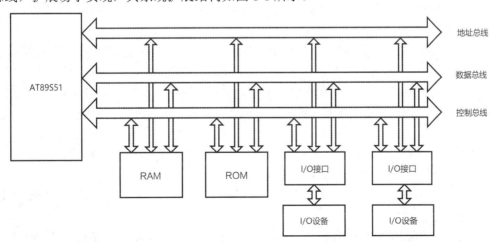

图 8-1 AT89S51 的系统扩展结构

由图 8-1 可以看出，系统扩展是以单片机为核心，通过系统总线进行的。系统扩展主要包括存储器扩展和 I/O 接口及设备扩展。AT89S51 的存储器扩展既包括 ROM 扩展，又包括 RAM

扩展，ROM 空间和 RAM 空间采用哈佛结构，扩展后系统形成两个并行的外部存储器空间。

存储器与单片机的连接采用的是三总线的方式，即地址总线、数据总线和控制总线，如图 8-2 所示。

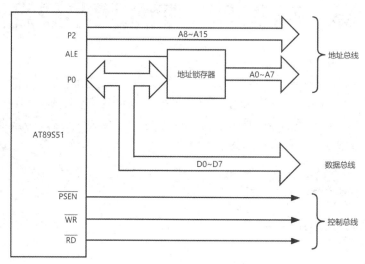

图 8-2　AT89S51 扩展的片外三总线

地址总线（Address Bus，AB）：地址总线用于传送单片机单向发出的地址信号，以进行存储单元和 I/O 接口中的寄存器单元的选择。地址总线是单向的，地址信号只能由单片机向外发出。

数据总线（Data Bus，DB）：数据总线用于单片机与片外存储器之间或与 I/O 接口之间数据传送。数据总线是双向的，可以进行两个方向的数据传送，但是在具体的某一时刻，数据的传送是单向的。

控制总线（Control Bus，CB）：控制总线是单片机发出的各种控制信号线，对于一根具体的控制信号线来说，其传送是单向的。

接下来介绍如何利用总线来扩展单片机应用系统。

1）P0 口作为低 8 位地址/数据总线

由于 AT89S51 受到引脚数量的限制，P0 口既作为低 8 位地址总线使用，又作为数据总线使用（分时复用），因此需要增加一个 8 位地址锁存器。AT89S51 在对片外扩展的存储器单元或 I/O 接口中的寄存器单元进行访问时，先发出低 8 位地址送入地址锁存器锁存，将地址锁存器的输出作为系统的低 8 位地址（A7～A0）。随后，P0 口又作为数据总线使用（D0～D7），如图 8-2 所示。

2）P2 口作为高 8 位地址线

P2 口的全部 8 位口线都作为系统的高 8 位地址线，再加上地址锁存器提供的低 8 位地址，便形成了完整的 16 位地址总线，从而使单片机应用系统的寻址范围达到 64KB。

3）控制总线上的信号

控制总线上的信号有的是单片机引脚的第 1 功能信号，有的是 P3 口的第 2 功能信号，主要包括以下几种。

（1）$\overline{\text{PSEN}}$ 信号作为片外扩展 ROM 的读选通控制信号。

（2）$\overline{\text{RD}}$ 和 $\overline{\text{WR}}$ 信号作为片外扩展 RAM 和 I/O 接口寄存器的读/写选通控制信号。

（3）ALE 信号作为 P0 口发出的低 8 位地址的锁存控制信号。

（4）$\overline{EA}$ 信号作为片内、片外 ROM 的选通控制信号。

可以看出，尽管 AT89S51 有 4 个并行的 I/O 接口，共 32 根 I/O 口线，但由于系统扩展的需要，真正作为数字 I/O 使用的只有 P1 口和 P3 口的部分 I/O 口线。

8.1.2 编址方法

本节讨论如何在地址总线的基础上进行存储器空间的地址分配，并介绍用于输出低 8 位地址的常用地址锁存器。

1. I/O 口的编址

在介绍 I/O 口的编址之前，首先要弄清楚 I/O 接口（Interface）和 I/O 端口（Port）的概念。I/O 接口是单片机与外设间的连接电路的总称。I/O 端口（简称 I/O 口）是指 I/O 接口电路中具有单元地址的寄存器或缓冲器。一个 I/O 接口芯片可以有多个 I/O 口，传送数据的 I/O 口称为数据口，传送命令的 I/O 口称为命令口，传送状态的 I/O 口称为状态口。当然，并不是所有的外设都需要同时具备这 3 种端口的 I/O 接口的。

每个 I/O 接口中的 I/O 口都要有地址，以便 AT89S51 通过读/写端口来和外设交换信息。常用的 I/O 口编址有两种方式：独立编址和统一编址。

1）独立编址

独立编址就是 I/O 口的地址空间和存储器地址空间分开编址。该方式的优点是 I/O 口的地址空间和存储器地址空间相互独立，界限分明；缺点是需要设置一套专门的 I/O 口指令和控制信号。

2）统一编址

统一编址是指对 I/O 口与 RAM 单元同等看待，即每个接口芯片中的一个 I/O 口就相当于一个 RAM 存储单元。AT89S51 使用的就是 I/O 口和片外 RAM 统一编址的方式。因此 AT89S51 的片外 RAM 空间也包括 I/O 口。统一编址方式的优点是不需要专门的 I/O 口指令，直接使用访问 RAM 的指令进行读/写操作，简单、方便；缺点是需要把 RAM 单元地址与 I/O 口的地址划分清楚，避免发生数据冲突。

2. 存储器编址技术

在实际的单片机应用系统设计中，往往既需要扩展 ROM，又需要扩展 RAM（I/O 接口中的寄存器也作为 RAM 的一部分）。存储器的地址空间的分配问题就是如何把片外的两个 64KB 地址空间分配给各个 ROM、RAM 芯片，并且使 ROM 和 RAM 中的一个存储器单元只对应一个地址，避免单片机发出一个地址时同时访问两个单元，发生数据冲突。

AT89S51 发出的地址码用于选择某个存储器单元，在片外扩展的多片存储器芯片中，AT89S51 要完成这种功能，必须进行两种选择。一是选中该存储器芯片，称为片选。只有被选中的存储器芯片才能被 AT89S51 访问，未被选中的芯片不能被访问。二是在片选的基础上，根据单片机发出的地址码来对选中的芯片的某一单元进行访问，称为单元选择。为了实现片选，每个存储器芯片都有片选信号引脚，同时每个存储器芯片也都有多个地址线引脚，以便对其进行单元的选择。需要注意的是，片选和单元选择都是单片机通过地址线一次发出的地址信号来完成选择的。

通常把单片机应用系统的地址线笼统地分为低位地址线和高位地址线，片选都使用高位地址线。在实际应用中，16 根地址线中的高、低位地址线的数目并不是固定的，只是习惯上把用于选择存储器单元的地址线称为低位地址线，其余的称为高位地址线。

常用的存储器地址空间分配方法有两种：线性选择法（简称线选法）和地址译码法（简称译码法），下面分别进行介绍。

1）线选法

所谓线选法，就是直接将系统的高位地址线作为芯片的片选信号，只需要将用到的地址线与存储器芯片的片选端直接连接即可。系统的低位地址线用于对芯片内的存储单元进行寻址。线选法的优点是电路简单，不需要额外增加地址译码器硬件电路，体积小，成本低；缺点是可寻址的芯片数目受到限制，各芯片间的地址不连续，只适用于扩展片外芯片数量不多的单片机应用系统的存储器扩展。

2）译码法

所谓译码法，就是使用译码器对系统的高位地址线进行译码，以译码输出作为存储芯片的片选信号。译码法又分为全译码和部分译码，若全部高位地址线都参加译码，则称为全译码；若仅有部分高位地址线参加译码，则称为部分译码，部分译码存在部分存储器地址空间互相重叠的情况。

译码法能够有效地利用存储空间，是最常用的存储器编址方法。常用的译码器芯片有 74LS138（3 线-8 线译码器）、74LS139（双 2 线-4 线译码器）和 74LS154（4 线-16 线译码器）等。

下面介绍两种常用的译码器芯片 74LS138 和 74LS139。

（1）74LS138。

74LS138 是一种 3 线-8 线译码器，有 3 个数据输入端，译码后可产生 8 种状态。74LS138 的真值表如表 8-1 所示，引脚如图 8-3 所示。由表 8-1 可知，当一个选通端（G1）为高电平，另两个选通端 $\overline{G2A}$ 和 $\overline{G2B}$ 为低电平时，可将地址端（C、B、A）的二进制编码在 $\overline{Y0} \sim \overline{Y7}$ 对应的输出端以低电平译出。例如，当 C、B、A=1、1、0 时，$\overline{Y6}$ 端输出低电平信号。而输出低电平的引脚就作为某个存储器芯片的片选端的控制信号。

表 8-1   74LS138 的真值表

输　入　端						输　出　端							
G1	$\overline{G2A}$	$\overline{G2B}$	C	B	A	$\overline{Y7}$	$\overline{Y6}$	$\overline{Y5}$	$\overline{Y4}$	$\overline{Y3}$	$\overline{Y2}$	$\overline{Y1}$	$\overline{Y0}$
1	0	0	0	0	0	1	1	1	1	1	1	1	0
1	0	0	0	0	1	1	1	1	1	1	1	0	1
1	0	0	0	1	0	1	1	1	1	1	0	1	1
1	0	0	0	1	1	1	1	1	1	0	1	1	1
1	0	0	1	0	0	1	1	1	0	1	1	1	1
1	0	0	1	0	1	1	1	0	1	1	1	1	1
1	0	0	1	1	0	1	0	1	1	1	1	1	1
1	0	0	1	1	1	0	1	1	1	1	1	1	1
其他状态			×	×	×	1	1	1	1	1	1	1	1

注：1 表示高电平，0 表示低电平，×表示任意。

当译码器的输入为某个固定编码时，仅有一个固定的引脚输出低电平，其余的引脚输出高电平。而输出低电平的引脚就作为某个存储器芯片的片选端的控制信号。

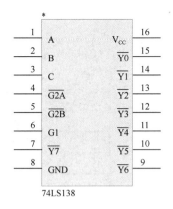

图 8-3　74LS138 的引脚

（2）74LS139。

74LS139 是一种双 2 线-4 线译码器。这两个译码器完全独立，有各自的数据输入端、译码状态输出端及数据输入允许端，其真值表如表 8-2 所示，引脚如图 8-4 所示。

表 8-2　74LS139 真值表

输　入　端			输　出　端			
允　许	选　择					
$\overline{G}$	B	A	$\overline{Y0}$	$\overline{Y1}$	$\overline{Y2}$	$\overline{Y3}$
0	0	0	0	1	1	1
0	0	1	1	0	1	1
0	1	0	1	1	0	1
0	1	1	1	1	1	0
1	×	×	1	1	1	1

图 8-4　74LS139 的引脚

下面以 74LS138 为例介绍如何进行地址分配。例如，若要扩展 8 片 8KB 的 RAM6264，则应如何通过 74LS138 把 64KB 空间分配给各片芯片？由表 8-1 可知，把 G1 接＋5V，$\overline{G2A}$、$\overline{G2B}$ 接地，P2.7、P2.6、P2.5（高 3 位地址线）分别接到 74LS138 的 C、B、A 端，由于对高 3 位地址译码，因此译码器有 8 个输出端 $\overline{Y0}$～$\overline{Y7}$，分别接到 8 片 RAM6264 的各个片选端，实现 8 选 1 的片选。而低 13 位地址（P2.4～P2.0、P0.7～P0.0）完成对选中的 RAM6264 芯片中的各个存储单元的单元选择。这样就把 64KB 存储器空间分成 8 个 8KB 空间了。64KB 地址空间的分配如图 8-5 所示。

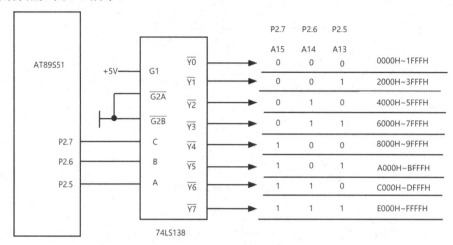

图 8-5　64KB 地址空间的分配

由于这里采用的是全译码方式，因此当 AT89S51 发出 16 位地址码时，每次只能选中某片芯片及该芯片的一个存储单元。

如何通过 74LS138 把 64KB 空间全部划分为 4KB 空间呢？由于 4KB（2^{12}B）空间需要 12 根地址线进行单元选择，而译码器的输入只有 3 根地址线（P2.6～P2.4），由于 P2.7 没有参加译码，不是全译码方式，P2.7 发出的 0 或 1 决定选择 64KB 存储器空间的前 32KB 还是后 32KB，因此前后两个 32KB 空间就重叠了。那么，这 32KB 空间利用 74LS138 译码器可划分为 8 个 4KB 空间。如果将 P2.7 通过一个非门与 74LS138 译码器的 G1 端连接起来，如图 8-6 所示，就不会发生两个 32KB 空间重叠的问题了。这时，64KB 空间中的前 32KB 被选中，地址范围为 0000H～7FFFH。

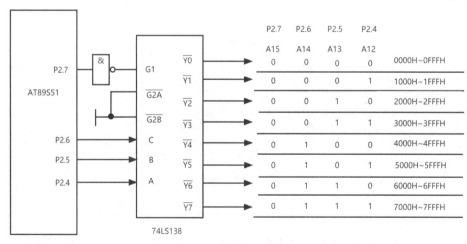

图 8-6　存储器空间被划分成每块 4KB

若去掉图 8-6 中的非门，则地址范围为 8000H～FFFFH。把译码器的输出连到各个 4KB 存储器的片选端，这样就把 32KB 空间划分为 8 个 4KB 空间。P2.3～P2.0、P0.7～P0.0 实现对单元的选择，P2.6～P2.4 通过 74LS138 译码器的译码实现对各存储器芯片的片选。

采用译码器划分的地址空间块都是相等的，如果想将地址空间块划分为不等的块，可采用现场可编程门阵列（FPGA）对其编程，来代替译码器进行非线性译码。

3．外部地址锁存器

AT89S51 的 16 位地址分为高 8 位和低 8 位。高 8 位由 P2 口输出，低 8 位由 P0 口输出，受到引脚数量的限制，P0 口同时作为数据 I/O 口，故在传送时采用分时方式，先输出低 8 位地址，再传送数据。但是，在对片外存储器进行读/写操作时，16 位地址必须保持不变，这时就需要选用适当的寄存器来存放低 8 位地址。在进行 ROM 扩展时，必须利用地址锁存器将低 8 位地址信号锁存起来。目前，常用的地址锁存器芯片有 74LS373、74LS573 等。

1）74LS373

74LS373 是一种带有三态缓冲器的 8D 锁存器，其引脚如图 8-7 所示，其内部结构如图 8-8 所示。AT89S51 与 74LS373 的连接如图 8-9 所示。

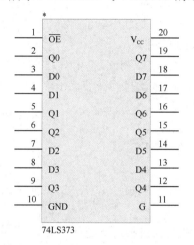

图 8-7　74LS373 的引脚　　　　　　　　图 8-8　74LS373 的内部结构

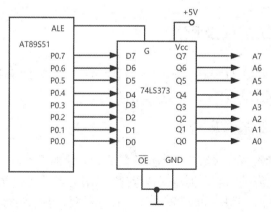

图 8-9　AT89S51 与 74LS373 的连接

74LS373 的引脚说明如下。

（1）D7～D0：8 位数据输入引脚。

（2）Q7～Q0：8 位数据输出引脚。

（3）G：数据锁存控制引脚。当 G 为高电平时，外部数据选通到锁存器中；当 G 发生负跳变时，数据锁存到锁存器中。

（4）$\overline{\text{OE}}$：数据输出允许控制引脚。当 $\overline{\text{OE}}$ 为低电平时，三态缓冲器打开，锁存器中的数据输出到数据输出引脚；当 $\overline{\text{OE}}$ 为高电平时，三态缓冲器关闭，输出线为高阻状态。

74LS373 的功能表如表 8-3 所示。

表 8-3　74LS373 的功能表

$\overline{\text{OE}}$	G	D	Q
0	1	1	1
0	1	0	0
0	0	×	不变
1	×	×	高阻状态

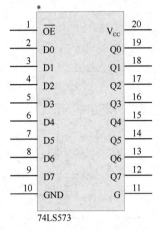

图 8-10　74LS573 的引脚

2）74LS573

74LS573 也是一种带有三态缓冲器的 8D 锁存器，其功能及内部结构与 74LS373 完全一样，只是其引脚的排列与 74LS373 不同。图 8-10 所示为 74LS573 的引脚。

由图 8-10 可以看出，与 74LS373 相比，74LS573 的输入引脚 D0～D7 和输出引脚 Q0～Q7 依次排列在芯片两侧，这为绘制印制电路板提供了较大的方便。

74LS573 的各引脚说明如下。

（1）D7～D0：8 位数据输入引脚。

（2）Q7～Q0：8 位数据输出引脚。

（3）G：数据锁存控制引脚。其功能与 74LS373 的 G 的功能相同。

（4）$\overline{\text{OE}}$：数据输出允许控制引脚，低电平有效。其功能与 74LS373 的 $\overline{\text{OE}}$ 的功能相同。

8.2　片外存储器的扩展及应用

AT89S51 片内集成 4KB 的 ROM 和 128B 的 RAM，对于复杂的系统设计往往不够用。为此，需要扩展片外 ROM 和 RAM。

8.2.1　片外 ROM 的扩展及应用

ROM 是专门用于存放程序和固定参数的，当受到容量的限制时，必须采用多片存储器来增加其容量。ROM 在电源关断后，仍能保存程序（此特性称为非易失性）。ROM 中的信息一旦写入，就不能随意更改，尤其不能在程序运行过程中写入新的内容，故称为只读存储器。

向 ROM 中写入信息称为编程。根据编程方式的不同，ROM 可分为以下几种。

（1）掩模 ROM。掩模 ROM 的编程是在制造过程中进行的。因其编程是以掩模工艺实现的，因此称为掩模 ROM。这种芯片存储结构简单，集成度高，但由于掩模工艺成本较高，因此只适用于大批量生产。

（2）可编程 ROM（PROM）。PROM 在出厂时并没有任何程序信息，其程序由用户通过独立的编程器写入。但 PROM 只能写入一次，写入后就不能再修改内容。

（3）EPROM。EPROM 是用电信号编程，用紫外线擦除的 ROM。在 EPROM 外壳的中间位置有一个圆形窗口，通过该窗口照射紫外线就可擦除原有的信息。使用编程器可将调试完毕的程序写入 EPROM。

（4）E^2PROM（EEPROM）。E^2PROM 是一种用电信号编程，用电信号擦除的 ROM。对 E^2PROM 的读/写操作与 RAM 没有太大差别，只是写入的速度慢一些，但掉电后仍能保存信息。

（5）Flash ROM。Flash ROM 又称为闪速存储器（简称闪存），Flash ROM 是在 EPROM、E^2PROM 基础上发展起来的一种电擦除型 ROM。其特点是可快速在线修改其存储单元中的数据，改写可达 1 万次，其读/写速度很快，存取时间可达 70ns，而成本却比普通 E^2PROM 低得多，所以目前大有取代 E^2PROM 的趋势。

目前许多公司生产的 8051 内核的单片机，在芯片内部大多集成了数量不等的 Flash ROM。例如，由美国 Atmel 公司生产的与 51 单片机兼容的产品 AT89C2051、AT89C51、AT89S51、AT89C52、AT89S52、AT89C55 等，片内分别有不同容量的 Flash ROM 来作为片内 ROM 使用。对于这类单片机，在片内的 Flash ROM 可满足要求的情况下，可省去扩展片外 ROM 的工作。

典型的常用的 EPROM 芯片是由 Intel 公司生产的 27 系列产品，如 2764（8KB）、27128（16KB）、27256（32KB）、27512（64KB）等。型号名称 27 后面的数字表示其位存储容量。若换算成字节容量，只需要将该数字除以 8 即可。例如，在 27128 中，27 后面的数字为 128，表示其存储容量为 128/8=16KB。

随着大规模集成电路技术的发展，大容量存储器芯片的产量剧增，售价不断降低。其性价比明显提高，而且由于有些厂家已停止生产小容量芯片，因此市场上某些小容量芯片的价格反而比大容量芯片的高。所以，在扩展 ROM 设计时，应尽量采用大容量芯片。

1）27 系列 EPROM 的引脚

27 系列 EPROM 的引脚如图 8-11 所示，其参数如表 8-4 所示。

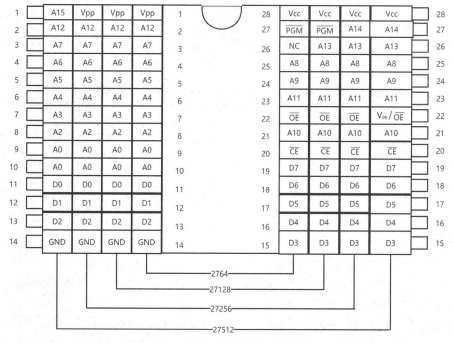

图 8-11　27 系列 EPROM 芯片的引脚

表 8-4　27 系列 EPROM 的参数

型　号	参　数					
	V_{CC}/V	V_{PP}/V	I_m/mA	I_s/mA	T_{RM}/ns	容量/位
TMS2732A	5	21	132	32	200～450	4KB×8
TMS2764	5	21	100	35	200～450	8KB×8
INTEL2764A	5	12.5	60	20	200	8KB×8
INTEL27C64	5	12.5	10	0.1	200	8KB×8
INTEL27128A	5	12.5	100	40	150～200	16KB×8
SCM27C128	5	12.5	30	0.1	200	16KB×8
INTEL27256	5	12.5	100	40	220	32KB×8
MBM27C256	5	12.5	8	0.1	250～300	32KB×8
INTEL27512	5	12.5	125	40	250	64KB×8

注：V_{CC} 为芯片供电电压，V_{PP} 为编程电压，I_m 为最大静态电流，I_s 为维持电流，T_{RM} 为最大读出时间。

图 8-11 中的引脚功能如下。

A0～A15：地址引脚。它的数量由芯片的存储容量决定，用于进行单元选择。

D0～D7：数据引脚。

$\overline{CE}$：片选控制引脚。

$\overline{OE}$：输出允许控制引脚。

$\overline{PGM}$：编程时编程脉冲的输入引脚。

V_{PP}：编程时编程电压（+12V 或+25V）的输入引脚。

V_{CC}：电源接+5V。

GND：数字地。

NC：无用引脚。

2）EPROM 的工作方式

EPROM 一般有 5 种工作方式，由 $\overline{CE}$、$\overline{OE}$、$\overline{PGM}$ 各信号的状态组合来确定。其 5 种工作方式如表 8-5 所示。

表 8-5　EPROM 的 5 种工作方式

方　式	引　脚			
	$\overline{CE}$ / $\overline{PGM}$	$\overline{OE}$	V_{PP}	D0～D7
读出	低	低	接+5V	程序读出
未选中	高	×	接+5V	高阻
编程	正脉冲	高	接+25V（或+12V）	程序写入
程序校验	低	低	接+25V（或+12V）	程序读出
编程禁止	低	高	接+25V（或+12V）	高阻

（1）读出方式。一般情况下，EPROM 工作于读出方式。读出方式的条件是使片选控制端 $\overline{CE}$ 为低电平，同时使输出允许控制引脚 $\overline{OE}$ 为低电平，V_{pp} 端接+5V，就可将 EPROM 中的指定地址单元的内容从数据引脚 D0～D7 中读出。

（2）未选中方式。当片选控制引脚 $\overline{CE}$ 为高电平时，EPROM 工作于未选中方式，这时数据输出为高阻状态，不占用数据总线，EPROM 处于低功耗的维持状态。

（3）编程方式。在 V$_{PP}$ 端接规定好的高编程电压（一般为+25V），$\overline{CE}$ 和 $\overline{OE}$ 引脚加合适的电平（不同的芯片要求不同），就能将数据引脚中的数据写入指定的地址单元。此时，编程地址和编程数据分别由系统的 A15～A0 和 D7～D0 提供。

（4）编程校验方式。在 V$_{PP}$ 引脚保持相应的编程电压（高压），按读出方式操作，读出编程固化好的内容，以校验写入的内容是否正确。

（5）编程禁止方式。编程禁止方式输出呈高阻状态，不写入程序。

8.2.2　片外 RAM 的扩展及应用

AT89S51 内部有 128B 的 RAM，其容量往往不能满足实际需要，必须扩展片外 RAM。在单片机应用系统中，若要扩展片外动态 RAM，则需要有对应的刷新电路。所以，单片机片外 RAM 的扩展不采用动态 RAM，而采用静态 RAM（SRAM）。本节只讨论 AT89S51 的静态 RAM 扩展问题。

AT89S51 在对片外 RAM 空间进行访问时，由 P2 口提供高 8 位地址，P0 口分时提供低 8 位地址和 8 位双向数据总线。片外 RAM 的读和写由 AT89S51 的 $\overline{RD}$（P3.7）和 $\overline{WR}$（P3.6）信号控制，而 EPROM 的输出允许控制引脚 $\overline{OE}$ 由 AT89S51 的读选通 $\overline{PSEN}$ 信号控制。尽管片外 RAM 与 EPROM 的地址空间范围是相同的，但由于它们的控制信号不同，因此不会发生总线冲突。

在单片机应用系统中，常用的 RAM 典型型号有 6116（2KB）、6264（8KB）、62128（16KB）、62256（32KB）等。它们都用单一+5V 电源供电，采用双列直插封装，6116 为 24 引脚封装，6264、62128、62256 为 28 引脚封装。常用的 RAM 的引脚如图 8-12 所示。

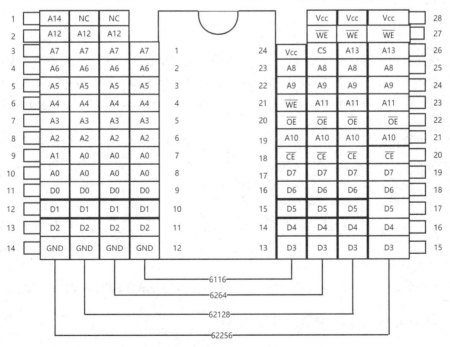

图 8-12　常用的 RAM 的引脚

图 8-12 中的各引脚功能如下。

A0～A14：地址输入引脚。

$D0 \sim D7$：双向三态数据引脚。

$\overline{CE}$：片选控制引脚，低电平有效。对于 6264 芯片，当 24 脚（CS）为高电平且 $\overline{CE}$ 为低电平时才选中该片。

$\overline{OE}$：输出允许控制引脚，低电平有效。

$\overline{WE}$：输入允许控制引脚，低电平有效。

V_{CC}：接+5V 电源。

GND：数字地。

RAM 有读出、写入、维持 3 种工作方式，这 3 种工作方式的控制如表 8-6 所示。

表 8-6　RAM 的 3 种工作方式的控制

工 作 方 式	$\overline{CE}$	$\overline{OE}$	$\overline{WE}$	$D0 \sim D7$
输出	0	0	1	数据输出
输入	0	1	0	数据输入
维持*	1	×	×	高阻状态

8.3　并行 I/O 接口的扩展及应用

AT89S51 有 4 个并行 I/O 接口，但是它们有的必须作为外部扩展的地址线和数据线，有的则作为一些特定的功能接口使用，如串行通信、外部中断等。因此，对于一个比较复杂的系统，往往会出现 I/O 接口不够用的情况。这时，可以对 AT89S51 并行 I/O 接口进行扩展。

8.3.1　I/O 接口功能

I/O 接口电路介于 CPU 和外设之间，起联络、缓冲、转换作用，其具体功能如下。

（1）实现与不同外设的速度匹配。大多数外设的速度很慢，无法和微秒级的单片机速度相比。AT89S51 在与外设进行数据传送时，只有在确认外设已为数据传送做好准备的前提下才能进行数据传送。而要知道外设是否准备好，就需要 I/O 接口电路与外设之间传送状态信息，以实现单片机与外设之间的速度匹配。

（2）输出数据锁存。与外设相比，单片机的工作速度较快，数据在数据总线上保留的时间十分短暂，无法满足慢速外设的数据接收要求。所以在扩展的 I/O 接口电路中应有输出数据锁存器，以保证输出数据能被慢速的外设所接收。

（3）输入数据三态缓冲。输入设备在向单片机输入数据时，要经过数据总线，但数据总线上可能"挂"有多个数据源，为在传送数据时不发生冲突，只允许当前时刻正在接收数据的 I/O 接口使用数据总线，其余的 I/O 接口应处于隔离状态，为此要求 I/O 接口电路能为输入数据提供三态缓冲功能。

（4）实现各种转换，包括电平转换、串行/并行或并行/串行转换、A/D 或 D/A 转换等。

8.3.2　I/O 口的编址方式及数据传送方式

每个 I/O 口都要有地址，以便 AT89S51 通过读/写端口来和外设交换信息。常用的 I/O 口的编址方式有两种，一种是独立编址方式，另一种是统一编址方式。

为了实现与不同外设的速度匹配，I/O 接口必须根据不同外设选择恰当的 I/O 数据传送方式。I/O 数据传送方式有同步传送、查询传送和中断传送。

（1）同步传送。同步传送又称为无条件传送。当外设速度与单片机的速度进行匹配时，常采用同步传送方式，最典型的同步传送就是单片机与片外 RAM 之间的数据传送。

（2）查询传送。查询传送又称为有条件传送（也称为异步传送）。单片机在查询外设是否准备好后，再进行数据传送。该方式的优点是通用性好，硬件连线和查询程序十分简单，但由于单片机的程序在运行中需要经常查询外设是否准备好，因此工作效率不高。

（3）中断传送。为了提高单片机的工作效率，常采用中断传送方式，即利用单片机本身的中断功能和 I/O 接口的中断功能来实现 I/O 数据的传送。单片机只有在外设准备好后，才中断主程序的执行，从而进入与外设进行数据传送的中断服务程序，执行完中断服务后再返回主程序断点处继续执行。因此，采用中断传送方式可以大大提高单片机的工作效率。

8.3.3 常用的 I/O 接口芯片

常用的 I/O 接口芯片有以下两种。

（1）81C55：可编程的 I/O、RAM 扩展接口芯片（2 个 8 位 I/O 口，1 个 6 位 I/O 口，256 个 RAM 字节单元，1 个 14 位的减法计数器）。

（2）82C55：可编程并行 I/O 接口芯片（3 个 8 位 I/O 口）。

它们都可以直接与 AT89S51 连接，且接口逻辑十分简单。还有一种方法就是通过串行接口来扩展并行接口。

8.3.4 AT89S51 与 82C55 的接口

82C55 是由 Intel 公司生产的可编程并行 I/O 接口芯片，由于它具有 3 个 8 位的并行 I/O 口和 3 种工作方式，可通过编程改变其功能，因此使用灵活方便，可作为单片机与多种外设连接的中间接口。

1. 82C55 的引脚

82C55 的引脚如图 8-13 所示。

由图 8-13 可知，82C55 共有 40 个引脚，采用双列直插式封装，各引脚功能如下。

D0～D7：三态双向数据引脚，与单片机的 P0 口连接，用来与单片机之间进行双向数据传送。

$\overline{CS}$：片选控制引脚，低电平有效，表示本芯片被选中。

$\overline{RD}$：读信号引脚，低电平有效，用来读出 82C55 端口数据的控制信号。

$\overline{WR}$：写信号引脚，低电平有效，用来向 82C55 写入端口数据的控制信号。

V_{CC}：接+5V 电源。

PA0～PA7：端口 A 的 I/O 引脚。

PB0～PB7：端口 B 的 I/O 引脚。

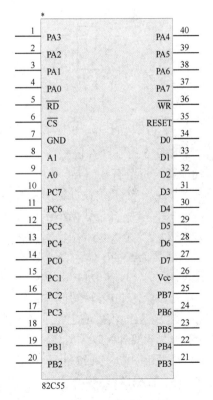

图 8-13　82C55 的引脚

PC0～PC7：端口 C 的 I/O 引脚。

A0、A1：地址引脚，用来选择 82C55 内部的 4 个端口。

RESET：复位引脚，高电平有效。

2．82C55 的内部结构

82C55 的内部结构如图 8-14 所示，包括 3 个并行数据 I/O 口，2 组控制电路，1 个读/写控制逻辑电路和 1 个数据总线缓冲器。左侧的引脚与 AT89S51 连接，右侧的引脚与外设连接。各部件的功能如下。

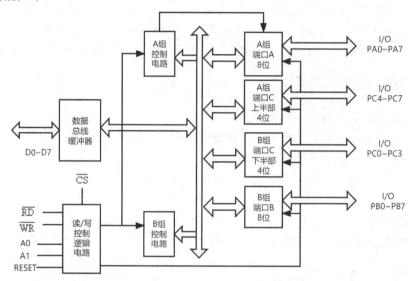

图 8-14　82C55 的内部结构

1）PA、PB、PC

82C55 有 3 个 8 位并行 I/O 口 PA、PB 和 PC，它们都可以选为输入/输出工作模式，但在功能和结构上有些差异。

PA：一个 8 位数据输出锁存器和缓冲器；一个 8 位数据输入锁存器。

PB：一个 8 位数据输出锁存器和缓冲器；一个 8 位数据输入缓冲器。

PC：一个 8 位数据输出锁存器；一个 8 位数据输入缓冲器。

通常 PA、PB 作为普通 I/O 口，PC 既可作为普通 I/O 口，也可在软件的控制下，分为两个 4 位的端口，作为 PA、PB 选通方式操作时的状态控制信号。

2）A 组和 B 组控制电路

这是两组根据 AT89S51 写入的命令字控制 82C55 工作方式的控制电路。A 组控制 PA 和 PC 的上半部（PC7～PC4）；B 组控制 PB 和 PC 的下半部（PC3～PC0），并可使用命令字来对 PC 的每一位实现按位置 1 或清 0。

3）数据总线缓冲器

数据总线缓冲器是一个三态双向 8 位缓冲器，作为 82C55 与系统总线之间的接口，用来传送数据、指令、控制命令及外部状态信息。

4）读/写控制逻辑电路

读/写控制逻辑电路接收 AT89S51 发送的控制信号 $\overline{RD}$、$\overline{WR}$、RESET，地址信号 A1、A0 等，然后根据控制信号的要求，被 AT89S51 读出端口数据，或者将 AT89S51 发送的数据写入端口。82C55 端口的工作状态与控制信号的关系如表 8-7 所示。

表 8-7　82C55 端口的工作状态与控制信号的关系

A0	A1	$\overline{RD}$	$\overline{WR}$	CS	工 作 状 态
0	0	0	1	0	端口 A 数据→数据总线（读端口 A）
0	1	0	1	0	端口 B 数据→数据总线（读端口 B）
1	0	0	1	0	端口 C 数据→数据总线（读端口 C）
0	0	1	0	0	总线数据→端口 A（写端口 A）
0	1	1	0	0	总线数据→端口 B（写端口 B）
1	0	1	0	0	总线数据→端口 C（写端口 C）
1	1	1	0	0	总线数据→控制字寄存器（写控制字）
×	×	×	×	1	数据总线为三态
1	1	0	1	0	非法状态
×	×	1	1	0	数据总线为三态

3．82C55 的控制字

AT89S51 可以向 82C55 控制寄存器写入两种不同的控制字，即工作方式选择控制字和端口 PC 按位置位/复位控制字。

1）工作方式选择控制字

82C55 有以下 3 种基本工作方式。

（1）方式 0：基本输入/输出。

（2）方式 1：选通输入/输出。

（3）方式 2：双向传送（仅端口 PA 有此工作方式）。

3 种工作方式由写入控制字寄存器的方式控制字来决定。方式控制字的格式如图 8-15 所示。最高位 D7=1，为本方式控制字的标志，以便与端口 PC 置位/复位控制字相区别（端口 PC 置位/复位控制字的最高位 D7=0）。

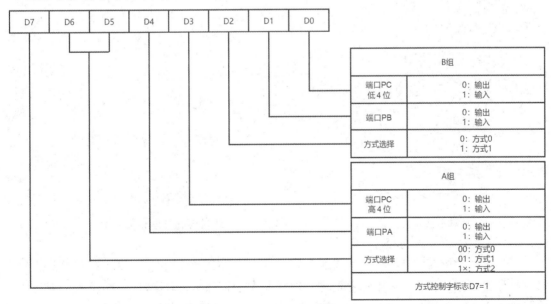

图 8-15　方式控制字的格式

端口 PC 被分为两个部分，上半部分与端口 PA 一起称为 A 组，下半部分与端口 PB 一起称为 B 组。其中端口 PA 可工作于方式 0、方式 1 和方式 2，而端口 PB 只能工作于方式 0 和方式 1。

【例 8-1】AT89S51 向 82C55 的控制字寄存器写入工作方式控制字 95H，根据图 8-15，可将 82C55 编程设置为端口 PA 以方式 0 输入，端口 PB 以方式 1 输出，端口 PC 的上半部分（PC7～PC4）输出，端口 PC 的下半部分（PC3～PC0）输入，82C55 控制端口的地址为 7003H，端口 PA 的地址为 7000H，端口 PB 的地址为 7001H。

程序段如下。

```c
#include <reg51.h>
#include <absacc.h>
#define uchar unsigned char
#define uint unsigned int
sbit rst_8255=P3^5;                    //控制 82C55 的复位
#define con_8255XBYTE[0x7003]          //定义 82C55 控制端口的地址
#define pa_8255XBYTE[0x7000]           //定义 82C55 端口 PA 的地址
#define pb_8255XBYTE[0x7001]           //定义 82C55 端口 PB 的地址
void delayms(uint j)                   //延时函数
{
  uchar i;
  for(;j>0;j--)                        //for 内程序循环 j 次
{
  i=250;
  while(--i);                          //while 循环 i-1 次
  i=249;
  while(--i);
}
}
void main(void)
{
  uchar temp;
  rst_8255=1;                          //复位 82C55
  delayms(1);
  rst_8255=0;
  con_8255=0x95H;
  …
}
```

2）端口 PC 按位置位/复位控制字

AT89S51 控制 82C55 的另一个控制字为端口 PC 按位置位/复位控制字。端口 PC 8 位中的任何一位都可用一个写入 82C55 控制端口的置位/复位控制字来对端口 PC 按位置 1 或清 0。这一功能主要用于位控。端口 PC 按位置位/复位控制字的格式如图 8-16 所示。

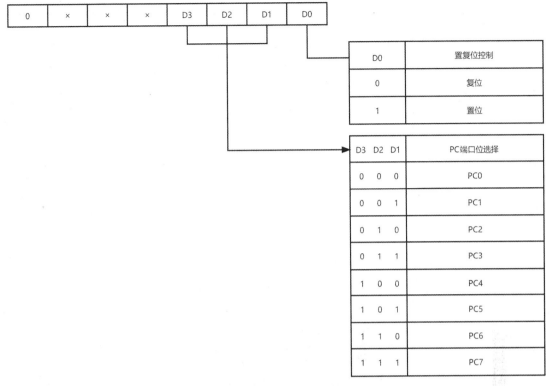

图 8-16　端口 PC 按位置位/复位控制字的格式

【例 8-2】AT89S51 向 82C55 的控制字寄存器写入工作方式控制字 07H，则 PC3 置 1，08H 写入控制端口，则 PC4 清 0。端口地址同例 8-1，程序段如下。

```
con_8255=0x07H; //PC3 置 1
con_8255=0x08H; //PC4 清 0
```

4. 82C55 的 3 种工作方式

1）方式 0

方式 0 是一种基本输入/输出方式。AT89S51 可对工作于方式 0 的 82C55 进行 I/O 数据的无条件传送。例如，AT89S51 从 82C55 的某个输入口读入一组开关状态，用 82C55 的输出来控制一组指示灯的亮/灭。实现这些操作并不需要任何条件，外设的 I/O 数据可在 82C55 的各端口得到锁存和缓冲。因此，82C55 的方式 0 也称为基本输入/输出方式。

在方式 0 中，3 个端口都可以由软件设置为输入或输出，不需要应答联络信号。方式 0 的基本功能如下。

（1）具有两个 8 位端口（PA、PB）和两个 4 位端口（PC 的上半部分和下半部分）。

（2）任何端口都可以设定为输入或输出，各端口的输入、输出共有 16 种组合。82C55 的端口 PA、端口 PB 和端口 PC 均可设定为方式 0，并可根据需要向控制寄存器写入工作方式控制字，来规定各端口为输入或输出方式。

2）方式 1

方式 1 是一种采用应答联络的输入/输出工作方式。端口 PA 和端口 PB 皆可独立地设置成这种工作方式。在方式 1 工作时，82C55 的端口 PA 和端口 PB 通常用于 I/O 数据的传送，端口 PC 作为端口 PA 和端口 PB 的应答联络信号线，以实现采用中断方式来传送 I/O 数据。PC

端口的 PC7～PC0 的应答联络线是在设计 82C55 时规定好的，方式 1 输入的应答联络引脚如图 8-17 所示。标有 I/O 的各位仍可用作基本输入/输出，不用作应答联络。

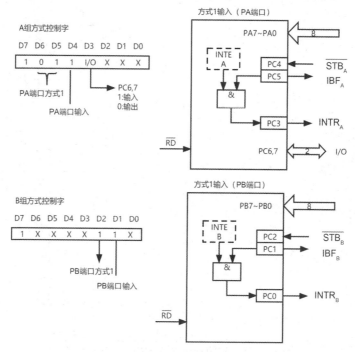

图 8-17　方式 1 输入的应答联络引脚

下面简单介绍方式 1 输入/输出时的应答联络引脚与工作原理。

（1）方式 1 输入：当任意端口工作于方式 1 输入时，各应答联络引脚如图 8-17 所示。其中 $\overline{STB}$ 与 IBF 为一对应答联络引脚。图 8-17 中各应答联络引脚的功能如下。

$\overline{STB}$：由输入外设发给 82C55 的选通输入引脚，低电平有效。

IBF：输入缓冲器满引脚。82C55 通知输入外设已收到它发送的已进入输入缓冲器的数据，高电平有效。

INTR：由 82C55 向 AT89S51 发送的中断请求信号引脚，高电平有效。

$INTE_A$：控制 PA 端口是否允许中断的控制引脚，由 PC4 的置位/复位来控制。

$INTE_B$：控制 PB 端口是否允许中断的控制引脚，由 PC2 的置位/复位来控制。

方式 1 输入的工作过程示意图如图 8-18 所示。下面以 PA 端口的方式 1 输入为例，介绍方式 1 输入的工作过程。

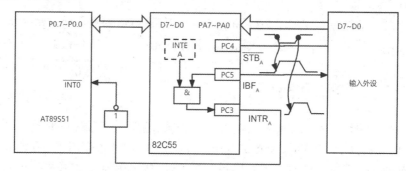

图 8-18　方式 1 输入的工作过程示意图

①当外设向 82C55 输入一个数据并送到 PA7～PA0 上时，外设自动在选通输入引脚$\overline{\text{STB}}_\text{A}$上向 82C55 发送一个低电平选通信号。

②82C55 收到选通信号后，先把 PA7～PA0 上输入的数据存入 PA 端口的输入数据缓冲/锁存器，然后使输入缓冲器满引脚 IBF$_\text{A}$ 变为高电平，以通知输入外设，82C55 的 PA 端口已收到它送来的输入数据。

③82C55 检测到$\overline{\text{STB}}_\text{A}$由低电平变为高电平且 IBF$_\text{A}$（PC5）为 1 状态，中断允许控制引脚 INTE$_\text{A}$（PC4）=1 时，使 INTR$_\text{A}$（PC3）变为高电平，向 AT89S51 发出中断请求。INTE$_\text{A}$ 的状态可由用户通过指令对 PC4 的单一置位/复位控制字来控制。

④AT89S51 响应中断后，进入中断服务程序来读取 PA 端口的外设发来的输入数据。当输入数据被 AT89S51 读取后，82C55 撤销 INTR$_\text{A}$ 上的中断请求，并使 IBF$_\text{A}$ 变为低电平，以通知输入外设可以传送下一个输入数据。

（2）方式 1 输出：当任何一个端口按照方式 1 输出时，应答联络引脚如图 8-19 所示。$\overline{\text{OBF}}$与$\overline{\text{ACK}}$构成一对应答联络引脚，图 8-19 中各应答联络引脚的功能如下。

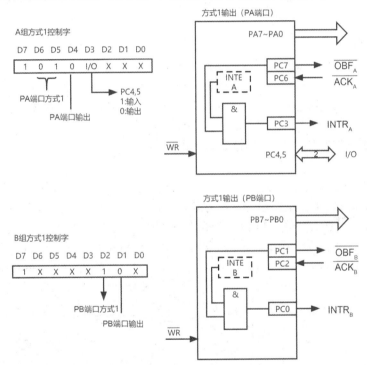

图 8-19　方式 1 输出的应答联络引脚

$\overline{\text{OBF}}$：输出缓冲器满引脚，低电平有效，它是 82C55 发给输出外设的联络引脚，表示 AT89S51 已经把数据输出到 82C55 的指定端口，输出外设可以将数据取走。

$\overline{\text{ACK}}$：输出外设的应答引脚，低电平有效。表示输出外设已把 82C55 端口的数据取走。

INTR：中断请求信号引脚，高电平有效。表示该数据已被输出外设取走，82C55 向 AT89S51 发出中断请求，若 AT89S51 响应该中断，则在中断服务程序中向 82C55 的端口写入要输出的下一个数据。

INTE$_\text{A}$：控制 PA 端口是否允许中断的控制引脚，由 PC6 的置位/复位来控制。

INTE$_\text{B}$：控制 PB 端口是否允许中断的控制引脚，由 PC2 的置位/复位来控制。

方式 1 输出的工作过程示意图如图 8-20 所示。下面以 PB 端口的方式 1 输出为例，介绍方式 1 输出的工作过程。

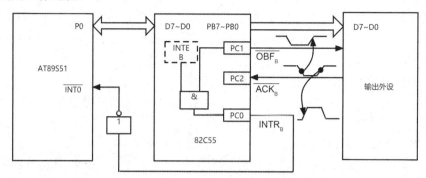

图 8-20　方式 1 输出的工作过程示意图

①AT89S51 可以通过指令把输出数据送到 PB 端口的输出数据锁存器，82C55 收到后便将输出缓冲器满引脚 $\overline{OBF_B}$（PC1）变为低电平，以通知输出外设输出的数据已在 PB 端口的 PB7～PB0 上。

②输出外设收到 $\overline{OBF_B}$ 上的低电平后，先从 PB7～PB0 上读取输出数据，然后使 $\overline{ACK_B}$ 变为低电平，通知 82C55 输出外设已收到 82C55 输出给外设的数据。

③82C55 从应答输入引脚 $\overline{ACK_B}$ 收到低电平后就对 $\overline{OBF_B}$ 和中断允许控制位 $INTE_B$ 状态进行检测，若它们皆为高电平，则 $INTR_B$ 变为高电平而向 AT89S51 请求中断。

④AT89S51 响应 $INTR_B$ 上的中断请求后便可通过中断服务程序把下一个输出数据送到 PB 端口的输出数据锁存器。重复上述过程，完成数据的输出。

3）方式 2

只有 PA 端口才能设定为方式 2。图 8-21 所示为方式 2 的工作过程示意图。方式 2 实质上是方式 1 输入和方式 1 输出的组合。在方式 2 下，PA7～PA0 为双向 I/O 总线。当作为输入端口使用时，PA7～PA0 受 $\overline{STB_A}$ 和 IBF_A 控制，其工作过程和方式 1 输入时相同；当作为输出端口使用时，PA7～PA0 受 $\overline{OBF_A}$ 和 $\overline{ACK_A}$ 控制，其工作过程和方式 1 输出时相同。

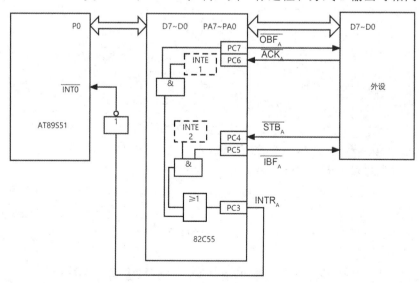

图 8-21　方式 2 的工作过程示意图

方式 2 特别适用于键盘、显示器一类的外设，因为有时需要把键盘上输入的编码信号通过 PA 端口送给单片机，有时又需要把单片机输出的数据通过 PA 端口送给显示器。

5. AT89S51 与 82C55 的接口设计

（1）图 8-22 所示为 AT89S51 扩展一片 82C55 的接口电路图。74LS373 是地址锁存器，P0.1、P0.0 经 74LS373 与 82C55 的地址线 A1、A0 连接；P0.7 经 74LS373 与片选端 $\overline{CS}$ 相连，其他地址线悬空；82C55 的控制端 $\overline{RD}$、$\overline{WR}$ 直接与 AT89S51 的 $\overline{RD}$ 和 $\overline{WR}$ 端相连；AT89S51 的数据总线 P0.7～P0.0 与 82C55 的数据线 D7～D0 连接。

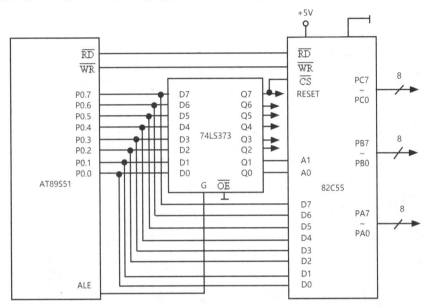

图 8-22　AT89S51 扩展一片 82C55 的接口电路图

（2）在图 8-22 中，82C55 只有 3 条线与 AT89S51 的地址线相接，片选端 $\overline{CS}$、端口地址选择端 A1、A0 分别接于 P0.7、P0.1 和 P0.0，其他地址线悬空。显然只要保证 P0.7 为低电平，即可选中 82C55；若 P0.1、P0.0 为 0、0，则选中 82C55 的 PA 端口。同理，若 P0.1、P0.0 为 0、1，1、0，1、1 时，则分别选中 PB 端口、PC 端口、控制端口。

若端口地址用 16 位表示，其他无用端全设为 1（也可把无用端全设为 0），则 82C55 的 PA、PB、PC 及控制端口地址分别为 FF7CH、FF7DH、FF7EH、FF7FH。

若无用端取 0，则 4 个端口地址分别为 0000H、0001H、0002H、0003H，只要保证 $\overline{CS}$、A1、A0 的状态，无用端设为 0 或 1 均可。

（3）在实际应用中，必须根据外设的类型选择 82C55 的操作方式，并在初始化程序中把相应控制字写入控制端口。

根据图 8-22，介绍对 82C55 进行操作的编程。

【例 8-3】要求 82C55 工作于方式 0，且 PA 端口作为输入，PB 端口、PC 端口作为输出，则程序如下。

```
#include <reg51.h>
#include <absacc.h>
#define uchar unsigned char
#define uint unsigned int
```

```
    sbit rst_8255=P3^5;                    //控制82C55的复位
    #define con_8255XBYTE[0x7003]          //定义82C55端口地址
    #define pa_8255XBYTE[0x7000]           //定义82C55PA端口地址
    #define pb_8255XBYTE[0x7001]           //定义82C55PB端口地址
    #define pc_8255XBYTE[0x7002]           //定义82C55PC端口地址
    viod delay ms(uint)
    void main(void)
    {
      uchar temp;
      rst_8255=1;                          //复位82C55
      delayms(1);
      rst_8255=0;
      con_8255=0x90H;                      //设置PA端口输入，PB、PC端口输出
      while (1)
        {
        temp=pa_8255;                      //读出PA端口数据
        pb_8255=temp;                      //写入数据到PB端口
        pc_8255=temp;                      //写入数据到PC端口
        }
    }
    void delayms(uint j)                   //延时函数
    {
      uchar i;
      for(;j>0;j--)
      {
        i=250;
        while(--i);
        i=249;
        while(--i);
      }
    }
```

8.3.5　AT89S51 与 81C55 的接口

81C55 包含 256B 的 RAM（静态，存取时间为 400ns），两个可编程的 8 位并行端口 PA 和 PB，一个可编程的 6 位并行端口 PC，以及一个 14 位的减 1 计数器。端口 PA 和端口 PB 可工作于基本输入/输出方式（与 82C55 的方式 0 相同）或选通输入/输出方式（与 82C55 的方式 1 相同）。81C55 可直接与 AT89S51 相连，不需要增加任何硬件逻辑电路。由于 81C55 片内集成了 I/O 口、RAM 和减 1 计数器，因此是 AT89S51 系统中经常被选用的 I/O 接口芯片之一。

1．81C55 简介

1）81C55 的结构

81C55 的结构示意图如图 8-23 所示。

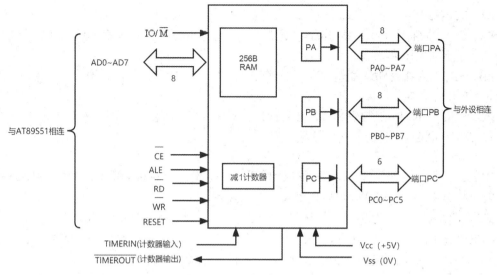

图 8-23　81C55 的结构示意图

2）81C55 的引脚功能

81C55 共有 40 个引脚，采用双列直插式封装，如图 8-24 所示。81C55 的各引脚功能如下。

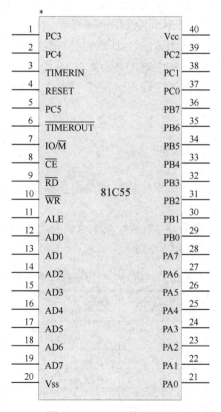

图 8-24　81C55 的引脚图

（1）AD7～AD0

AD7～AD0 为地址/数据线，与 AT89S51 的 P0.7～P0.0 相连，用于分时传送地址/数据信息。

（2）I/O 总线

PA7～PA0 为通用 I/O 引脚，用于传送 PA 端口上的外设数据，数据传送方向由写入 81C55 的命令字决定（见图 8-25）。

PB7～PB0 为通用 I/O 引脚，用于传送 PB 端口上的外设数据，数据传送方向也由写入 81C55 的控制字决定。

PC5～PC0 为数据/控制引脚，在通用 I/O 方式下，用于传送 I/O 数据；在选通 I/O 方式下，用于传送命令/状态信息。

（3）控制引脚

RESET：复位输入引脚，在 RESET 上输入一个脉宽大于 600ns 的正脉冲时，81C55 即可处于复位状态，PA、PB、PC 端口也定义为输入方式。

$\overline{CE}$ 和 IO/$\overline{M}$：$\overline{CE}$ 为 81C55 片选引脚，若 $\overline{CE}$=0，则 AT89S51 选中 81C55 工作；否则，81C55 未被选中。IO/$\overline{M}$ 为 I/O 口或 RAM 选择线，若 IO/$\overline{M}$=0，则 AT89S51 选中 81C55 的片内 RAM；若 IO/$\overline{M}$=1，则 AT89S51 选中 81C55 的某个 I/O 口。

$\overline{RD}$ 和 $\overline{WR}$：$\overline{RD}$ 为读控制引脚，$\overline{WR}$ 为写控制引脚，当 $\overline{RD}$=0 且 $\overline{WR}$=1 时，81C55 处于被读出数据状态；当 $\overline{RD}$=1 且 $\overline{WR}$=0 时，81C55 处于被写入数据状态。

ALE：允许地址输入引脚，高电平有效。若 ALE=1，则 81C55 允许 AT89S51 通过 AD7～AD0 引脚发出的地址锁存到 81C55 片内的地址锁存器；否则，81C55 的地址锁存处于封锁状态。81C55 的 ALE 引脚常与 AT89S51 的 ALE 引脚相连。

TIMERIN 和 $\overline{TIMEROUT}$：TIMERIN 为计数器脉冲输入引脚，输入的脉冲上跳沿用于对 81C55 片内的 14 位计数器减 1。$\overline{TIMEROUT}$ 为计数器脉冲输出引脚，当 14 位计数器减为 0 时就可以在该引脚上输出脉冲或方波，输出脉冲或方波与所选计数器的工作方式有关。

（4）电源引脚

V_{CC}：接+5V 电源。

V_{SS}：接地。

3）CPU 对 81C55 的 I/O 口的控制

81C55 的 PA、PB、PC 端口的数据传送方式是由控制字和状态字来决定的。

（1）81C55 各端口的地址分配。

81C55 内部有 7 个端口，需要 3 位地址 A2～A0 上的不同组合代码来加以区分。表 8-8 为 81C55 各端口的地址分配（×表示 0 或 1）。

表 8-8　81C55 各端口的地址分配（×表示 0 或 1）

$\overline{CE}$	IO/$\overline{M}$	A7	A6	A5	A4	A3	A2	A1	A0	选中的端口
0	1	×	×	×	×	×	0	0	0	控制/状态寄存器
0	1	×	×	×	×	×	0	0	1	PA
0	1	×	×	×	×	×	0	1	0	PB
0	1	×	×	×	×	×	0	1	1	PC
0	1	×	×	×	×	×	1	0	0	计数器低 8 位
0	1	×	×	×	×	×	1	0	1	计数器高 6 位
0	0	×	×	×	×	×	×	×	×	RAM 单元

（2）81C55 的控制字。

81C55 有一个控制寄存器和一个状态寄存器。81C55 的工作方式由 AT89S51 写入控制寄存器的控制字来确定。控制字的格式如图 8-25 所示。控制寄存器只能写入，不能读出，控制寄存器中的低 4 位用来设置 PA、PB 和 PC 端口的工作方式。D4、D5 位用来确定 PA、PB 端口以选通在输入/输出方式工作时是否允许中断请求。D6、D7 位用来设置计数器的操作。

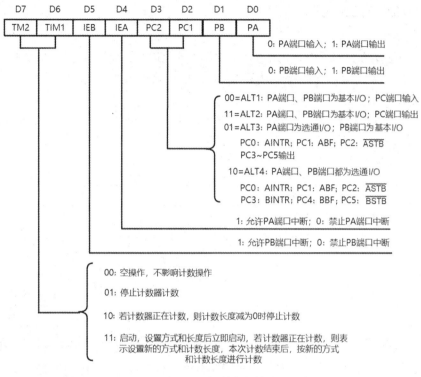

图 8-25　控制字的格式

（3）81C55 的状态字。

在 81C55 中有一个状态寄存器，用来存入状态标志。它的地址与控制寄存器的地址相同，AT89S51 只能对其读出，PA 和 PB 端口不能写入。状态字的格式如图 8-26 所示，AT89S51 可以对其内容读出直接查询。

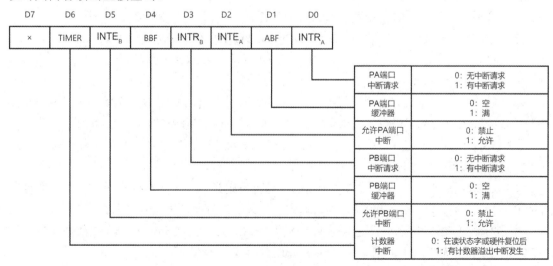

图 8-26　状态字的格式

下面对状态字中的 D6 位给出说明。D6 为计数器中断状态标志位 TIMER。若计数器正在计数或还未计数，则 D6=0；若计数器的计数长度已满，即计数器减为 0，则 D6=1，它可作为计数器中断请求标志。在硬件复位或读该状态字后又恢复为 0。

2. 81C55 的 2 种工作方式

1）存储器方式

81C55 的存储器方式用于对片内 256B 的 RAM 单元进行读/写，若 IO/$\overline{\text{M}}$ =0 且 $\overline{\text{CE}}$ =0，则 AT89S51 可通过 AD7～AD0 上的地址选择 RAM 中的任意单元进行读/写。

2）I/O 方式

81C55 的 I/O 方式分为基本 I/O 方式和选通 I/O 方式，以 PC 端口为例，其 I/O 方式的位定义如表 8-9 所示。

表 8-9　PC 端口的 I/O 方式的位定义

PC 端口	基本 I/O 方式		选通 I/O 方式	
	ALT1	ALT2	ALT3	ALT4
PC0	输入	输出	AINTR（PA 端口中断）	AINTR（PA 端口中断）
PC1	输入	输出	ABF（PA 端口缓冲器满）	ÁBF（PA 端口缓冲满）
PC2	输入	输出	$\overline{\text{ASTB}}$（PA 端口选通）	$\overline{\text{ASTB}}$（PA 端口选通）
PC3	输入	输出	输出	BINTR（PB 端口中断）
PC4	输入	输出	输出	BBF（PB 端口缓冲器满）
PC5	输入	输出	输出	$\overline{\text{BSTB}}$（PB 端口选通）

在 I/O 方式下，81C55 可选择片内任意端口寄存器进行读/写，端口地址由 A2、A1、A0 三位决定（见表 8-8）。

（1）基本 I/O 方式。在基本 I/O 方式下，PA、PB、PC 端口由图 8-25 所示的命令字决定。其中，PA、PB 端口的 I/O 由 D1、D0 决定，PC 端口的各位由 D3、D2 状态决定。例如，若把 02H 的命令字送到 81C55 命令寄存器，则 81C55 的 PA 端口和 PC 端口设定为输入方式，PB 端口设定为输出方式。

（2）选通 I/O 方式。由命令字中 D3、D2 状态设定，PA 端口和 PB 端口都可独立工作于这种方式。此时，PA 端口和 PB 端口作为数据口，PC 端口作为 PA 端口和 PB 端口的应答联络控制。81C55 的各端口定义是在设计 81C55 时规定的，其地址分配可查询表 8-3。选通 I/O 方式又可分为选通 I/O 数据输入和选通 I/O 数据输出两种方式。

①选通 I/O 数据输入。PA 端口和 PB 端口都可设定为本工作方式。若命令字中的 D0=0 且 D3、D2=1，0，则 PA 端口设定为选通 I/O 数据输入方式；若命令字中的 D1=0 且 D3、D2=1，1，则 PB 端口设定为选通 I/O 数据输入方式。81C55 的选通 I/O 数据输入方式和 82C55 的选通 I/O 输入方式类似，如图 8-27（a）所示。

②选通 I/O 数据输出。PA 端口和 PB 端口都可设定为选通 I/O 数据输出方式。若命令字中的 D0=1 且 D3、D2=1，0，则 PA 端口设定为选通 I/O 数据输出方式；若命令字中的 D1=1 且 D3、D2=1，1，则 PB 端口设定为选通 I/O 数据输出方式。81C55 的选通 I/O 数据输出也和 82C55 的选通 I/O 输出方式类似，如图 8-27（b）所示。

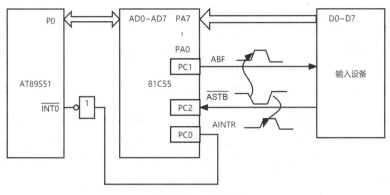

（a）选通 I/O 数据输入

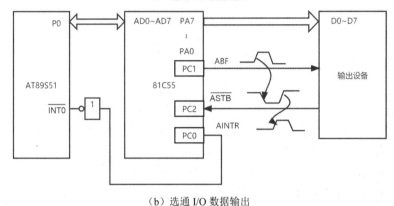

（b）选通 I/O 数据输出

图 8-27　选通 I/O 方式示意图

3．计数器

81C55 中有一个 14 位的计数器，用于定时或对外部事件计数，CPU 可通过软件来选择计数长度和计数方式。计数长度和计数方式由写入计数器的控制字来确定。计数器的格式如图 8-28 所示。

	D7	D6	D5	D4	D3	D2	D1	D0
T_L(04H)	T7	T6	T5	T4	T3	T2	T1	T0

	D7	D6	D5	D4	D3	D2	D1	D0
T_H(05H)	M2	M1	T13	T12	T11	T10	T9	T8H

图 8-28　计数器的格式

在图 8-28 中，T13～T0 为计数器的计数位；M2、M1 用来设置计数器的输出方式。计数器的 4 种工作方式及输出波形如表 8-10 所示。任何时候都可以设置计数器的长度和工作方式，但是必须将控制字写入控制寄存器。如果计数器正在计数，那么只有在写入启动命令之后，计数器才能接收新的计数长度并按新的工作方式计数。

表 8-10　计数器的 4 种工作方式及输出波形

M1	M0	工 作 方 式	输 出 波 形
0	0	单方波	⎍

M1	M0	工 作 方 式	输 出 波 形
0	1	连续方波	
1	0	单脉冲	
1	1	连续脉冲	

若写入计数器的计数初值为奇数，$\overline{\text{TIMEROUT}}$ 引脚的方波输出波形是不对称的。例如，当计数初值为 9 时，计数器的输出在 5 个计数脉冲周期内为高电平，在 4 个计数脉冲周期内为低电平，如图 8-29 所示。

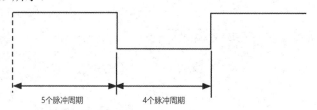

图 8-29　计数初值为奇数时的不对称方波输出波形（长度为 9）

注意，81C55 的计数器初值不是从 0 开始的，而是从 2 开始的。这是因为，若计数器的输出波形为方波（无论单方波还是连续方波），则规定从启动计数开始，前一半计数输出高电平，后一半计数输出低电平。显然，若计数初值是 0 或 1，就无法产生这种方波。因此 81C55 的计数初值写入范围是 3FFFH～2H。

若硬要将 0 或 1 作为计数初值写入，则其效果与写入计数初值 2 的情况一样。

81C55 复位后并不预设计数器的工作方式和计数长度，而使计数器停止计数。

4．AT89S51 与 81C55 的接口设计

1）AT89S51 与 81C55 的接口电路

AT89S51 可以和 81C55 直接连接而不需要任何外加逻辑器件。AT89S51 与 81C55 的接口电路如图 8-30 所示。

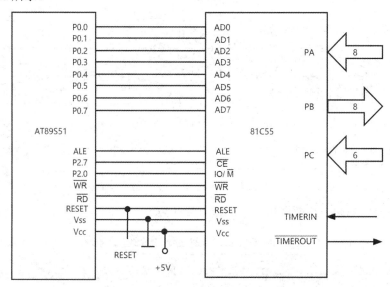

图 8-30　AT89S51 与 81C55 的接口电路

在图 8-30 中，AT89S51 的 P0 口输出的低 8 位地址不需要另加锁存器（81C55 片内集成了地址锁存器），而直接与 81C55 的 AD0～AD7 相连，既可作为低 8 位地址总线，又可作为数据总线，地址锁存控制直接用 AT89S51 发出的 ALE 信号。81C55 的 $\overline{CE}$ 引脚接 P2.7，IO/$\overline{M}$ 引脚与 P2.0 相连。当 P2.7=0 时，若 P2.0=0，则访问 81C55 的 RAM 单元。由此可得到 81C55 的各端口及 RAM 单元的地址，如表 8-11 所示。

表 8-11　81C55 的各端口及 RAM 单元的地址

项　目	地　址
I/O 口	控制/状态口：7F00H
	PA 端口：7F01H
	PB 端口：7F02H
	PC 端口：7F03H
	计数器低 8 位：7F04H
	计数器高 6 位：7F05H
RAM 单元	7E00H～7EFFH

2）81C55 的编程

根据图 8-30 所示的接口电路，介绍对 81C55 的编程。

【例 8-4】若 PA 端口定义为输入方式，PB 端口定义为输出方式，对输入脉冲进行 24 分频（81C55 计数器的最高计数频率为 4MHz），则 81C55 的 I/O 初始化程序如下。

```
#include <reg51.h>
#define uchar unsigned char
#define uint unsigned int
uchar xdata *num=0x7F04;
uchar xdata *con=0x7F00;
viod delayms(uint)
void main(void)
{
  *num=0x18;      //计数初值低 8 位装入计数器
  num++;          //计数器指向高 8 位
  *num=0x40;      //计数器为连续方波输出
  *con=0xC2;      //设定命令/状态口，PA 端口输入，PB 端口输出，开启计数器
  ...
}
```

8.3.6　利用 74LS 系列 TTL 电路扩展并行 I/O 口

在 AT89S51 应用系统中，有些场合需要降低成本、缩小应用系统的体积，这时采用 TTL 电路、CMOS 电路锁存器或三态门电路可构成各种类型的简单 I/O 口。这种 I/O 口通常是通过 P0 口扩展的。由于 P0 口只能分时复用，故构成输出口时，接口芯片应具有锁存功能；构成输入口时，要求接口芯片能进行三态缓冲或锁存选通，数据的输入、输出由单片机的读/写信号控制。

图 8-31 所示为利用 74LS 系列 TTL 电路扩展并行 I/O 口的示例。74LS244 和 74LS273 的工作受 AT89S51 的 P2.0、$\overline{RD}$、$\overline{WR}$ 3 个引脚控制。74LS244 是缓冲驱动器，作为扩展输入口，它的 8 个输入端分别接 8 个按钮开关。74LS273 是 SD 锁存器扩展输出口，输出端接 8

个 LED，以显示 8 个按钮开关的状态。当某条输入口线的按钮开关按下时，该输入口线为低电平，读入单片机后，其相应位为 0，再将其状态经 74LS273 输出，当某位为低电平时，其对应 LED 点亮，从而显示出按下的按钮开关的位置。

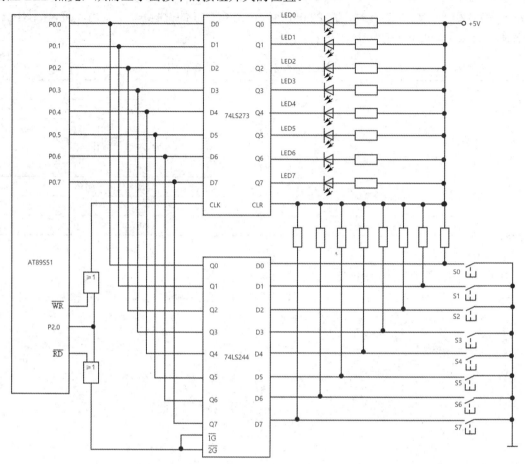

图 8-31　利用 74LS 系列 TTL 电路扩展并行 I/O 口的示例

该示例的工作原理：当 P2.0=0，$\overline{RD}$ =0（$\overline{WR}$ =1）时，选中 74LS244，此时若无按钮开关被按下，则输入全为高电平。当某按钮开关被按下时，对应位输入为 0，74LS244 的输入端不全为 1，其输入状态通过 P0 口数据线被读入 AT89S51。当 P2.0=0，$\overline{RD}$ =1（$\overline{WR}$ =0）时，选中 74LS273，CPU 通过 P0 口将输出数据锁存到 74LS273，74LS273 的输出端低电平位对应的 LED 点亮。

总之，在图 8-31 中，只要保证 P2.0 为 0，其他地址位为 0 或 1 即可。例如，地址为 FEFFH（无效位全为 1）或 0000H（无效位全为 0）即可。

采用绝对地址访问宏定义头文件 absacc.h，输入程序段语句为

```
TEMP=XBYTE[0xFEFF];
```

输出程序段语句为

```
XBYTE[0xFEFF]=TEMP;
```

前者读取按钮开关状态，后者由 LED 的点亮和熄灭显示按钮开关状态，其中 TEMP 变量保存按钮开关状态。图 8-31 中仅使用了两片 74LS 系列 TTL 芯片，如果 I/O 口仍不够用，还可继续扩展。但作为输入口时，扩展的 I/O 口一定要有三态功能，否则将影响总线的正常工作。

8.4 串行总线的扩展及应用

扩展串行总线可以简化系统的硬件设计，减小系统的体积，同时使系统的更改和扩充更为容易。应用串行总线的扩展是目前单片机发展的一种趋势。

常用的串行扩展总线有 I²C 总线（Inter IC BUS）、SPI（Serial Peripheral Interface）总线、Microwire 总线及单总线（1-Wire BUS）。串行总线数据传输速率的逐渐提高和芯片的系列化为多功能、小型化和低成本的单片机应用系统的设计提供了更好的解决方案。

8.4.1 I²C 总线的扩展及应用

I²C 总线是由 PHILIPS 公司开发的一种双向两线串行总线，可实现集成电路之间的有效控制，这种总线也称为 Inter IC 总线。目前，PHILIPS 及其他半导体公司提供了大量的含有 I²C 总线的外围接口芯片，I²C 总线已成为广泛应用的工业标准之一。在标准模式下，基本 I²C 总线的数据传输速率为 100kbit/s；在快速模式下，其数据传输速率为 400kbit/s；在高速模式下，其数据传输速率为 3.4Mbit/s。I²C 总线技术始终和先进技术保持同步，并保持其向下兼容性。

1. I²C 总线概述

I²C 总线采用两线制传输，一根线是数据线（Serial Data Line，SDA），另一根线是时钟线（Serial Clock Line，SCL），所有 I²C 器件都连接在 SDA 和 SCL 上，每一个器件具有一个唯一的地址。SDA 和 SCL 是双向的，在 I²C 总线中，各器件的数据线都接到 SDA 上，各器件的时钟线都接到 SCL 上。I²C 总线系统的基本结构如图 8-32 所示。

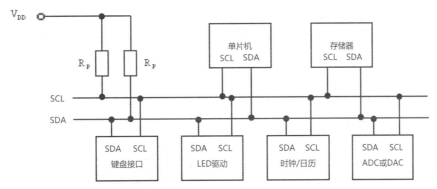

图 8-32   I²C 总线系统的基本结构

I²C 总线是一个多主机总线，总线上可以有一个或多个主机（也称为主控制器件），总线运行由主机控制。

主机是指启动数据的传送（发出起始信号）、发出时钟信号、发出终止信号的器件。通常，主机由单片机或其他微处理器担任。

被主机访问的器件称为从机（也称为从器件），它可以是其他单片机或外围芯片，如 ADC、DAC、LED 或 LCD 驱动、串行存储器芯片等。

I²C 总线支持多主（Multi-Mastering）和主从（Master-Slave）两种工作方式。

在多主工作方式下，I²C 总线上可以有多个主机。I²C 总线需要通过硬件和软件仲裁来确定主机对总线的控制权。

在主从工作方式下，I²C 总线上只有一个主机，其他器件均为从机（具有 I²C 总线接口），由于只有主机能对从机进行读写访问，因此不存在总线的竞争等问题。I^{2}C 总线的时序可以模拟，I^{2}C 总线的使用不受主机是否具有 I^{2}C 总线接口的制约。

2．I^{2}C 总线的数据传送

1）数据的传送

在 I^{2}C 总线上，主机与从机之间一次传送的数据称为一帧，由起始信号、若干个数据字节、应答位和终止信号组成。数据传送的基本单元为一位数据。

I^{2}C 总线在进行数据的传送时，每一位数据的传送都与时钟脉冲相对应。时钟脉冲为高电平期间，SDA 上的数据必须保持稳定，在 I^{2}C 总线上，只有在 SCL 为低电平期间，数据才允许变化，如图 8-33 所示。

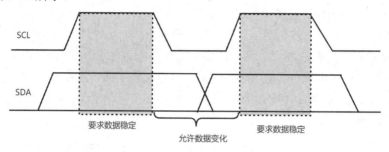

图 8-33 数据的有效性规定

2）起始和终止状态

根据 I^{2}C 总线协议，总线上数据信号的传送由起始信号（S）开始、由终止信号（P）结束。起始信号和终止信号都是由主机发出的。在起始信号产生后，I^{2}C 总线就处于占用状态；在终止信号产生后，I^{2}C 总线就处于空闲状态。下面结合图 8-34 介绍起始信号和终止信号。

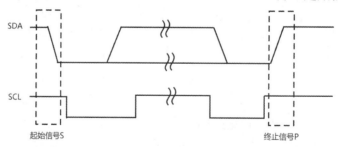

图 8-34 起始信号和终止信号

（1）起始信号（S）。在 SCL 为高电平期间，SDA 由高电平向低电平的变化表示起始信号，只有在起始信号产生后，其他命令才有效。

（2）终止信号（P）。在 SCL 为高电平期间，SDA 由低电平向高电平的变化表示终止信号。随着终止信号的产生，所有外部操作都结束。

3）数据传送的应答

I^{2}C 总线在进行数据传送时，对传送的字节数（数据帧）没有限制，但是每个字节都必须为 8 位。数据在传送时，先传送最高位（MSB），每个被传送的字节后面都必须跟随 1 位应答位，即 1 帧共有 9 位，如图 8-35 所示。I^{2}C 总线在传送的每个字节后都必须有应答信号 A，应答信号在第 9 个时钟位上出现，与应答信号对应的时钟信号由主机产生。这时发送方必须在这个时钟位上使 SDA 处于高电平状态，以便接收方在该位上送出低电平的应答信号 A。

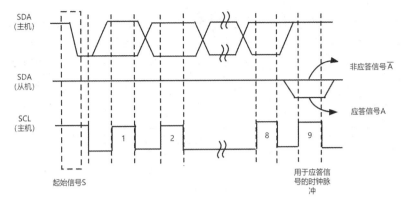

图 8-35　数据传送的应答

当出于某种原因接收方不对主机寻址信号应答时，如接收方正在进行其他处理而无法接收 I²C 总线上的数据时，必须释放 I²C 总线，将 SDA 置为高电平，而由主机产生一个终止信号以结束 I²C 总线的数据传送。

当主机接收来自从机的数据时，在接收到数据的最后一个字节后，必须给从机发送一个非应答信号 $\overline{A}$，使从机释放 SDA，主机发送一个终止信号，从而结束数据的传送。

4）数据帧的格式

I²C 总线上传送的数据信号既包括真正的数据信号，也包括地址信号。

I²C 总线规定，在起始信号后必须传送从机的地址（7 位），第 8 位是数据传送的方向位（R/$\overline{W}$），用 0 表示主机发送数据（$\overline{W}$），用 1 表示主机接收数据（R）。每次数据传送都是由主机产生的终止信号结束的。但是，若主机希望继续占用 I²C 总线进行新的数据传送，则可以不产生终止信号，马上再次发出起始信号对另一从机进行寻址。因此，在 I²C 总线的一次数据传送过程中，数据帧可以有以下 3 种组合方式。

（1）主机向从机发送 n 个字节的数据，数据传送方向在整个传送过程中不变，数据帧的格式 1 如图 8-36 所示。

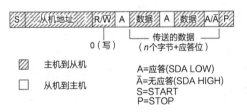

图 8-36　数据帧的格式 1

说明：有阴影的部分表示主机向从机发送数据，无阴影的部分表示从机向主机发送数据，后同。上述格式中的从机地址为 7 位，紧接其后的 1 和 0 表示主机的读写方向，1 为读，0 为写。字节 1～n 为主机写入从机的 n 个字节的数据。

（2）主机读出来自从机的 n 个字节。除第 1 个寻址字节由主机发送，其他字节都由从机发送，主机接收，数据帧的格式 2 如图 8-37 所示。

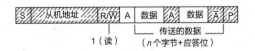

图 8-37　数据帧的格式 2

字节 1～n 为从机读出的 n 个字节的数据。主机发送终止信号前应发送非应答信号 $\overline{A}$，向从机表明读操作结束。

（3）主机的读/写操作。在一次数据传送过程中，主机先发送一个字节数据，再接收一个字节数据，此时起始信号和从机地址都被重新产生一次，但两次读/写的方向位正好相反。数据帧的格式 3 如图 8-38 所示。

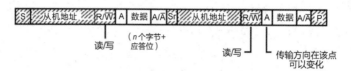

图 8-38　数据帧的格式 3

图 8-38 中的"Sr"表示重新产生的起始信号，"从机地址"表示重新产生的从机地址。

综上所述，无论哪种方式，起始信号、终止信号和从机地址均由主机发送，数据字节的传送方向则由寻址字节中的方向位规定，每个字节的传送都必须有应答位（A 或 $\overline{A}$）相随。

5）寻址字节

在上面介绍的数据帧格式中，均有 7 位从机地址和紧随其后的 1 位读/写方向位，即下面要介绍的寻址字节。I²C 总线的寻址采用软件寻址，主机在发送完起始信号后，立即发送寻址字节来寻址被控的从机，寻址字节的格式如图 8-39 所示。

D7	D6	D5	D4	D3	D2	D1	D0
A6	A5	A4	A3	A2	A1	A0	R/$\overline{W}$

图 8-39　寻址字节的格式

7 位从机地址即为"A6A5A4A3"和"A2A1A0"。其中"A6A5A4A3"为器件地址，是外围器件固有的地址编码，在出厂时就已经给定。"A2A1A0"为引脚地址，由器件引脚 A2、A1、A0 在电路中接高电平或接地决定。数据方向位（R/$\overline{W}$）规定了 I²C 总线上的单片机（主机）与外围器件（从机）的数据传送方向。当 R/$\overline{W}$=1 时，表示主机接收（读）；当 R/$\overline{W}$=0 时，表示主机发送（写）。

6）寻址字节中的特殊地址

I²C 总线规定了一些特殊地址，其中两种固定编号 0000 和 1111 已被保留作为特殊用途，寻址字节中的特殊地址如表 8-12 所示。

表 8-12　寻址字节中的特殊地址

地　址　位		R/$\overline{W}$	意　义
0000	000	0	通用呼叫地址
0000	000	1	起始字节
0000	001	×	CBUS 地址
0000	010	×	不同总线的保留地址
0000	011	×	保留
0000	1××	×	
1111	1××	×	
1111	0××	×	10 位从机地址

起始信号后的第 1 字节的 8 位为 "00000000"，称为通用呼叫地址，用于寻访 I²C 总线上所有器件的地址。不需要从通用呼叫地址命令获取数据的器件可以不响应通用呼叫地址。否则，该器件在接收到这个地址后做出应答，并把自己置为从机接收方式，以接收随后的各字节数据。另外，当遇到不能处理的数据字节时，器件不做出应答，否则接收到每个字节后都做出应答。通用呼叫地址的含义在第 2 字节中加以说明，其格式如图 8-40 所示。

第 1 字节（通用呼叫地址）									第 2 字节						LSB	
0	0	0	0	0	0	0	0	A	×	×	×	×	×	×	×	B	A

图 8-40　通用呼叫地址的格式

当第 2 字节为 06H 时，所有能响应通用呼叫地址的从机进行复位，并由硬件装入从机地址的可编程部分。能响应命令的从机在复位时不拉低 SDA 和 SCL，以免堵塞总线。

当第 2 字节为 04H 时，所有能响应通用呼叫地址，并通过硬件来定义其可编程地址的从机锁定地址中的可编程位，但不进行复位。

若第 2 字节的方向位 B 为 1，则这两个字节命令称为硬件通用呼叫命令。也就是说，这是由硬件主器件发出的命令。所谓硬件主器件，就是不能发送所要寻访从机地址的发送器，如键盘扫描器等。这种器件无法知道信息应向哪里传送，所以它在发出硬件呼叫命令时，在第 2 字节的高 7 位说明自己的地址。接在总线上的智能器件，如单片机或其他微处理器，能识别这个地址，并与之进行数据传送。当硬件主器件作为从机使用时，也用这个地址作为从机地址，其格式如图 8-41 所示。

S	0000 0000	A	主机地址	1	A	数据	A	数据	A	P

图 8-41　硬件通用呼叫命令的格式

在系统复位时，硬件主器件有可能工作于从机接收方式，这时由系统中的主机先告诉硬件主器件数据应送往的从机的地址。当硬件主器件要发送数据时，就可以直接向指定从机发送数据了。

7）数据传送格式

I²C 总线上的每一位数据都与一个时钟脉冲相对应，每一帧数据均为一个字节。但启动 I²C 总线后对传送的字节数没有限制，只要求每传送一个字节后，对方回答一个应答位。在 SCL 为高电平期间，SDA 的状态就是要传送的数据。SDA 上数据的改变必须在 SCL 为低电平期间完成。在数据传输期间，只要 SCL 为高电平，SDA 都必须稳定，否则 SDA 上的任何变化都被当作起始或终止信号。

I²C 总线上的数据传送必须遵循规定的数据传送格式。图 8-42 所示为一次完整的数据传送应答时序。根据规范，起始信号表明一次数据传送的开始，其后为寻址字节。在寻址字节后是读/写的数据字节与应答位。在数据传送完成后，主器件必须发送停止信号。在起始信号与停止信号之间传输的数据字节数由主机（单片机）决定，理论上没有字节限制。

结合前面所介绍的内容可以总结以下内容。

（1）无论数据传送使用哪种格式，寻址字节都由主机发出，数据字节的传送方向则遵守寻址字节中方向位的规定。

（2）寻址字节只表明了从机的地址及数据传送方向。器件设计者在该器件的 I²C 总线数据操作格式中指定从机内部的 n 个数据地址中的第 1 个数据字节作为器件内的单元地址指针，并且设置地址自动加减功能，以减少从机地址的寻址操作。

（3）每个字节的传送都必须有应答位（A/$\overline{A}$）相随。

（4）从机在接收到起始信号后都必须释放 SDA，使其处于高电平，以便主机发送从机地址。

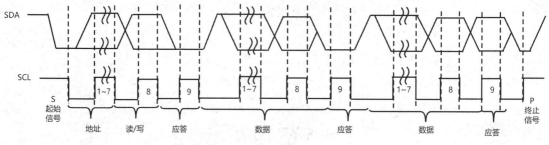

图 8-42　一次完整的数据传送应答时序

3. AT89S51 的 I²C 总线扩展设计

图 8-43 所示为 AT89S51 的 I²C 总线扩展接口电路。其中，AT24C02 为 E²PROM，PCF8570 为静态 256B 的 8 位 RAM，PCF8574 为 8 位 I/O 接口，SAA1064 为 4 位 LED 驱动器。虽然各种器件的原理和功能有很大的差异，但它们与 AT89S51 的连接是相同的。

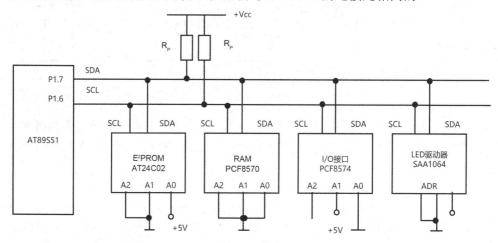

图 8-43　AT89C51 的 I²C 总线扩展接口电路

由于 AT89S51 没有 I²C 接口，因此通常用软件来实现 I²C 总线上的信号模拟。在 AT89S51 为单主器件的工作方式下，没有其他主器件对总线进行竞争与同步，只存在单片机对 I²C 总线上各从器件的读（单片机接收）/写（单片机发送）操作。

1）典型信号模拟

为了保证数据传送的可靠性，对标准 I²C 总线的数据传送有严格的时序要求。

在 I²C 总线的数据传送中，可以利用时钟同步机制延长低电平周期，迫使主器件处于等待状态，使传送速率降低。对于终止信号，要保证有大于 4.7 μs 的信号建立时间。终止信号结束时，要释放总线，使 SDA、SCL 维持为高电平，在至少 4.7 μs 后才可以进行第 1 次起始操作。在单主器件系统中，为防止非正常传送，终止信号后 SCL 可以设置为低电平。

对于发送应答位、非应答位来说，与发送数据 0 和 1 的信号定时要求完全相同。只要满足在时钟高电平大于 4.7 μs 期间，SDA 上有确定的电平状态即可。

2）典型信号的模拟子程序

设主器件采用 AT89S51，晶体振荡器频率为 6MHz（机器周期为 2 μs），对常用的几个典型信号的波形模拟如下。

（1）起始信号。对于一个新的起始信号，要求起始前 I²C 总线的空闲时间大于 4.7 μs，而对于一个重复的起始信号，要求建立时间也大于 4.7 μs。图 8-44 所示为起始信号的模拟时序图，在 SCL 为高电平期间，SDA 发生负跳变，该时序图适用于数据模拟传送中任何情况下的起始操作。起始信号到第 1 个时钟脉冲的时间间隔应大于 4.0 μs。

产生图 8-44 所示的起始信号的子程序如下。

```
void start(void)
{
  scl=1;
  sda=1;
  delay4us();
  sda=0;
  delay4us();
  scl=1;
}
```

（2）终止信号。在 SCL 为高电平期间，SDA 发生正跳变。终止信号的模拟时序图如图 8-45 所示。

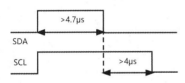

图 8-44　起始信号的模拟时序图　　图 8-45　终止信号的模拟时序图

产生图 8-45 所示的终止信号的子程序如下。

```
void stop(void)
{
  scl=0;
  sda=0;
  delay4us();
  scl=1;
  delay4us();
  sda=1;
  delay4us();
  sda=0;
}
```

（3）发送应答位/数据。I²C 总线协议规定，每传送一个字节数据（含地址及命令字）后，都要有一个应答位，以确定数据传送是否正确。应答位/数据由接收设备产生，在 SCL 为高电平期间，接收设备将 SDA 拉为低电平，表示数据传输正确，产生应答。应答位/数据的模拟时序图如图 8-46 所示。

产生图 8-46 所示的发送应答位/数据的子程序如下。

```
void sack(void)
{
```

```
  sda=0;
  delay4us();
  scl=1;
  delay4us();
  scl=0;
  delay4us();
  sda=1;
  delay4us();
}
```

（4）发送非应答位/数据。当主机为接收设备时，主机对最后一个字节不应答，以向发送设备表示数据传送结束。I²C 总线上第 9 个时钟对应于应答位，相应数据上的低电平为应答信号，高电平为非应答信号，即在 SDA 高电平期间，SCL 发送一个正脉冲，非应答位/数据的模拟时序图如图 8-47 所示。

图 8-46　应答位/数据的模拟时序图　　图 8-47　非应答位/数据的模拟时序图

产生图 8-47 所示的发送非应答位/数据的子程序如下。

```
void ackn(void)
{
  sda=1;
  delay4us();
  scl=1;
  delay4us();
  scl=0;
  delay4us();
  sda=0;
  delay4us();
}
```

4．I²C 总线模拟通用子程序

I²C 总线操作中除了需要有基本的起始信号、终止信号、发送应答位/数据和发送非应答位/数据外，还需要有应答位检查、发送 1 个字节数据、接收 1 个字节数据、发送 n 个字节数据和接收 n 个字节数据子程序。

1）应答位检查子程序

在应答位检查子程序中，设置了标志位 flag，当检查到正常的应答位时，flag=0；否则 flag=1。应答位检查子程序如下。

```
void rack(void)
{
  bit flag;
  scl=1;
  delay4us();
  flag=sda;
  scl=0;
```

```
    return(flag);
}
```

2）发送 1 个字节数据子程序

I^2C 总线发送 1 个字节数据子程序如下。

```
void send_byte(uchar temp)
{
    uchar i;
    scl=0;
    for(i=0;i<8;i++)
    {
    sda=(bit)(temp&0x80);
    scl=1;
    delay4us();
    scl=0;
    temp<<=1;
    }
    sda=1;
}
```

3）接收 1 个字节数据子程序

I^2C 总线接收 1 个字节数据子程序如下。

```
uchar rec_byte(void)
{
    uchar i, temp;
    for(i=0;i<8;i++)
    {
    temp<<=1;
    scl=1;
    delay4us();
    temp|=sda;
    scl=0;
    delay4us();
    }
    return(temp);
}
```

4）发送 n 个字节数据子程序

本子程序为主机向 I^2C 的 SDA 发送 n 个字节数据，从机接收。主机发送 n 个字节数据的格式如图 8-48 所示。

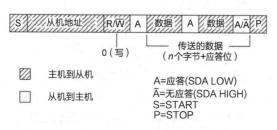

图 8-48　主机发送 n 个字节数据的格式

本子程序定义了以下符号单元。

```
uchar data mem[4]_at_0x55;                  //发送缓冲区首地址
uchar mem[4]={0x41，0x42，0x43，0xaa};       //预发送的数据组
uchar data rec_mem[4]_at_0x60;              //接收缓冲区的首地址
```

在调用本程序之前，必须将要发送的 n 个字节数据依次存放在以 mem[4]单元为首地址的发送缓冲区中，发送前要设置好从器件的片内单元地址。在调用本程序后，n 个字节数据依次传送到外围器件内部的相应地址单元中。在主机发送过程中，外围器件的单元地址具有自动加 1 功能，即自动修改地址指针，可使传送过程大大简化。发送 n 个字节数据子程序如下。

```
void write(void)
{
  uchar i;
  bit f;
  start();
  send_byte(0xa0);
  f=rack();
  if(!f)
  {
    send_byte(0x00);
    f=rack();
    if(!f)
    for(i=0;i<3;i++)
    {
    send_byte(mem[i]);
    f=rack();
    if(f)
    break;
    }
    }
    }
  stop();
  out=0x3c;
  while(!key1);
}
```

5）接收 n 个字节数据子程序

本子程序为主机从 I²C 的 SDA 接收 n 个字节数据，从机发送。主机接收 n 个字节数据的格式如图 8-49 所示。

图 8-49 主机接收 n 个字节数据的格式

在调用本程序之前，设置接收缓冲区的首地址为 rec_mem[4]。在调用本程序后，从外围器件指定首地址开始的 n 个字节数据依次存放在以 rec_mem[4]单元为首地址的接收缓冲区中。外围器件的单元地址具有自动加 1 功能，即自动修改地址指针，可使程序设计简化。接收 n 个字节数据子程序如下。

```
void read(void)
{
  uchar i;
  bit f;
  start();
  send_byte(0xa0);
  f=rack();
  if(!f)
  {
    start();
    send_byte(0xa0);
    f=rack();
    send_byte(0x00);
    f=rack();
    if(!f)
    {
    start();
    send_byte(0xa1);
    f=rack();
    if(!f)
    {
      for(i=0;i<3;i++)
      {
        rec_mem[i]=rec_byte();
        sack();
      }
      rec_mem[3]=rec_byte();
      ackn();
    }
    }
  }
  stop();
  out=rec_mem[3];
  while(!key2);
}
```

在上述子程序中,对引脚进行了以下设置。

```
#define out P2
sbit scl=P1^6;
sbit sda=P1^7;
sbit key1=P3^2;
sbit key2=P3^3;
```

其中,按键的设置是通过读/写一组数据设定的,采用外部中断 0 和外部中断 1 来实现;输出 out 代表最后一个字节的数据发送或接收完毕。

5. 采用 I²C 总线接口的 E²PROM

具有 I²C 总线接口的 E²PROM 拥有多个厂家的多种类型产品。在此仅介绍由 Atmel 公司生产的 AT24C 系列 E²PROM,主要型号有 AT24C01/02/04/08/16,其对应的存储容量分别为

128B×8/256B×8/512B×8/1024B×8/2048B×8。

采用这类芯片可解决掉电数据保护问题，可对所存数据保存 100 年，并可进行多次擦写，擦写次数可达 10 万次。

在一些应用系统设计中，有时需要对工作数据进行掉电保护，如电子式电能表等智能化产品。若采用普通存储器，则在掉电时需要用备用电池供电，并需要在硬件上增加掉电检测电路，但存在电池不可靠及扩展存储芯片占用单片机过多端口的缺点。采用具有 I²C 总线接口的串行 E²PROM 可以很好地解决掉电数据保持问题，且硬件电路简单。

下面以 AT24C02 为例，介绍 E²PROM 的结构及功能。

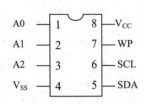

图 8-50　AT24C02 直插式引脚

1）AT24C02 的引脚

AT24C02 的常用封装形式有直插（DIP8）式和贴片（SO-8）式两种，AT24C02 直插式引脚如图 8-50 所示。

AT24C02 的引脚功能如下。

1 脚、2 脚、3 脚（A0、A1、A2）：可编程地址输入端。

4 脚（Vss）：电源地。

5 脚（SDA）：串行数据输入/输出端。

6 脚（SCL）：串行时钟输入端。

7 脚（WP）：写保护输入端，用于硬件数据保护。当其为低电平时，可以对整个存储器进行正常的读/写操作；当其为高电平时，存储器具有写保护功能，但读操作不受影响。

8 脚（Vcc）：电源正端。

2）AT24C02 的寻址

AT24C02 的存储容量为 256B，内部分成 32 页，每页 8B。在操作时，AT24C02 有两种寻址方式：芯片寻址和片内地址寻址。

AT24C02 的芯片地址为 1010，其地址控制字格式为 1010A2A1A0D0。其中 A2A1A0 为可编程地址选择位，A2A1A0 引脚接高、低电平后得到确定的三位编码，与 1010 形成 7 位编码，即为该芯片的地址码。D0 为芯片读写控制位，当该位为 0 时，表示对芯片进行写操作；当该位为 1 时，表示对芯片进行读操作。片内地址寻址可对 256B 中的任意一个地址进行读/写操作，其寻址范围为 0X00H～0XFFH，共 256 个寻址单元。

3）AT24C02 的读/写操作时序

串行 E²PROM 一般有两种写入方式：字节写入方式和页写入方式。页写入方式允许在一个写周期（10ms 左右）内对一个字节到一页的若干个字节进行编程写入，AT24C02 的页面大小为 8B。采用页写入方式可提高写入效率，但也容易发生事故。AT24C02 系列片内地址在接收到每个数据字节后自动加 1，故装载一页以内数据字节时，只需要输入首地址即可。如果写到此页的最后一个字节，主器件继续发送数据，数据将重新从该页的首地址写入，造成原来的数据丢失，这就是页地址空间的"上卷"现象。避免出现"上卷"现象的方法：在第 8 个数据后将地址强制加 1，或将下一页的首地址重新赋给寄存器。

（1）字节写入方式：单片机在一个数据帧中只访问 E²PROM 一个单元。在这种方式下，单片机先发送启动信号，然后发送 1 个字节的控制字，再发送 1 个字节的存储器单元地址，上述几个字节都得到 E²PROM 响应后，再发送 8 位数据，最后发送 1 位停止信号。字节写入时序图如图 8-51 所示。

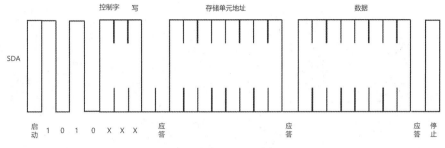

图 8-51　字节写入时序图

（2）页写入方式：单片机在一个数据写周期内可以连续访问 1 页（8 个）E²PROM 存储单元。在该方式中，单片机先发送启动信号，然后发送 1 个字节的控制字，再发送 1 个字节的存储器单元地址，上述几个字节都得到 E²PROM 应答后就可以发送最多 1 页的数据，并顺序存放在以指定起始地址开始的连续单元中，最后以停止信号结束，页写入时序图如图 8-52所示。

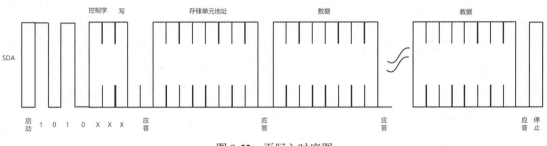

图 8-52　页写入时序图

（3）指定地址读操作：读指定地址单元的数据。单片机在启动信号后先发送含有片选地址的写操作控制字，E²PROM 应答后再发送 1 个（2KB 以内的 E²PROM）字节的指定单元的地址，E²PROM 应答后再发送 1 个含有片选地址的读操作控制字，此时如果 EEPROM 做出应答，被访问单元的数据就会按 SCL 信号同步出现在串行数据/SDA 上。指定地址读操作时序图如图 8-53 所示。

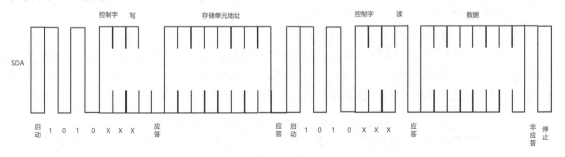

图 8-53　指定地址读操作时序图

（4）指定地址连续读操作：此种方式的读地址控制与前面指定地址读操作相同。单片机接收到每个字节数据后做出应答，只要 E²PROM 检测到应答信号，其内部的地址寄存器就自动加 1，指向下一单元，并顺序将指向的单元的数据送到 SDA 上。当需要结束读操作时，单片机接收到数据后在需要应答的时刻发送一个非应答信号，再发送一个停止信号即可。指定地址连续读操作时序图如图 8-54 所示。

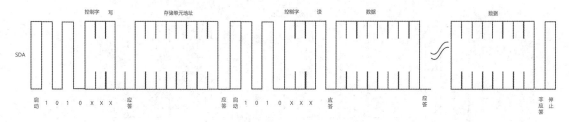

图 8-54　指定地址连续读操作时序图

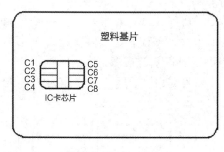

图 8-55　IC 卡示意图

下面简单介绍 AT24C 系列存储卡。

1）IC 卡及其芯片触点定义

图 8-55 所示为 IC 卡示意图。

1987 年，国际标准化组织（ISO）专门为 IC 卡制定了国际标准 ISO/IEC 7816，该标准为 IC 卡在世界范围内的推广和应用创造了规范化的前提和条件，使 IC 卡技术得到了飞速的发展。根据 ISO/IEC 7816 对 IC 卡的规定，在 IC 卡的左上角封装有 IC 卡芯片，其上覆盖有 6 或 8 个触点和外设进行通信。IC 卡芯片触点定义如表 8-13 所示。

表 8-13　IC 卡芯片触点定义

芯 片 触 点	定　　义	功　　能
C1	V_{CC}	工作电压
C2	NC	空脚
C3	SCL（CLK）	串行时钟
C4	NC	空脚
C5	GND	地
C6	NC	空脚
C7	SDA（I/O）	串行数据（输入/输出）
C8	NC	空脚

2）AT24C 系列存储卡的型号与容量

由 Atmel 公司生产的 AT24C 系列存储卡采用低功耗 CMOS 工艺制造，因其芯片容量规格比较多，工作电压选择多样化，操作方式标准化，故使用方便，是目前应用较多的一种存储卡。这种卡的实质就是前面介绍的 AT24C 系列 E^2PROM，其型号与容量如表 8-14 所示。

表 8-14　AT24C 系列存储卡的型号与容量

型　　号	容量（K 位）	内 部 组 态	随机寻址地址位
AT24C01	1	128 个 8 位字节	7
AT24C02	2	256 个 8 位字节	8
AT24C04	4	2 块 256 个 8 位字节	9
AT24C08	8	4 块 256 个 8 位字节	10
AT24C016	16	8 块 256 个 8 位字节	11
AT24C032	32	32 块 128 个 8 位字节	12

3）AT24C 系列存储卡的工作原理

AT24C 系列存储卡的内部逻辑结构如图 8-56 所示。其中 A2、A1、A0 为器件/页地址输入端。

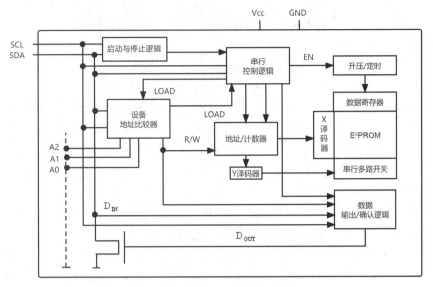

图 8-56　AT24C 系列存储卡的内部逻辑结构

（1）主要内部逻辑结构及其功能。

①AT24C 系列存储卡的信号线有两条：SCL 和 SDA，数据传输采用 I^2C 总线协议。当 SCL 为高电平时，SDA 上的数据信号有效；当 SCL 为低电平时，允许 SDA 上的数据信号发生变化。

②启动与停止逻辑单元：当 SCL 为高电平时，将 SDA 从低电平上升为高电平的跳变信号作为 I^2C 总线的停止信号；当 SCL 为高电平时，将 SDA 从高电平下降为低电平的跳变信号作为 I^2C 总线的启动信号。

③串行控制逻辑单元：这是 AT24C 系列存储卡正常工作的控制核心单元。该单元根据输入信号产生各种控制信号。在寻址操作时，它控制地址/计数器加 1 并启动设备地址比较器工作；在进行写操作时，它控制升压/定时单元为 E^2PROM 提供编程高电平；在进行读操作时，它对数据输出/确认逻辑单元进行控制。

④地址/计数器单元：根据读/写控制信号及串行逻辑控制信号产生 E^2PROM 单元地址，并分别送到 X 译码器进行字选（字长为 8 位），送到 Y 译码器进行位选。

⑤升压/定时单元：该单元为片内升压电路。在 AT24C 系列存储卡采用单一电源供电情况下，它可将电源电压提升到 12～21.5V，以用作 E^2PROM 编程高电平。

⑥E^2PROM 单元：该单元为 AT24C 系列存储卡的存储模块，其存储单元的数量决定了AT24C 系列存储卡的存储容量。

（2）寻址方式。

芯片地址与页面选择：IC 卡芯片的器件地址为 8 位，其中 7 位为地址码，1 位为读/写控制码。与普通 AT24C 系列存储卡的内部逻辑结构相比，IC 卡芯片的 A2、A1、A0 端均已在芯片内部接地，而没有引到外部触点上，在使用时，芯片地址与页面选择表如表 8-15所示。

表 8-15　芯片地址与页面选择表

型　号	容量（K 位）	B7	B6	B5	B4	B3	B2	B1	B0
AT24C01	1	1	0	1	0	0	0	0	R/$\overline{\text{W}}$
AT24C02	2	1	0	1	0	0	0	0	R/$\overline{\text{W}}$
AT24C04	4	1	0	1	0	0	0	P0	R/$\overline{\text{W}}$
AT24C08	8	1	0	1	0	0	P1	P0	R/$\overline{\text{W}}$
AT24C016	16	1	0	1	0	P2	P1	P0	R/$\overline{\text{W}}$
AT24C032	32	1	0	1	0	0	0	0	R/$\overline{\text{W}}$

对于容量为 1K、2K 的芯片，其器件地址是唯一的，无须进行页面选择。

对于容量为 4K、8K、16K 的芯片，利用 P2、P1、P0 作为页面地址选择。不同容量的芯片，页面数不同，如 AT24C08 根据 P1、P0 的取值不同，可有 0、1、2、3 个页面，每个页面有 256 个字节存储单元。

对于容量为 32K 的芯片，不采用页面寻址方式，而采用直接寻址方式。

字节寻址：在器件地址码后面，发送字节地址码。对于容量小于 32K 的芯片，字节地址码长度为一个字节（8 位）；对于容量为 32K 的芯片，采用 2 个 8 位数据字作为寻址码。第 1 个地址字只有低 4 位有效，此低 4 位与第 2 个字节的 8 位一起组成 12 位的地址码，对 4096 个字节进行寻址。

（3）读、写操作。

对普通 AT24C 系列 E²PROM 的读、写操作实质上就是对 IC 卡的读、写操作，方法完全一样。

【例 8-5】图 8-57 所示为 AT24C02 与单片机应用实例。该电路实现的功能是开机次数统计。数码管初始显示"0"，当按下开机按钮时，CPU 会从 AT24C02 里面调出保存的开机次数，并加 1 后显示在数码管上，如此反复。

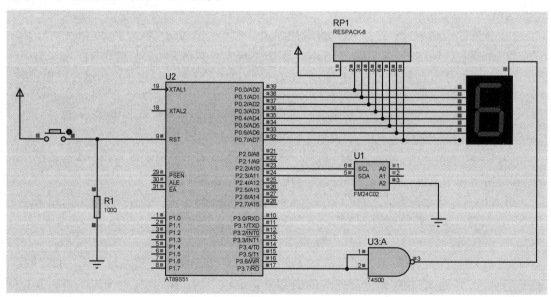

图 8-57　AT24C02 与单片机应用实例

参考程序如下。

```c
#include <reg51.h>
#include <intrins.h>
#define uchar unsigned char
#define uint unsigned int
#define OP_WRITE 0xa0          //器件地址及写入操作
#define OP_READ 0xa1           //器件地址及读取操作
uchar code display[]={0xC0,0xF9,0xA4,0xB0,0x99,0x92,0x82,0xF8,0x80,0x90};
sbit SDA=P2^3;
sbit SCL=P2^2;
sbit SMG=P3^7;                 //定义数码管选择引脚
void start();
void stop();
uchar shin();
bit shout(uchar write_data);
void write_byte(uchar addr, uchar write_data);
//void fill_byte(uchar fill_size, uchar fill_data);
void delayms(uint ms);
uchar read_current();
uchar read_random(uchar random_addr);
#define delayNOP();{_nop_();_nop_();_nop_();_nop_();};
main(void)                     //主函数
{
  uchar i=1;
  SMG=0;                       //选数码管
  SDA=1;
  SCL=1;
  i=read_random(1);            //从AT24C02移出数据送到i暂存
  if(i>=9)
  i=0;
  else
  i++;
  write_byte(1, i);            //写入新的数据到E²PROM
  P0=display[i];               //显示
  while(1);                    //停止等待下一次开机或复位
}
void start()                   //开始位
{
  SDA=1;
  SCL=1;
  delayNOP();
  SDA=0;
  delayNOP();
  SCL=0;
}
void stop()                    //停止位
{
```

```
    SDA=0;
    delayNOP();
    SCL=1;
    delayNOP();
    SDA=1;
}
uchar shin()                        //从AT24C02移出数据到单片机
{
    uchar i,read_data;
    for(i=0;i<8;i++)
     {
     SCL=1;
     read_data<<=1;
     read_data|=SDA;
     SCL=0;
     }
    return(read_data);
}
bit shout(uchar write_data) //从单片机移出数据到AT24C02
{
    uchar i;
    bit ack_bit;
    for(i=0;i<8;i++)                //循环移入8bit
     {
       SDA=(bit)(write_data&0x80);
       _nop_();
       SCL=1;
       delayNOP();
       SCL=0;
       write_data<<=1;
     }
    SDA=1;                          //读取应答
    delayNOP();
    SCL=1;
    delayNOP();
    ack_bit=SDA;
SCL=0;
    return ack_bit;                 //返回AT24C02应答位
}
void write_byte(uchar addr,uchar write_data)//在指定地址addr处写入数据write_data
{
    start();
    shout(OP_WRITE);
    shout(addr);
    shout(write_data);
    stop();
    delayms(10);                    //写入周期
}
```

```
void fill_byte(uchar fill_size, uchar fill_data)    //填充数据fill_data到E²PROM
                                                    //内的 fill_size 字节
{
  uchar i;
  for(i=0;i<fill_size;i++)
   {
     write_byte(i, fill_data);
   }
}
uchar read_current()                          //在当前地址读取
{
  uchar read_data;
  start();
  shout(OP_READ);
  read_data=shin();
  stop();
  return read_data;
}
uchar read_random(uchar random_addr)      //在指定地址读取
{
  start();
  shout(OP_WRITE);
  shout(random_addr);
  return(read_current());
}
void delayms(uint ms)                       //延时子程序
{
  uchar k;
  while(ms--)
   {
     for(k=0;k<120;k++);
   }
}
```

8.4.2 SPI 总线的扩展及应用

SPI（Serial Peripheral Interface，串行外设接口）总线是由 Motorola 公司开发的一种同步串行外设接口，允许单片机与各种外设以同步串行方式进行通信。SPI 总线可用的外设种类繁多，从简单的 TTL 移位寄存器到复杂的 LCD 驱动器、网络控制器等，可谓应有尽有，如存储器 MC2814、显示驱动器 MC14499 和 MC14489 等各种芯片。SPI 总线系统的从器件需要具有 SPI 接口，主器件是单片机。目前已有许多型号的单片机都带有 SPI 接口。但是 AT89S51 不具有 SPI 接口，其 SPI 接口的实现可采用软件与 I/O 接口的结合来模拟。

图 8-58 所示为 SPI 总线扩展结构图。SPI 有 4 条线：串行时钟线（SCK），主器件输入/从器件输出数据线（MISO），主器件输出/从器件输入数据线（MOSI）和从器件选择线（$\overline{CS}$）。

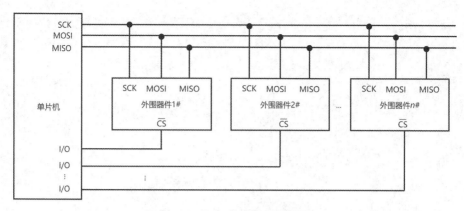

图 8-58　SPI 总线扩展结构图

SPI 总线的典型应用是单主系统，即只有一台主器件，从器件通常是外围器件，如存储器、I/O 接口、ADC、DAC、键盘、日历/时钟和显示驱动等。单片机在扩展多个外围器件时，SPI 无法通过数据线译码选择，故外围器件都有片选端 $\overline{CS}$。单片机在扩展单个外围器件时，外围器件的片选端 $\overline{CS}$ 可以接地或通过 I/O 口线控制；单片机在扩展多个外围器件时，应分别通过 I/O 口线来分时选通外围器件。在 SPI 总线扩展系统中，如果某个从器件只作输入（如键盘）或只作输出（如显示器）时，可省去一条 MISO 或一条 MOSI，从而构成双线系统（$\overline{CS}$ 端接地）。

在 SPI 总线扩展系统中，单片机对从器件的选通需要控制其 $\overline{CS}$ 端，由于省去了传输时的地址字节，因此数据传送软件十分简单。但在从器件较多时，需要控制较多从器件的 $\overline{CS}$ 端，连线较多。

在 SPI 总线扩展系统中，作为主器件的单片机在启动一次传送时，产生 8 个时钟，传送给接口芯片作为同步时钟，控制数据的输入和输出。数据的传送格式是高位（MSB）在前，低位（LSB）在后，SPI 总线数据传送格式如图 8-59 所示。数据线上输出数据的变化及输入数据时的采样都取决于 SCK。但对于不同的外围芯片，有的可能是 SCK 的上升沿起作用，有的可能是 SCK 的下降沿起作用。SPI 有较高的数据传输速度，最高可达 1.05Mbit/s。

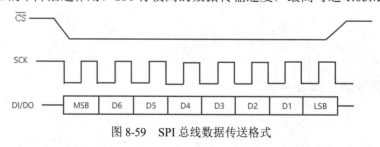

图 8-59　SPI 总线数据传送格式

8.4.3　Microwire 总线的扩展及应用

Microwire 总线为三线同步串行接口，由 1 根数据线（SO）、1 根数据输入线（S）和 1 根时钟线（SK）组成。Microwire 总线最初内建在由美国 NS（Nastional Semicoductor）公司生产的 COP400/COP800HPC 系列单片机中，可为单片机和外围器件提供串行通信接口。Microwire 总线只需要 3 根信号线，连接和拆卸都很方便。在需要对一个系统进行更改时，只需要改变连接到总线的单片机及外围器件的数量和型号即可。最初的 Microwire 总线只能连接一台单片机作为主机，总线上的其他器件都是从机。随着技术的发展，NS 公司推出了 8 位的 COP800 系列单片机，该系列单片机仍采用原来的 Microwire 总线，但接口的功能增强了，故称之为增强型的 MicrowirePlus。增强型的 MicrowirePlus 允许连接多台单片机和外围器件，具有更高的灵活性和可变性，可应用于分布式、多处理器的复杂系统。NS 公司已经生产出各种功能的 Microwire 总线外围器件，包括存储器、定时器、ADC、DAC、LED 驱动器、LCD 驱动器及远程通信设备等。

习题 8

1．常用的 I/O 口编址有哪两种方式？它们各有什么特点？AT89S51 的 I/O 口编址采用的是哪种方式？

2．外部存储器的片选方法有几种？这些方法各有什么特点？

3．简述 AT89S51 的 CPU 访问片外扩展 ROM 的过程。

4．简述 AT89S51 的 CPU 访问片外扩展 RAM 的过程。

5．在 AT89S51 应用系统中，外接 ROM 和 RAM 允许地址空间重叠且不冲突，为什么？

6．以 AT89S51 为核心，对其扩展 16KB 的 ROM，画出硬件电路并给出存储器的地址分配表。

7．采用统一编址的方法对 AT89S51 进行存储器扩展。要求用 1 片 2764、1 片 2864 和 1 片 6264，扩展后存储器的地址应连续，试画出电路图及地址分配表。

8．I/O 接口的功能有哪些？

9．I/O 数据传送的方式有哪几种？各自的特点是什么？

10．82C55 的方式控制字和 PC 端口按位置位/复位控制字都可以写入 82C55 的同一控制寄存器，82C55 是如何区分这两个控制字的？

11．编写程序，采用 82C55 的 PC 端口按位置位/复位控制字，将 PC7 置 0，PC4 置 1（已知 82C55 各端口的地址为 7FFCH～7FFFH）。

12．要求 81C55 的 PA 端口为基本输入，PB 端口、PC 端口为基本输出，启动定时器，输出连续方波，请编写相应的初始化程序。

13．现有一片 AT89S51，扩展了一片 82C55，若把 82C55 的 PB 端口作为输入，PB 端口的每一位接一个开关，PA 端口作为输出，每一位接一个 LED，请画出电路原理图，并编写出 PB 端口某一位开关接高电平时，PA 端口相应位 LED 被点亮的程序。

14．I^{2}C 总线的优点是什么？

15．I^{2}C 总线的起始信号和终止信号是如何定义的？

16．I^{2}C 总线的数据传输方向如何控制？

17．简述 SPI 总线的特点。

第 9 章 AT89S51 与键盘、显示器的接口设计

在第 8 章中介绍了如何扩展 AT89S51 的各种外围芯片，在单片机最小系统的基础上构成更完善的单片机扩展系统。在实际的单片机应用系统中，还需要配置外设，这些外设需要用适当的接口电路才能与单片机进行连接，协调工作。外设的种类繁多，对于不同的外设，接口方法、电路和涉及的应用程序也不同。本章主要学习 AT89S51 与键盘、显示器的接口设计。

9.1 AT89S51 与键盘的接口设计

键盘是由若干个按键组成的单片机的外部输入设备，可以实现向单片机输入数据和传达命令等功能，是人机对话的主要工具。

9.1.1 键盘输入应解决的问题

1. 键盘与单片机的连接方法

当键盘与单片机进行连接时，若按键数量较少，则可以使用独立连接的键盘，其特点是一个按键占用一根 I/O 口线，原理简单；若按键数量较多，则可以使用矩阵键盘，可以节约 I/O 口线，但是读取键码的程序相对复杂。

2. 键盘输入的特点

在单片机应用系统中，较常用的键盘有触摸式键盘、薄膜键盘和按键式键盘，其中最常用的是按键式键盘。键盘实际上是一组按键的集合，按键通常处于断开状态，当被按下时它才闭合。按键的结构及其闭合时行线上产生的电压波形如图 9-1 所示。

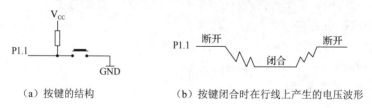

（a）按键的结构　　　　（b）按键闭合时在行线上产生的电压波形

图 9-1　按键的结构及其闭合时在行线上产生的电压波形

1）按键的识别

按键的闭合与否反映在行线上就是呈现高电平或低电平。若行线呈现高电平，则表示按键断开；若行线呈现低电平，则表示按键闭合，通过对行线电平高、低状态的检测，便可确认按键的闭合与否。为了确保单片机对一次按键操作只确认一次，必须消除抖动的影响。

2）按键的抖动

在实际应用中，通常使用机械触点式按键。这种按键在被按下或释放时，由于机械弹性作用的影响，其触点通常伴随一定时间的抖动，然后才稳定下来，如图 9-1（b）所示，抖动时间的长短与按键的机械特性有关，一般为 5～10ms。

在触点抖动期间检测按键的断开与闭合状态可能会出错，即一次按键操作被错误地认为成多次操作，这种情况是不允许出现的。为了克服触点抖动造成的误判，必须采取消抖措施，可从硬件、软件两个方面予以考虑。

硬件消抖是指通过在按键输出电路上加一定的硬件线路来消除抖动，一般采用 R-S 触发器或单稳态电路，适用于按键数量较少的情况。

软件消抖是指利用延时来跳过抖动过程。具体采取的措施：当检测到有按键被按下时，先执行一个 10ms 左右（具体时间应视所使用的按键进行调整）的延时程序，再确认该按键是否仍为低电平，若其仍为低电平，则确认该按键处于闭合状态。同理，当检测到有按键被释放时，也采用相同的步骤进行确认，从而可消除抖动的影响。

9.1.2 键盘的工作原理及接口

按键按照结构原理可分为以下两类。

（1）触点式按键，如机械式开关、导电橡胶式开关等。

（2）无触点式按键，如电气式按键，磁感应按键等。

触点式按键造价较低，无触点式按键寿命较长。

按键按照接口原理可分为以下两类。

（1）编码键盘，主要由硬件来实现对按键的识别，硬件结构复杂。

（2）非编码键盘，主要由软件来实现对按键的定义与识别，硬件结构简单，软件编程量大。

常见的非编码键盘有独立式键盘和矩阵式键盘两种结构。

1）独立式键盘

独立式键盘将按键直接与单片机连接，这种键盘通常应用于按键数量较少的场合。开关和按键只能实现电路中简单的电气信号选择，在需要向 CPU 输入数据时，需要用到独立式键盘。独立式键盘是一个由开关组成的矩阵，是重要的输入设备。在小型微机系统，如单板微型计算机、带有微处理器的专用设备中，独立式键盘的规模小，可采用简单实用的接口方式，在软件控制下完成其输入功能。独立式按键是指直接用 I/O 口线构成的单个按键电路。每根 I/O 口线上的按键的工作状态不会影响其他 I/O 口线上的按键的工作状态。独立式键盘的接口电路如图 9-2 所示，"一键一线"，各个按键相互独立，每个按键接一根 I/O 口线，通过检测 I/O 口线的电平状态，可以很容易地判断哪个按键被按下。

在图 9-2 中，按键输入均为低电平有效，此外，上拉电阻可保证在按键断开时，I/O 口线有确定的高电平。当 I/O 口线内部有上拉电阻时，外电路可不接上拉电阻。

独立式按键的程序设计一般采用查询方式编程。所谓查询方式编程，是指先逐位查询每根 I/O 口线的输入状态，若某根 I/O 口线输入低电平，则可确认该 I/O 口线所对应的按键已被按下，再转向该按键的功能处理程序。该方法的实现比较简单。

独立式键盘的电路配置灵活，软件结构简单，但每个按键必须占用一根 I/O 口线，当按键数量较多时，较浪费 I/O 口线，不宜采用独立式键盘。但是，使用这种键盘的系统功能通常比较简单，需要处理的任务较少，可以降低成本，简化电路设计。独立式按键的信息通过软件来获取。

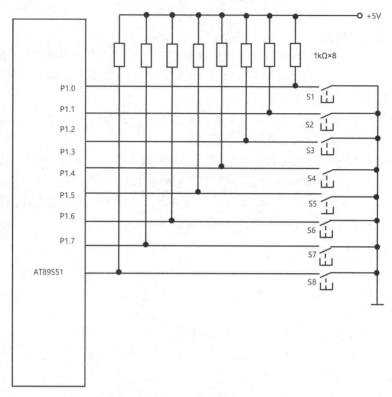

图 9-2　独立式键盘的接口电路

【例 9-1】根据图 9-2，采用查询方式识别某个按键是否被按下。
参考程序如下。

```c
#include <reg51.h>
void key_scan(void)
{
  unsigned char keyval;
  do
  {
    P1=0xff;
    keyval=P1;          //从 P1 口读入键盘状态
    keyval=~keyval;     //键盘状态取反
    switch(keyval);
    {
    case1:…;            //处理被按下的 S1 按键,"…"为该按键处理程序,后同
    break;              //跳出 switch 语句
    case2:…;            //处理被按下的 S2 按键
    break;              //跳出 switch 语句
    case4:…;            //处理被按下的 S3 按键
    break;              //跳出 switch 语句
    case8:…;            //处理被按下的 S4 按键
    break;              //跳出 switch 语句
```

```
        case16:…;             //处理被按下的 S5 按键
        break;                //跳出 switch 语句
        case32:…;             //处理被按下的 S6 按键
        break;                //跳出 switch 语句
        case64:…;             //处理被按下的 S7 按键
        break;                //跳出 switch 语句
        case128:…;            //处理被按下的 S8 按键
        break;                //跳出 switch 语句
        default:
        break;                //无按键被按下
        }
    }
  while(1);
}
```

8 个按键 S1~S8 对应的处理程序可根据按键功能的要求来编写。需要注意的是，在进入按键处理程序后，需要先等待按键被释放，再执行按键处理程序。另外，在按键处理程序执行完成后，通过 break 语句跳出 switch 语句。

2）矩阵式键盘

当单片机应用系统中的按键数量较多时，为了减少 I/O 口线的占用，常使用矩阵式键盘。

矩阵式键盘也称为行列式键盘，其接口电路如图 9-3 所示，该键盘是一个 4×4 的行、列结构，共有 16 个按键。矩阵式键盘中有行线和列线，在其交叉点上连接按键。矩阵式键盘与独立式键盘相比，可以减少 I/O 口线的占用，非常适用于按键数量较多的场合。

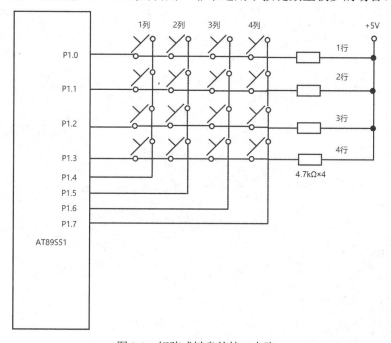

图 9-3　矩阵式键盘的接口电路

在矩阵式键盘中，行线和列线分别连接在按键开关的两端，行线通过上拉电阻连接到 +5V 电源上。当矩阵键盘中无按键被按下时，行线为高电平；当矩阵键盘中有按键被按下时，行线和列线导通，此时行线电平将由与此行线相连的列线电平决定，即若该列线的电平为低，则行线电平为低；若该列线的电平为高，则行线的电平也为高，这是识别矩阵式键盘中的按键是否被按下的关键。由于各按键被按下与否均影响该按键所在行线和列线的电平，故各按键会相互影响，因此必须将行线、列线信号配合起来进行适当处理，才能确定被按下的按键的位置。

键盘识别按键的方法有很多，其中最常见的方法是扫描法和线反转法。

（1）扫描法。下面以图 9-3 所示的接口电路为例说明采用扫描法识别按键的过程。采用扫描法识别按键主要有以下两步。

①确定是否有按键被按下：设行线 H0～H3 为输入，列线 L0～L3 为输出。若有按键被按下，则该按键所在的行线和列线短路。令行线输出 1，列线输出 0，当无按键被按下时，行线都为高电平；当有按键被按下时，行线不都为高电平。

②确定被按下的按键的键码：令列线 L0 输出低电平，其他列线输出高电平，读 H0～H3 的状态，若有 1 条行线为低电平，则该行线和 L0 交叉点上的按键已被按下；若 4 条行线都为高电平，则该列无按键被按下。可用同样的方法，依次令 L1、L2、L3 输出低电平，其他列输出高电平，读出 4 条行线的状态以判断被按下的按键所在的行和列。

根据上述分析，识别键盘有无按键被按下的方法：先将所有列线都置为低电平，检测各行线电平是否有变化，若有变化，则说明有按键被按下，若无变化，则说明无按键被按下；再将某条列线置为低电平，其余各列线置为高电平，检查各行线电平的变化，若某条行线电平为低电平，则可确定此行此列的交叉点上的按键被按下。

【例 9-2】根据图 9-3，编写采用扫描法进行按键识别的程序。

参考程序如下。

```
#include <reg51.h>
#include <intrins.h>
sbit H0=P1^0;
sbit H1=P1^1;
sbit H2=P1^2;
sbit H3=P1^3;
sbit L0=P1^4;
sbit L1=P1^5;
sbit L2=P1^6;
sbit L3=P1^7;
//**************函数声明*******************
void delay_15ms();      //延时 15ms 的函数
void delay_1us();       //延时 1μs 的函数
unsigned char key();
void KEY0();
void KEY1();
……
void KEY15();
void main()
{
unsigned char K_CODE;   //K_CODE 变量值是获取到的键码 0～15
while(1)
  {
  K_CODE=key();         //获取键码
  switch(K_CODE)
```

```
        {
        case0:KEY0();break;
        case1:KEY1();break;
        …                          //K_CODE 为 2～14 时所对应的处理已省略
        case15:KEY15();break;
        default:break;
        }
    }
}
unsigned char key()
{ /*KEY 变量的值是计算得到的键码，当无按键被按下时，默认 0xFF；col 为列号*/
unsigned char KEY=0xFF,col=0,temp,i;
P1=0x0F;                    //将所有列清 0，行置 1
temp=0xEF;
/*准备送往 P1 口的数值暂存入 temp，该码使 P1.4（L0）输出低电平，其他行线、列线输出高电平*/
delay_1us();
i=P1;                       //读 P1 口的数值
if((i&0x0F)!=0x0F)          //若条件成立，则有按键被按下
{
delay_15ms();               //延时 15ms 消抖
i=P1;
if((i&0x0F)!=0x0F)          //再次判断是否有按键被按下
  {while(col<4)             //col 为列号
    {
    P1=temp|0x0F;           //每一次循环，将 L0～L3 中的一列清 0，所有行置 1
    delay_1us();
    i=P1;
    switch(i&0x0F)
      {
        case 0x0E:          //H0 引脚被拉为低电平，在 0 行有按键被按下
        {
        KEY=col; //KEY=0×4+col，0 表示第 0 行，4 表示每行 4 个按键，col 表示第 col 列
        do{
            i=P1;
          }                  //重新读 P1 口的数值，等待按键被释放
      while((i&0x0F)!=0x0F);
      delay_15ms();          //延时 15ms 消抖
      col=0xFE;
        }
    break;
    case 0x0D:              //H1 引脚被拉为低电平，在 1 行有按键被按下
      {
      KEY=4+col;           //KEY=1×4+col
      do{
        i=P1;
        }                   //重新读 P1 口的数值，等待按键被释放
      while((i&0x0F)!=0x0F);
      delay_15ms();         //延时 15ms 消抖
      col=0xFE;
        }
```

```
          break;
     case 0x0B:              //H2 引脚被拉为低电平，在 2 行有按键被按下
      {
      KEY=8+col;             //KEY=2×4+col
       do{
       i=P1;
        }                    //重新读 P1 口的数值，等待按键被释放
     while((i&0x0F)!=0x0F);
     delay_15ms();           //延时 15ms 消抖
     col=0xFE;}
     break;
     case 0x07:              //H3 引脚被拉为低电平，在 3 行有按键被按下
      {
      KEY=12+col;            //KEY=3×4+col
       do{
        i=P1;
         }                   //重新读 P1 口的数值，等待按键被释放
     while((i&0x0F)!=0x0F);
     delay_15ms();           //延时 15ms 消抖
     col=0xFE;}break;
     default:break;}
     col++;
     temp=_crol_(temp,1);    //将 temp 中的数值左移 1 位；
      }
     }
 }
    return(KEY);
 }
```

注意：在参考程序中对行线进行了编程，使其变为高电平，但图 9-3 所示的接口电路已经对其进行拉高，所以在编程时不必考虑行线。

（2）线反转法。扫描法要逐列扫描查询，当被按下的按键处于最后一列时，要经过多次扫描才能获得此按键所在的行和列。而线反转法则很简练，无论被按下的按键处于第一列还是最后一列，均只需要两步便能获得此按键所在的行和列，下面以图 9-4 所示的采用线反转法的矩阵式键盘为例，介绍线反转法的具体操作步骤。

①先把行线编程为输入线，列线编程为输出线，再使输出线全为低电平，则行线中电平由高变低的行即为被按下的按键所在的行。

②再把行线编程为输出线，列线编程为输入线，再使输出线全为低电平，则列线中电平由高变低的列即为被按下的按键所在的列。

结合上述两步的结果，可确定被按下的按键所在的行和列。以按键 3 被按下为例，具体操作步骤：①令 P1.0～P1.3 输出全为 0，读取 P1.4～P1.7 的状态，P1.4 为 0，而 P1.5～P1.7 均为 1，即 1 行出现电平的变化，说明 1 行中有按键被按下；②令 P1.4～P1.7 输出全为 0，读 P1.0～P1.3 的状态，P1.0=0，而 P1.1～P1.3 均为 1，即 4 列出现电平的变化，说明 4 列中有按键被按下。综合上述分析，第 1 行、第 4 列中有按键被按下，此按键即为按键 3。线反转法非常简单适用，但在实际编程中不要忘记还要进行按键消抖。

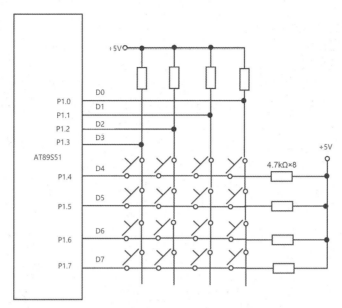

图 9-4　采用线反转法的矩阵式键盘

9.1.3　键盘的工作方式

在单片机应用系统的设计中，当单片机忙于其他各项工作任务时，如何兼顾键盘的输入任务取决于键盘的工作方式。键盘的工作方式应根据实际单片机应用系统中 CPU 的忙、闲情况选取，其选取原则是既能保证及时响应按键操作，又能不占用单片机过多的工作时间。键盘的工作方式一般有 3 种，即程序控制扫描方式、定时扫描方式和中断扫描方式。

1．程序控制扫描方式

程序控制扫描方式（又称查询方式）利用单片机的空闲时间调用键盘扫描子程序，反复扫描键盘，来响应键盘的输入请求。

查询方式直接在主程序中插入键盘扫描子程序，主程序每执行一次键盘检测，子程序就被执行一次，若没有按键被按下，则跳过按键识别，直接执行主程序；若有按键被按下，则通过键盘扫描子程序识别按键，得到按键的编码值，然后根据编码值进行相应的处理，结束后返回，执行主程序。

在查询方式中，若单片机查询的频率过高，则虽能及时响应键盘的输入，但会影响其他任务的进行；若单片机查询的频率过低，则有可能出现键盘输入漏判现象。因此，要根据单片机应用系统的繁忙程度和键盘的操作频率，来调整键盘扫描的频率。

2．定时扫描方式

单片机对键盘的扫描也可采用定时扫描方式，即每隔一段时间对键盘扫描一次。利用单片机的内部定时器产生定时中断（如 10ms），时间一到，CPU 就执行定时中断服务程序，对键盘进行扫描。若有按键被按下，则识别出该按键，转去执行相应的处理程序。定时扫描方式的键盘硬件电路与查询方式的键盘硬件电路相同，软件处理过程也大体相同。由于按键时间一般不会短于 100ms，为了不发生键盘输入漏判现象，定时中断的周期一般应短于 100ms。

3．中断扫描方式

在单片机应用系统中，大多数情况下并没有按键输入，但无论采用查询方式还是定时扫描方式，CPU 都在不断地对键盘进行检测，这样会大量占用单片机的工作时间。为了提高效率，可采用中断扫描方式，增加一根中断请求信号线，当没有按键输入时，无中断请求，当有按键输入时，向 CPU 提出中断请求，CPU 在响应中断请求后执行中断服务程序，在中断服务程序中对键盘进行扫描。采用中断扫描方式的独立式键盘如图 9-5 所示，只有在有按键被按下时，74LS30 才输出高电平，经过 74LS04 反相后向单片机发出 $\overline{INT0}$ 中断请求信号，单片机响应中断，执行中断服务程序，识别出被按下的按键，并转向该按键的处理程序。若无按键被按下，则单片机不对键盘做出任何响应。中断扫描方式的优点是只有在有按键被按下时，CPU 才对其进行处理，实时性强，工作效率高。

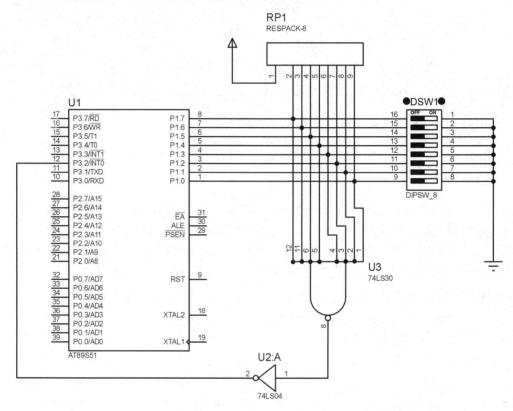

图 9-5　采用中断扫描方式的独立式键盘

9.2　AT89S51 与数码管的接口设计

在单片机应用系统中，经常用到 LED（Light Emitting Diode，发光二极管）显示器（数码管）作为显示输出设备。LED 显示器由 LED 阵列构成，用于显示字符等，在单片机应用系统中比较常见。LED 显示器显示信息简单，具有显示效果清晰、亮度高、使用电压低、寿命长、与单片机接口方便等特点。

9.2.1　数码管的结构

LED 显示器是 LED 按一定的结构组合起来的显示器件，又称为数码管，在单片机应用系统中，通常使用 8 段式数码管，即数码管为 "8" 字形，共计 8 段 LED。8 段数码管有共阴极和共阳极两种，其结构及引脚如图 9-6 所示。图 9-6（a）所示为共阴极，在使用共阴极时公共端接地，要使哪段 LED 点亮，就使对应的阳极为高电平。图 9-6（b）所示为共阳极，8 段 LED 的阳极端连接在一起，阴极段分开控制，公共端接电源。要使哪段 LED 点亮，就使对应的阴极端接地。其中，7 段 LED 构成"8"，1 段 LED 构成小数点。图 9-6（c）所示为其引脚，从 a～g 引脚输入不同的 8 位二进制编码，可显示不同的字符，通常把控制 LED 的 7（或 8）位二进制编码称为字段码。

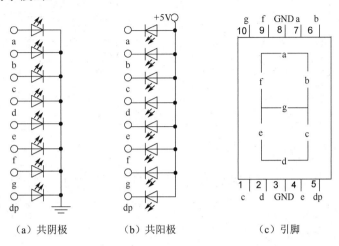

（a）共阴极　　　　（b）共阳极　　　　（c）引脚

图 9-6　8 段数码管的结构及引脚

为了使数码管显示不同的字符，要使某些 LED 点亮，就要为 LED 提供字段码，这些字段码可使相应 LED 点亮，从而显示不同的字符，也称为段码或字型码。

8 段数码管的段码正好构成一个字节。在使用中，习惯上用"a"段对应段码字节的最低位。段码位与显示段的对应关系如表 9-1 所示。

表 9-1　段码位与显示段的对应关系

段　码　位	D7	D6	D5	D4	D3	D2	D1	D0
显　示　段	Dp	g	f	e	d	c	b	a

按照上述对应关系，数码管的部分段码如表 9-2 所示。

表 9-2　数码管的部分段码

字　　符	共阴极段码	共阳极段码	字　　符	共阴极段码	共阳极段码
0	3FH	C0H	C	39H	C6H
1	06H	F9H	D	5EH	A1H
2	5BH	A4H	E	79H	86H
3	4FH	B0H	F	71H	8EH
4	66H	99H	P	73H	8CH
5	6DH	92H	U	3EH	C1H
6	7DH	82H	T	31H	CEH
7	07H	F8H	Y	6EH	91H
8	7FH	80H	H	76H	89H
9	6FH	90H	L	38H	C7H
A	77H	88H	"灭"	00H	FFH
B	7CH	83H	…	…	…

表 9-2 中只列出了部分段码，用户可根据实际情况选用，也可对某些字符重新定义，还可选择其他字符的段码。除了"8"字形的数码管，市面上还有"±1"形、"米"字形和"点阵"型数码管，如图 9-7 所示。生产厂家也可根据用户的需要定制特殊形状的数码管。本章后面介绍的数码管均以"8"字形的数码管为例。

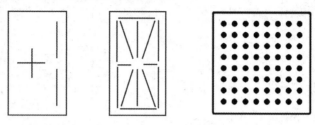

图 9-7　其他形状的数码管

9.2.2　数码管的显示方式及接口电路

图 9-8 所示为 4 位数码管的结构原理图。N 位数码管有 N 根位选线和 $8N$ 根段码线。段码线控制显示的字符，而位选线为各位数码管中各段的公共端，它控制着该位数码管的亮或暗。

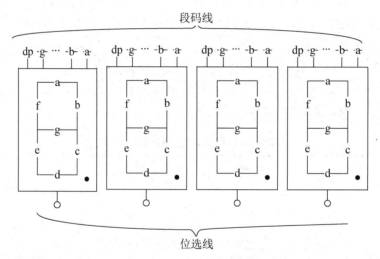

图 9-8　4 位数码管的结构原理图

数码管有静态显示和动态显示两种显示方式。

1．静态显示

所谓静态显示，是指用一组 I/O 口驱动一位数码管进行显示，若显示的内容不变，则 I/O 口输出的数值就不变。实现 N 位 7 段数码管的驱动需要使用 $7N$ 个 I/O 口。在静态显示时，数码管公共端直接接地（共阴极）或接电源（共阳极），各段码线分别与 I/O 口相连。要显示字符时，直接向 I/O 口发送相应的字段码。在静态显示时，显示字符无闪烁，数码管的亮度较高，软件控制比较容易，但由于占用 I/O 口较多，因此实际上很少使用。

图 9-9 所示为 4 位数码管静态显示电路，各位数码管可独立显示，只要在该位数码管的段码线上保持段码电平，该位就能持续显示相应的字符。由于各位数码管分别由一个 8 位的数字输出端口控制，因此在同一时刻，每一位数码管显示的字符可以不同。静态显示电路的

接口编程容易，但是占用 I/O 口较多。图 9-9 所示的电路要占用 4 个 8 位 I/O 口。若数码管的数量增加，则需要增加 I/O 口的数目。在数码管位数较多时，需要的电流较大，对电源的要求也较高，这时可采用动态显示。

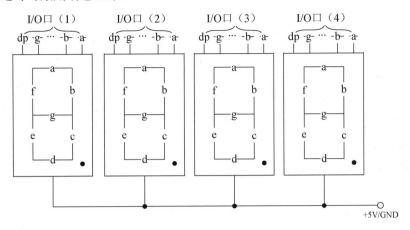

图 9-9　4 位数码管静态显示电路

2．动态显示

所谓动态显示，是指各位数码管共用一个 I/O 口，每位数码管的公共端轮流输入信号，各位数码管轮流点亮。因为人眼有时长约为 40ms 的视觉暂留效应，所以如果各位数码管刷新频率比较高，就会形成同时点亮的视觉假象。也就是说，将所有数码管的段码线并接在一起，用一个 I/O 口控制，公共端不直接接地（共阴极）或接电源（共阳极），而通过相应的 I/O 口进行控制。

以共阳极数码管为例，它的工作过程：使右边第 1 位数码管的公共端为 1，其余数码管的公共端为 0，同时向 I/O 口发送右边第 1 位数码管的共阳极段码，这时，只有右边第 1 位数码管显示，其余数码管不显示；使右边第 2 位数码管的公共端为 1，其余数码管的公共端为 0，同时向 I/O 口发送右边第 2 位数码管的共阳极段码，这时，只有右边第 2 位数码管显示，其余数码管不显示，依此类推，直到最后一位数码管。这样，数码管轮流显示相应的信息，一个循环结束后，下一个循环又开始，从计算机的角度看是一位一位地显示的，但由于人眼存在视觉暂留效应，只要循环的周期足够短，数码管看起来就是一起显示的。这就是动态显示的工作原理。

图 9-10 所示为 4 位数码管动态显示电路。其中，段码线占用一个 8 位 I/O 口，而位选线占用一个 4 位 I/O 口。由于各位数码管的段码线并联，因此在同一时刻，4 位数码管会显示相同的字符。若要使各位数码管能够同时显示与本位段码相应的字符，就必须采用动态显示。在某一时刻，某一位数码管的位选线处于选通状态，而其他各位数码管的位选线处于截止状态，同时，段码线上输出相应位要显示字符的段码。这样，在同一时刻，4 位数码管中只有被选通的

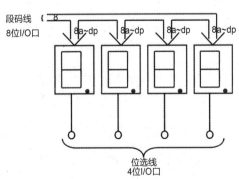

图 9-10　4 位数码管动态显示电路

那位数码管显示相应的字符，而其他 3 位数码管则不显示字符。同样，在下一时刻，只有下一位数码管的位选线处于选通状态，而其他各位数码管的位选线处于截止状态，在段码线上输出显示字符的段码，此时，只有选通位数码管显示相应的字符，其他各位数码管则不显示字符。如此循环下去，就可以使各位数码管显示出相应的字符。

虽然这些字符是在不同时刻显示的，在同一时刻，只有一位数码管显示字符，其他各位数码管不显示字符，但由于数码管的余晖和人眼的视觉暂留效应，只要每位数码管显示间隔足够短，就可以形成多位数码管同时点亮的假象，达到数码管同时显示的效果。

不同位数码管显示的时间间隔（扫描间隔）应根据实际情况而定。LED 从导通到点亮有一定的延时，若导通时间太短，则点亮效果较差，人眼无法看清；若导通时间太长，则会受限于临界闪烁频率，而且导通时间越长，占用单片机的工作时间就越长。另外，由于数码管位数的增多也将占用单片机的工作时间，因此动态显示的实质是以牺牲单片机的工作时间为条件来换取 I/O 口的占用减少。

图 9-11 所示为 8 位数码管动态显示 1～8 的过程和结果。图 9-11（a）所示为显示过程，在某一时刻，只有一位数码管的位选线选通，显示字符，其余数码管则不显示字符；图 9-11（b）所示为显示结果，人眼看到的是 8 个稳定的同时显示的字符。

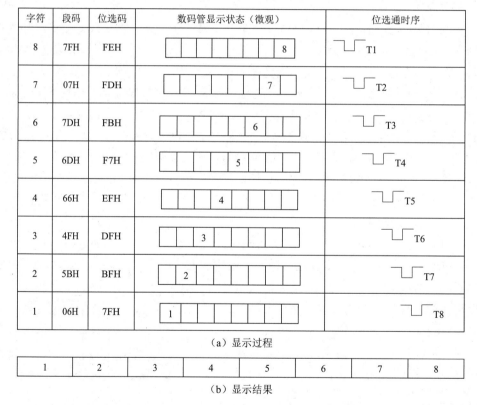

（a）显示过程

1	2	3	4	5	6	7	8

（b）显示结果

图 9-11　8 位数码管动态显示 1～8 的过程和结果

动态显示的优点是硬件电路简单，数码管越多，优势越明显；缺点是不如静态显示的亮度高。若数码管"扫描"速率较低，则会出现闪烁现象。

【例 9-3】图 9-12 所示为单片机与行列式键盘及数码管显示的接口电路仿真图，编写程序实现将键值 0～F 通过 P0 口输出显示。

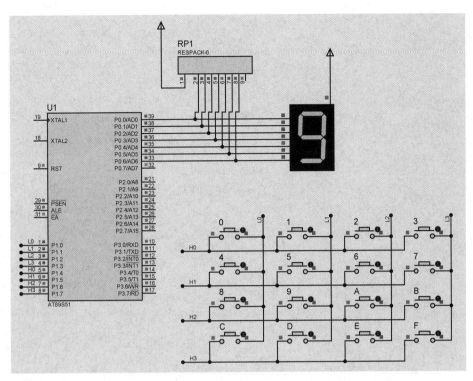

图 9-12　单片机与行列式键盘及数码管显示的接口电路仿真图

分析：单片机的 P1 口接 4×4 行列式键盘。根据扫描原理，先进行行扫描，再进行列扫描，判断 P1 口的状态。先采用软件延时消抖，再取键值。建立键值对应的段码，通过查表指令实现键值显示。

```c
#include <reg51.h>
#include <absacc.h>
#include <intrins.h>
#define uchar unsigned char
#define uint unsigned int
uchar code Tab[16]={0xc0,0xf9,0xa4,0xb0,0x99,0x92,0x82,0xf8,0x80,0x90,0x88,0x83,
0xc6,0xa1,0x86,0x8e};          //0～F 的段码，共阳极
uchar idata com1,com2;
void delay10ms()               //延时函数
{
  uchar i,j,k;
  for(i=5;i>0;i--)
    for(j=4;j>0;j--)
      for(k=248;k>0;k--);
}
uchar key_scan()               //键扫描函数
{
  uchar temp;
  uchar com;
  delay10ms();
  P1=0xf0;
  if(P1!=0xf0)
```

```
    {
      com1=P1;
      P1=0x0f;
      com2=P1;
    }
    P1=0xf0;
    while(P1!=0xf0);
    temp=com1|com2;
    if(temp==0xee)com=0;
    if(temp==0xed)com=1;
    if(temp==0xeb)com=2;
    if(temp==0xe7)com=3;
    if(temp==0xde)com=4;
    if(temp==0xdd)com=5;
    if(temp==0xdb)com=6;
    if(temp==0xd7)com=7;
    if(temp==0xbe)com=8;
    if(temp==0xbd)com=9;
    if(temp==0xbb)com=10;
    if(temp==0xb7)com=11;
    if(temp==0x7e)com=12;
    if(temp==0x7d)com=13;
    if(temp==0x7b)com=14;
    if(temp==0x77)com=15;
    return(com);                    //返回键值
}
void main()                          //主函数
{
  uchar dat;
  while(1)
  {
    P1=0xf0;
    while(P1!=0xf0)
    {
      dat=key_scan();
      P0=Tab[dat];                   //显示键值
    }
  }
}
```

9.2.3 专用键盘/显示器接口芯片实例

若使用各种专用键盘/显示器接口芯片，则用户可以省去编写键盘/显示器动态扫描程序及键盘消抖程序的复杂工作，只需要对单片机与专用键盘/显示器接口芯片进行正确的连接，对芯片中的各个寄存器进行正确的设置，以及编写接口驱动程序。

目前各种专用键盘/显示器接口芯片种类繁多，它们各有特点，总体趋势是并行接口芯片逐渐退出历史舞台，串行接口芯片越来越多地得到应用。

早期较为流行的专用键盘/显示器芯片是由 Intel 公司生产的并行总线接口的 8279，目前较为流行的专用键盘/显示器接口芯片多采用串行通信方式，占用 I/O 口少。常见的专用键盘/显示器接口芯片有周立功公司的 ZLG7289A、ZLG7290B；美信公司的 MAX7219；南京沁恒公司的 CH451、HD7279 和 BC7281 等。这些芯片对所连接的数码管全都采用动态扫描方式，且控制的键盘均为编码键盘。下面主要介绍利用专用接口芯片 CH451 来实现键盘/显示器的控制。

1．CH451 简介

CH451 是由南京沁恒公司研制的内部集成了数码管显示驱动和键盘扫描控制的专用键盘/显示器接口芯片。CH451 内置 RC 振荡电路，可直接动态驱动 8 位数码管（或 64 个 LED），可选择 BCD 译码或不译码功能，可实现显示数字的左移、右移、左循环、右循环、各位显示数字独立闪烁等功能。CH451 内置大电流驱动器，段电流不小于 30mA，字电流不小于 160mA，并有 16 级亮度控制功能。在键盘控制方面，该芯片内有 64 键键盘控制器，可实现 8×8 矩阵编码键盘的扫描，并内置自动消抖电路，可提供按键中断与按键释放标志位等功能。CH451 与单片机的接口可选用 1 线串行接口或 4 线串行接口，片内有上电复位电路，同时可提供高电平有效复位和低电平有效复位两种输出，并提供看门狗功能。

CH451 有两种封装形式：28 脚的表贴型（SOP 型）封装（CH451S）及 24 脚的双列直插型（DIP）封装（CH451L），如图 9-13 所示。

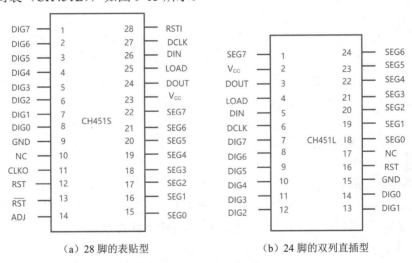

（a）28 脚的表贴型　　　（b）24 脚的双列直插型

图 9-13　CH451 的封装

28 脚与 24 脚的封装在功能上稍有差别，CH451 的引脚定义见表 9-3。

表 9-3　CH451 的引脚定义

28 引脚号	24 引脚号	引 脚 名 称	引 脚 说 明
23	2	V_{CC}	正电源，持续电流不小于 200mA
9	15	GND	电源地，持续电流不小于 200mA
25	4	LOAD	输入端，4 线串行接口的数据加载，带上拉
26	5	DIN	输入端，4 线串行接口的数据输入，带上拉
27	6	DCLK	输入端，串行接口的数据时钟，带上拉，可同时用于看门狗的清除

28引脚号	24引脚号	引脚名称	引脚说明
24	3	DOUT	输出端，串行接口的数据输出和键盘中断
22～15	1、24～18	SEG7～SEG0	输出端，数码管的段驱动，高电平有效，键盘扫描输入，高电平有效
1～8	7～14	DIG7～DIG0	输出端，数码管的段驱动，低电平有效，键盘扫描输入，高电平有效
12	16	RST	输出端，上电复位和看门狗复位，高电平有效
13	不支持	$\overline{\text{RET}}$	输出端，上电复位和看门狗复位，低电平有效
28	不支持	RSTI	输入端，上电复位门限调整或手动复位输入
14	不支持	ADJ	输入端，段电流上限调整，带强下拉
11	不支持	CLKO	输出端，DCLK引脚时钟信号的二分频输出
10	17	NC	不连接，禁止使用

2. CH451 的操作命令

CH451 的操作命令均为 12 位，其中高 4 位为标识码，低 8 位为参数。各操作命令简介如下。

1）空操作命令

编码：0000XXXXXXXXB（X 为任意值）。

空操作命令对 CH45I 不产生任何影响。该命令可以应用在多个 CH451 的级联中，前级 CH451 向后级 CH451 发送空操作命令而不影响前级 CH451 的状态。例如，要将操作命令 001000000001B 发送给两级级联中的后级 CH451（后级 CH451 的 DIN 引脚连接到前级 CH451 的 DOUT 引脚），只要在该操作命令后添加并发送空操作命令 000000000000B，该操作命令就经过前级 CH451 到达后级 CH451，而空操作命令留给了前级 CH451。另外，为了在不影响 CH451 的前提下，使 DCLK 变化以清除看门狗功能，也可以发送空操作命令。在非级联的应用中，空操作命令可只发送高 4 位。

2）芯片内部复位命令

编码：001000000001B。

该命令可将 CH451 的各个寄存器和各种参数复位到默认状态和默认。在芯片上电时，CH451 均被复位，此时各个寄存器均复位为 0，各种参数均恢复为默认值。

3）字数据移位命令

编码：0011000000[D1][D0]B。

字数据移位命令共有 4 个：开环左移、右移，闭环左移、右移。当 D0=0 时，字数据为开环，当 D0=1 时，字数据为闭环；当 D1=0 时，字数据左移，当 D1=1 时，字数据右移。当字数据开环左移时，DIG0 引脚对应的单元补 00H，此时不译码方式显示空格，BCD 译码方式显示 0；当字数据开环右移时，DIG7 引脚对应的单元补 00H；而在闭环时 DIG0 与 DIG7 头尾相接来移位。

4）设定系统参数命令

编码：010000000[WDOG][KEYB][DISP]B。

该命令用于设定 CH451 的系统级参数，如看门狗使能（WDOG）、键盘扫描使能（KEYB）、显示驱动使能（DISP）等。各个参数均可通过命令中的 1 位数据来进行控制，将相应数据位置 1 可启用该功能，否则关闭该功能（默认值）。

5）设定显示参数命令

编码：0101[MODE（1 位）][LIMIT（3 位）][INTENSITY（4 位）]B。

此命令用于设定 CH451 的显示参数，其中译码方式（MODE）为 1 位、扫描极限（LIMIT）为 3 位、显示亮度（INTENSITY）为 4 位。

当 MODE=1 时，选择 BCD 译码方式；当 MODE=0 时，选择不译码方式。CH451 默认工作于不译码方式，此时 8 个数据寄存器中字数据的位 7～位 0 分别对应 8 位数码管的小数点和段 a～段 g，当某段数据位为 1 时，对应的 LED 点亮；当某段数据位为 0 时，对应的 LED 熄灭。CH451 在工作于 BCD 译码方式时主要应用于数码管驱动，单片机只要给出二进制数的 BCD 码，便可由 CH451 将其译码并直接驱动数码管以显示对应的字符。BCD 译码方式是对显示数据寄存器字节中的数据位 4～位 0 进行 BCD 译码，可用于控制段驱动引脚 SEG6～SEG0 的输出，它们对应于数码管的段 g～段 a，同时可用字节数据的位 7 来控制 SEG7 段对应的数码管的小数点，字节数据的位 6 和位 5 不影响 BCD 译码的输出，它们可以是任意值。将位 4～位 0 进行 BCD 译码可显示 28 个字符，其中 00000B～01111B 分别对应于字符 0～F，10000B～11010B 分别对应于"空格""+""-""=""[""]""_""H""L""P""."，其余值为空格。

扫描极限（LIMIT）控制位 001B～111B 和 000B（默认值）可分别设定扫描极限 1～7 和 8。

显示亮度（INTENSITY）控制位（4 位）可实现 16 级显示亮度控制。0001B～1111B 和 0000B（默认值）则分别用于设定显示驱动占空比 1/16～15/16 和 16/16。

6）设定闪烁控制命令

编码：[D7S][D6S][D5S][D4S][D3S][D2S][D1S][D0S]B。

设定闪烁控制命令用于设定 CH451 的闪烁显示属性，其中 D7S～D0S 位分别对应于 8 位数码管的字驱动 DIG7～DIG0，并控制 DIG7～DIG0 的属性，若将相应的数据位置 1，则闪烁显示，否则为不闪烁的正常显示（默认值）。

7）加载显示数据命令

编码：[DIG_ADDR][DIG_DATA]B。

本命令用于将显示字节数据 DIG_DATA（8 位）写入 DIG_ADDR（3 位）指定的数据寄存器。DIG_ADDR 的 000B～111B 分别用于指定显示寄存器的地址 0～7，并分别对应于 DIG0～DIG7 引脚驱动的 8 位数码管。DIG_DATA 为待写入的显示字节数据。

8）读取按键代码命令

编码：0111XXXXXXXB。

本命令用于获得 CH451 最近检测到的有效按键的代码，是唯一具有数据返回功能的命令。CH451 通常从 DOUT 引脚向单片机输出按键代码，按键代码是 7 位数据，最高位是状态码，位 5～位 0 是扫描码。因为读取按键代码命令的位 7～位 0 可以是任意值，所以控制器可以将该操作命令缩短为 4 位数据，即位 11～位 8。例如，当 CH451 检测到有效按键操作并向单片机发出中断请求时，若按键代码是 5EH，则单片机先向 CH451 发出读取按键代码命令 0111B，然后从 DOUT 获得按键代码 5EH。CH451 所提供的按键代码为 7 位，位 2～位 0 是列扫描码，位 5～位 3 是行扫描码，位 6 是按键的状态码（按键被按下时为 1，按键被释放时为 0）。

对于 8×8 矩阵键盘，当连接在 DIG7～DIG0 与 SEG7～SEG0 之间的按键被按下时，CH451 所提供的按键代码是固定的，如图 9-14 所示。若需要按键被释放时的按键代码，则可将图 9-14 中的按键代码的位 6 置 0，也可将按键代码减去 40H。例如，当连接 DIG3 与 SEG4 的按键被按下时，按键代码为 63H，按键被释放后，按键代码为 23H。单片机可以在任意时刻读取有效按键的代码，但一般在 CH451 检测到有效按键并向单片机发出键盘中断请求时，单片机进入中断服务程序读取按键代码，此时按键代码的位 6 总是 1。另外，若需要了解按键何时被释放，则可以通过查询方式定期读取按键代码，直到按键代码的位 6 为 0。

注意：CH451 不支持组合键，即在同一时刻，不能有两个或更多的按键被按下。若需要应用组合键功能，则可利用两片 CH451 来实现。

3. CH451 与 AT89S51 的接口

【例 9-4】CH451 与 AT89S51 的接口电路如图 9-14 所示，选择使用 4 线串行接口。其中 DOUT 引脚连接到 AT89S51 的外部中断输入 $\overline{INT0}$ 引脚，可用中断方式响应有效按键；也可使用查询方式确定 CH451 是否检测到有效按键；还可向单片机提供复位信号 RESET，并带有看门狗功能。

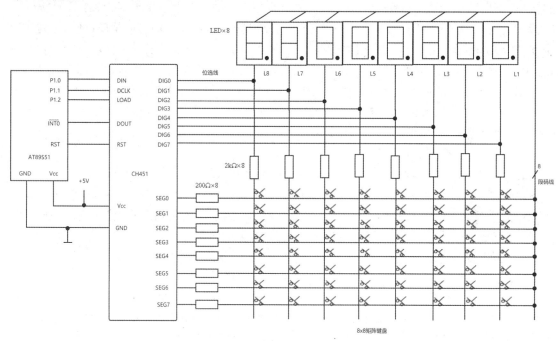

图 9-14　CH451 与 AT89S51 的接口电路

CH451 的段驱动引脚串接 200Ω 的电阻，用于限制和均衡段驱动电流。在 5V 电源电压下，串接的 200Ω 电阻对应的段电流为 13mA。CH451 具有 64 键的键盘扫描功能，为了防止按键被按下后在 SEG 信号线与 DIG 信号线之间形成短路而影响数码管的显示，一般在 CH451 的 DIG0～DIG7 引脚与键盘矩阵之间串接限流电阻，其阻值为 1～10kΩ。Pl.0 与 DIN 的连接可用于串行数据输入，串行数据输入的顺序是低位在前，高位在后。

另外，在上电复位后，CH451 默认选择 1 线串行接口，若需要选择 4 线串行接口，则应在 DCLK 输出串行时钟之前，在 DIN 上输出一个低电平脉冲，以通知 CH451 选择 4 线串行接口。Pl.0 与 DCLK 的连接可提供串行时钟，以使 CH451 在其上升沿从 DIN 输入数据，并在其下降沿从 DOUT 输出数据。LOAD 用于加载串行数据，CH451 一般在其上升沿加载移位寄存器中的 12 位数据并作为操作命令进行分析并处理。也就是说，LOAD 的上升沿是串行数据帧的帧完成标志，此时无论移位寄存器中的 12 位数据是否有效，CH451 都会将其当作操作命令来处理。

需要注意的是，在级联电路中，单片机每次输出的串行数据必须是单片 CH451 的串行数据的位数乘以级联的级数。下面介绍该接口电路的驱动程序。

在程序中会用到#ifdef 等宏，其目的是进行条件编译。一般情况下，源程序中所有的行都参与编译，但有时希望其中一部分内容只在满足一定条件时才参与编译，也就是对其中一部分内容指定编译的条件，这就是条件编译。有时希望当满足某些条件时对一组语句进行编译，而当不满足某些条件时则对另一组语句进行编译。

条件编译命令最常见的形式：

```
#ifdef 标识符
…
#else
…
#endif
```

它的作用：若标识符已经被定义过（一般是用#define 命令定义的），则编译程序段 1，否则编译程序段 2。

其中#else 部分也可以没有，即

```
#ifdef 标识符
…
#endif
```

这里的程序段可以是语句组，也可以是命令行。这种条件编译可以提高源程序的通用性。以下为参考程序。

```c
//CH451.c 显示按键驱动芯片程序
#define CH451_RESET 0x0201      //复位
#define CH451_LEFTMOV 0x0300    //设置移动方式为左移
#define CH451_LEFTCYC 0x0301    //左循
#define CH451_RIGHTMOV 0x0302   //右移
#define CH451_RIGHTCYC 0x0303   //右循
#define CH451_SYSOFF 0x0400     //关闭显示、键盘、看门狗功能
#define CH451_SYSON10 x0401     //打开显示功能
#define CH451_SYSON2 0x0403     //打开显示、键盘功能
#define CH451_SYSON3 0x0407     //打开显示、键盘、看门狗功能
#define CH451_DSP 0x0500        //设置默认显示方式
#define CH451_BCD 0x0580        //设置 BCD 译码方式
#define CH451_TWINKLE 0x0600    //设置闪烁控制
#define CH451_DIG00 x0800       //数码管位 0 显示
#define CH451_DIG1 0x0900       //数码管位 1 显示
#define CH451_DIG2 0x0a00       //数码管位 2 显示
#define CH451_DIG3 0x0b00       //数码管位 3 显示
#define CH451_DIG4 0x0c00       //数码管位 4 显示
#define CH451_DIG5 0x0d00       //数码管位 5 显示
#define CH451_DIG6 0x0e00       //数码管位 6 显示
#define CH451_DIG7 0x0f00       //数码管位 7 显示
#define USE_KEY 1
extern bit fk;
```

```
extern unsigned char ch451_key;
//需要在主程序中定义的参数
/*
sbit ch451_dclk=P1^0;    //串行数据时钟上升沿激活
sbit ch451_din=P1^1;     //串行数据输出，接CH451的数据输入
sbit ch451_load=p1^2;    //串行命令加载，上升沿激活
sbit ch451_dout=P3^3;    //INT1，键盘中断和键值数据输入，接CH451的数据输出
uchar ch451_key;         //存放键盘中断时读取的键值
*/
/*初始化子程序*/
void ch451_init(void)
{
  ch451_din=0;           //先高后低，选择4线串行接口
  ch451_din=1;
  #ifdef USE_KEY
  IT1=0;                 //设置下降沿触发
  IE1=0;                 //清中断标志
  PX1=0;                 //设置低优先级
  EX1=1;                 //打开中断功能
  #endif
}
/**************************************************************************
**************************************/
//输出命令子程序
void ch451_write(unsigned int command)//定义一个无符号整型变量储存12B的命令字
{
  unsigned char i;
  #ifdef USE_KEY
  EX1=0;                 //禁止键盘中断#endif
  ch451_load=0;          //命令开始
  for(i=0;i<12;i++) //送入12位数据，低位在前
  {
    ch451_din=command&1;
    ch451_dclk=0;
    command>>=1;
    ch451_dclk=1;        //上升沿有效
  }
  ch451_load=1;          //加载数据
  #ifdef USE_KEY
  EXT1=1;
  #endif
}
#ifdef USE_KEY
/**************************************************************************
**************************************/
//输入命令子程序，单片机从CH451读1B，用于扫描方式
```

```
unsigned char ch451_read()
{
  unsigned char i;
  unsigned char command,keycode;          //定义命令字和数据储存器
  EX1=0;                                  //关闭中断功能
  command=0x07;
  ch451_load=0;
  for(i=0;i<4;i++)
  {
    ch451_din=command&1;                  //送入最低位
    ch451_dclk=0;
    command>>=1;                          //向右移一位
    ch451_dclk=1;                         //产生时钟上升沿锁,通知 CH451 输入位数据
  }
  ch451_load=1;                           //产生时钟上升沿锁,通知 CH451 处理命令数据
  keycode=0;
  for(i=0;i<7;i++)
    {
    keycode<<=1;                          //数据移入 keycode,高位在前,低位在后
    keycode|=ch451_dout;                  //从高到低读入 CH451 数据
    ch451_dclk=0;                         //产生时钟上升沿锁,通知 CH451 输出下一位
    ch451_dclk=1;
    }
  IE1=0;                                  //中断标志清 0
  EX1=1;
  return keycode;
}
/*********************************************************************
********/
/*中断子程序,使用外部中断1,中断向量号为2,寄存器组2*/
void ch451_inter() interrupt 2 using 2
{
  unsigned char i;
  unsigned char command,keycode;          //定义控制字寄存器、中间变量定时器
  command=0x07;                           //读取键值命令的高 4 位 0111B
  ch451_load=0;                           //命令开始
  for(i=0;i<4;i++)
  {
    ch451_din=command&1;                  //低位在前,高位在后
    ch451_dclk=0;
    command>>=1;                          //向右移一位
    ch451_dclk=1;                         //产生时钟上升沿锁,通知 CH451 输入位数据
  }
  ch451_load=1;                           //产生时钟上升沿锁,通知 CH451 处理命令数据
  keycode=0;                              //keycode 清 0
  for(i=0;i<7;i++)
```

```
    {
      keycode=<<=1;                      //数据左移一位，高位在前，低位在后
      keycode|=ch451_dout;
      ch451_dclk=0;                      //产生时钟上升沿锁，通知 CH451 输出下一位
      ch451_dclk=1;
    }
    ch451_key=keycode;                   //保存键值
    fk=1;                                //设置按键标志
    IE1=0;                               //中断标志清 0
  }
  /**********************************************************************
*********************/
```

使用 CH451 扩展专用键盘显示接口，具有接口简单、占用 CPU 资源少、外围器件简单、性价比高等优点，在各种单片机应用系统中得到广泛的应用。

9.3 AT89S51 与 LCD 的接口设计

9.3.1 LCD 的原理

LCD（Liquid Crystal Display，液晶显示器）是在两片平行的玻璃基板中放置液晶盒，下基板玻璃上放置 TFT（薄膜晶体管），上基板玻璃上放置彩色滤光片，通过改变 TFT 上的信号与电压来控制液晶分子的转动方向，从而达到控制每个像素点偏振光出射与否而达到显示目的的器件。其实 LCD 是一种被动式的显示器，即液晶本身并不发光，LCD 利用液晶在经过处理后能改变光线通过方向的特性，从而达到白底黑字或黑底白字的显示目的。LCD 具有省电、抗干扰能力强等优点，被广泛应用于笔记本电脑、智能仪器仪表和单片机测控系统等。

9.3.2 LCD 的分类

当前市场上 LCD 的种类繁多，按排列形状可分为字段型 LCD、点阵字符型 LCD 和点阵图形型 LCD。

1）字段型 LCD

字段型 LCD 以长条状组成字符显示，主要用于显示数字，也可用于显示字母或某些符号，其广泛应用于电子表、计算器、数字仪表。

2）点阵字符型 LCD

点阵字符型 LCD 专门用于显示字母、数字、符号等。它由若干个 5×7 或 5×10 的点阵组成，每一个点阵显示一个字符，其广泛应用于各类单片机应用系统。

3）点阵图形型 LCD

点阵图形型 LCD 在平板上排列成多行或多列，形成矩阵式的晶格点，点的大小可根据显示的清晰度来设计，其广泛应用于图形显示，如应用于笔记本电脑、彩色电视和游戏机等。

9.3.3 点阵字符型 LCM 接口

在单片机应用系统中，常使用点阵字符型 LCD。要使用点阵字符型 LCD，必须有相应的

LCD 控制器、驱动器来对其进行扫描、驱动，还要有一定空间的 RAM 和 ROM 来存储单片机写入的命令和显示字符的点阵。由于 LCD 的面板较为脆弱，制造商已将 LCD 控制器、驱动器、RAM、ROM 和 LCD 用 PCB 连接到一起，称为液晶显示模块（LCD Module，LCM），用户只需要购买现成的 LCM 即可。单片机在控制 LCM 时，只需要向 LCM 写入相应的命令和数据就可实现所需的显示内容，这种模块与单片机接口简单，使用灵活方便。下面仅介绍较为常见的 1602 点阵字符型 LCM（有两行，每行显示 16 个字符）。

1. 1602 点阵字符型 LCM 的结构与特性

1602 点阵字符型 LCM 在液晶显示板上排列着若干个 5×7 或 5×10 的点阵。LCM 的规格有 1 行、2 行及 4 行等，每行有 8、16、20、24、32、40 位，用户可根据需要进行购买。

1602 点阵字符型 LCM 的结构框图如图 9-15 所示，它由日立公司生产的控制器 HD44780、驱动器 HD44100 及若干个电阻和电容组成。HD44100 是用来扩展显示字符位的。例如，16 字符×1 行模块可以不用 HD44100，而 16 字符×2 行模块就要用一片 HD44100。

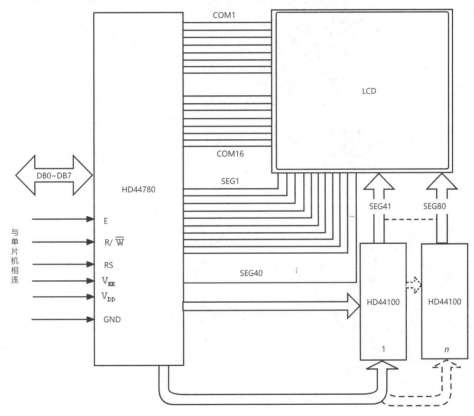

图 9-15　1602 点阵字符型 LCM 的结构框图

1602 点阵字符型 LCM 的特性：内部具有字符发生器 ROM（CGROM），即字符库，可显示 192 个 5×7 点阵字符，如图 9-16 所示。由该字符库可看出 1602 点阵字符型 LCM 显示的数字和字母部分的代码值，恰好与 ASCII 码中的数字和字母相同。因此，在显示数字和字母时，只需要向 1602 点阵字符型 LCM 写入对应的 ASCII 码即可。

模块内有 64B 的自定义字符 RAM，用户可自定义 8 个 5×7 点阵字符。模块内还有 80B 的数据显示存储器（DDRAM）。

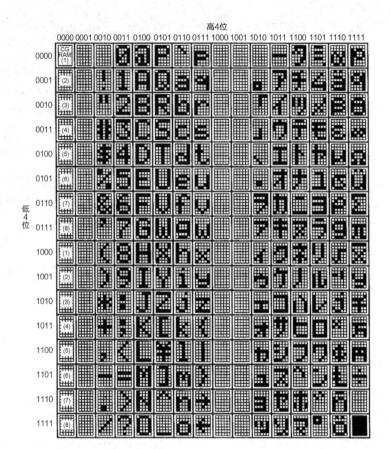

图 9-16　字符库的内容

2．1602 点阵字符型 LCM 的引脚

1602 点阵字符型 LCM 通常有 16 个引脚（少数为 14 个引脚），其中包括 8 个数据引脚、3 个控制引脚和 5 个电源引脚，如表 9-4 所示。通过单片机写入模块的命令和数据，就可对显示方式和显示内容进行设置。

表 9-4　1602 点阵字符型 LCM 的引脚

引　脚　号	符　号	引　脚　功　能
1	GND	电源地
2	V_{DD}	+5V 逻辑电源
3	V_{EE}	液晶驱动电源（用于调节对比度）
4	RS	寄存器选择（1 为数据寄存器，0 为命令/状态寄存器）
5	R/$\overline{W}$	读/写操作选择（1 为读，0 为写）
6	E	使能（下降沿触发）
7～14	DB0～DB7	数据总线，与单片机的数据总线相连，为三态
15	E1	背光电源，通常为+5V，并串联一个电位器，调节背光亮度
16	E2	背光电源地

3．命令格式及功能说明

（1）HD44780 内有多个寄存器，寄存器的选择如表 9-5 所示。

表 9-5 寄存器的选择

RS	R/$\overline{W}$	操　作	RS	R/$\overline{W}$	操　作
0	0	命令寄存器写入	1	0	数据寄存器写入
0	1	忙标志和地址计数器读出	1	1	数据寄存器读出

RS 引脚和 R/$\overline{W}$ 引脚上的电平决定了对寄存器的选择和读/写，而 DB7～DB0 引脚决定了命令功能。

（2）命令功能说明，下面介绍可写入寄存器的 11 个命令。

①清屏。命令格式如下：

RS	R/$\overline{W}$	DB7	DB6	DB5	DB4	DB3	DB2	DB1	DB0
0	0	0	0	0	0	0	0	0	1

功能：清除屏幕显示，并将地址计数器（AC）置 0。

②返回。命令格式如下：

RS	R/$\overline{W}$	DB7	DB6	DB5	DB4	DB3	DB2	DB1	DB0
0	0	0	0	0	0	0	0	1	×

功能：将 DDRAM 及显示 RAM 的地址置 0，显示返回原始位置。

③输入方式设置。命令格式如下：

RS	R/$\overline{W}$	DB7	DB6	DB5	DB4	DB3	DB2	DB1	DB0
0	0	0	0	0	0	0	1	I/D	S

功能：设置光标的移动方向，并指定整体显示是否移动，当 I/D=1 时，地址为增量方式；当 I/D=0 时，地址为减量方式，当 S=1 时，整体显示移动；当 S=0 时，整体显示不移动。

④显示开关控制。命令格式如下：

RS	R/$\overline{W}$	DB7	DB6	DB5	DB4	DB3	DB2	DB1	DB0
0	0	0	0	0	0	1	D	C	B

功能：D 位（DB2）控制整体显示的开与关，当 D=1 时，整体显示开；当 D=0 时整体显示关。C 位（DB1）控制光标的开与关，当 C=1 时，光标开；当 C=0 时，光标关。B 位（DB0）控制光标处字符的闪烁，当 B=1 时，光标处字符闪烁；当 B=0 时，光标处字符不闪烁。

⑤光标移动。命令格式如下：

RS	R/$\overline{W}$	DB7	DB6	DB5	DB4	DB3	DB2	DB1	DB0
0	0	0	0	0	1	S/C	R/L	×	×

功能：光标移动或整体显示移动，DDRAM 中内容不变。当 S/C=1 时，整体显示移动；当 S/C=0 时，光标移动。当 R/L=1 时，光标或整体显示向右移动；当 R/L=0 时，光标或整体显示向左移动。

⑥功能设置。命令格式如下：

RS	R/$\overline{W}$	DB7	DB6	DB5	DB4	DB3	DB2	DB1	DB0
0	0	0	0	1	DL	N	F	×	×

功能：DL 位设置接口数据位置，当 DL=1 时，数据接口为 8 位；当 DL=0 时，数据接口为 4 位。N 位设置显示行数，当 N=0 时，显示为单行；当 N=1 时，显示为双行。F 位设置字型大小，当 F=1 时，字型为 5×10 点阵，当 F=0 时，字型为 5×7 点阵。

⑦CGRAM 地址设置。命令格式如下：

RS	R/$\overline{W}$	DB7	DB6	DB5	DB4	DB3	DB2	DB1	DB0
0	0	0	1	A	A	A	A	A	A

功能：设置 CGRAM 的地址，地址范围为 0～63。

⑧DDRAM 地址设置。命令格式如下：

RS	R/$\overline{W}$	DB7	DB6	DB5	DB4	DB3	DB2	DB1	DB0
0	0	1	A	A	A	A	A	A	A

功能：设置 DDRAM 的地址，地址范围为 0～127。

⑨读忙标志 BF 及地址计数器。命令格式如下：

RS	R/$\overline{W}$	DB7	DB6	DB5	DB4	DB3	DB2	DB1	DB0
0	1	BF	AC						

功能：BF 位为忙标志。当 BF=1 时，表示 LCM 忙，此时不能接收命令和数据；当 BF=0 时，表示 LCM 不忙，可以接收命令和数据。AC 位为地址计数器的值，范围为 0～127。

⑩向 CGRAM 或 DDRAM 写入数据，命令格式如下：

RS	R/$\overline{W}$	DB7	DB6	DB5	DB4	DB3	DB2	DB1	DB0
1	0	DATA							

功能：向 CGRAM 或 DDRAM 写入数据，该命令应与 CGRAM 或 DDRAM 地址设置命令结合使用。

⑪从 CGRAM/DDRAM 中读出数据，命令格式如下：

RS	R/$\overline{W}$	DB$_7$	DB$_6$	DB$_5$	DB$_4$	DB$_3$	DB$_2$	DB$_1$	DB$_0$
1	1	DATA							

功能：从 CGRAM 或 DDRAM 中读出数据，该命令应与 CGRAM 或 DDRAM 地址设置命令结合使用。

（3）有关说明如下。

①显示位与 DDRAM 地址的对应关系如表 9-6 所示。

表 9-6 显示位与 DDRAM 地址的对应关系

显 示 位		1	2	3	4	5	6	7	8	9	…	39	40
DDRAM 地址（H）	第 1 行	00	01	02	03	04	05	06	07	08	…	26	27
	第 2 行	40	41	42	43	44	45	46	47	48	…	66	67

②标准字符库如图 9-15 所示。

③字符码（DDRAM 数据）、CGRAM 地址与自定义点阵数据（CGRAM 数据）之间存在对应关系，以字符¥为例，其 DDRAM 数据、CGRAM 地址与 CGRAM 数据如表 9-7 所示。

表 9-7　字符¥的 DDRAM 数据、CGRAM 地址与 CGRAM 数据

DDRAM 数据	CGRAM 地址	CGRAM 数据
76543210	543210	76543210
0000×aaa	aaa000	×××10001
	aaa001	×××01010
	aaa010	×××11111
	aaa011	×××00100
	aaa100	×××11111
	aaa101	×××00100
	aaa110	×××00100
	aaa111	×××00000

4．AT89S51 与 LCM1602 的接口

【例 9-5】AT89S51 与 LCD1602 模块（以下简称为 LCM1602）的接口电路如图 9-17 所示，RS、R/$\overline{W}$、E 这三个引脚分别接 P2.1、P2.2、P2.3 引脚，只需要通过对这 3 个引脚置 1 或清 0，就可实现对 LCM1602 的读写操作，具体来说，在 LCM1602 上显示一个字符的操作过程可分为读状态、写命令、写数据、自动显示。

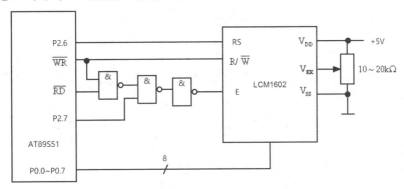

图 9-17　AT89S51 与 LCM1602 的接口电路

软件编程的基本思路如下。

1）初始化

在单片机开始运行前必须先对 LCM1602 进行初始化，否则无法正常显示字符。下面介绍两种初始化方法。

（1）利用 LCM1602 内部的复位电路进行初始化。LCM1602 有内部复位电路，能进行上电复位。在复位期间，BF=1，在电源电压达到 4.5V 以后，此状态可维持 10ms，复位时执行下列命令。

①清除显示。

②功能设置，当 DL=1 时，数据接口为 8 位；当 N=0 时，显示为单行；当 F=0 时，字型为 5×7 点阵。

③开/关设置，当 D=0 时，整体显示关；当 C=0 时，光标关；当 B=0 时，光标处字符闪烁。

④进入方式设置，当 I/D=1 时，地址为递增方式；当 S=0 时，整体显示不移动。

（2）软件初始化。在使用 LCM1602 前，需要对其显示模式进行初始化设置，LCM1602

的初始化函数如下：

```
void LCD_initial(void)          //初始化函数
{
write_command(0x38);            //写入命令 0x38，两行显示，5×7 点阵，8 位数据
_nop_(),_nop_(),_nop_();        //空操作，等待硬件反应
write_command(0x0c);            //写入命令 0x0c，整体显示开，光标关，无黑块
_nop_(),_nop_(),_nop_();
write_command(0x06);            //写入命令 0x06，光标右移
_nop_(),_nop_(),_nop_();
write_command(0x01);            //写入命令 0x01，清屏
delay(1);
}
```

2）显示程序编写

想要在 LCM1602 上显示字符，除了使其初始化，还要进行读状态、写命令、写数据、自动显示等过程，其常用程序段编写如下。

（1）读状态。

读状态是对 LCM1602 的忙标志进行检测，当 BF=1 时，表示 LCM1602 忙，不能对其写入命令；否则可以对其写入命令。忙标志检测函数如下。

```
void check_busy(void)    //忙标志检测函数
{
uchar dt;
do
  {
   dt=0xff;            //dt 为变量单元，初值为 0xff；
   E=0;
   RS=0;              //按读/写操作规范 RS=0，当 E=1 时才可读忙标志
   RW=1;
   E=1;
   dt=out;            //out 为 P0 口，P0 口的状态送入 dt
  }
 while(dt&0x80);       //若 BF=1，则继续循环检测，等待 BF=0
 E=0;                 //BF=0，LCM1602 不忙，结束检测
}
```

（2）写命令。

写命令函数如下。

```
void write_command(uchar com)        //写命令函数
{
check_busy();
E=0;                              //当 RS 和 E 同时为 0 时可以写入命令
RS=0;
RW=0;
out=com;                          //将命令写入 P0 口
E=1;                              //使 E 端产生正跳变
_nop_();                          //空操作，等待硬件反应
E=0;                              //E 由高电平变低，LCM1602 开始执行命令
delay(1);
}
```

（3）写数据。

写数据就是将要显示字符的 ASCII 码写入 LCM1602 的 DDRAM，如将数据 dat 写入 LCM1602，写数据函数如下。

```c
void write_data(uchar dat)  //向 LCM1602 写命令
{
  void check_busy();
  E=0;                      //当写数据时，E 应为正脉冲，所以先将其置 0
  RS=1;                     //当 RS=1 和 RW=0 时可以写入数据
  RW=0;
  out=dat;                  //将数据 dat 从 P0 口输出，写入 LCM1602
  E=1;                      //E 产生正跳变
  _nop_();
  E=0;                      //E 由高电平变低，写数据操作结束
  delay(1);
}
```

【例 9-6】用 AT89S51 驱动 LCM1602，使其显示两行文字："Welcome"与"Harbin CHINA"，AT89S51 与 LCM1602 的接口电路仿真图如图 9-18 所示。

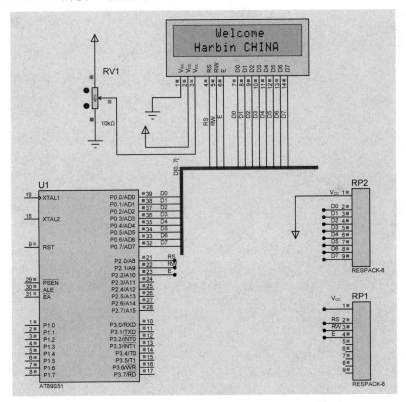

图 9-18　AT89S51 与 LCM1602 的接口电路仿真图

参考程序如下。

```c
#include <reg51.h>
#include <intrins.h>
#define uchar unsigned char
#define uint unsigned int
```

```c
#define out P0
sbit RS=P2^0;                          //位变量
sbit RW=P2^1;                          //位变量
sbit E=P2^2;                           //位变量
void lcd_initial(void);                //初始化函数
void check_busy(void);                 //忙标志检测函数
void write_command(uchar com);         //写命令函数
void write_data(uchar dat);            //写数据函数
void string(uchar ad,uchar *s);
void lcd_test(void);
void delay(uint);                      //延时函数
void main(void)                        //主函数
{
  lcd_initial();                       //调用初始化函数
  while(1)
  {
    string(0x85,"Welcome");            //显示的第1行字符串
    string(0xC2,"HarbinCHINA");        //显示的第2行字符串
    delay(100);                        //延时
    write_command(0x01);               //写入清屏命令
    delay(100);                        //延时
  }
}

void delay(uint j)                     //1ms延时函数
{
  uchar i=250;
  for(;j>0;j--)
  {
    while(--i);
    i=249;
    while(--i);
    i=250;
  }
}

void check_busy(void)                  //忙标志检测函数
{
  uchar dt;
  do
  {
    dt=0xff;
    E=0;
    RS=0;
    RW=1;
    E=1;
    dt=out;
  }
  while(dt&0x80);
  E=0;
```

```
}
void write_command(uchar com)    //写命令函数
{
  check_busy();
  E=0;
  RS=0;
  RW=0;
  out=com;
  E=1;
  _nop_();
  E=0;
  delay(1);
}
void write_data(uchar dat)        //写命令
{
  void check_busy();
  E=0;
  RS=1;
  RW=0;
  out=dat;
  E=1;
  _nop_();
  E=0;
  delay(1);
}
void lcd_initial(void)            //初始化函数
{
  write_command(0x38);            //8 位两行显示，5×7 点阵字符
  write_command(0x0C);            //整体显示开，光标关，无黑块
  write_command(0x06);            //光标右移
  write_command(0x01);            //清屏
  delay(1);
}
void string(uchar ad,uchar *s)    //输出显示字符串
{
  write_command(ad);
  while(*s>0)
  {
    write_data(*s++);             //输出字符串，且指针增 1
    delay(100);
  }
}
```

9.3.4　点阵图形型 LCM 接口

LCM12864 是 128×64 点阵的点阵图形型 LCM，可显示汉字及图形，内置 8192 个中文汉字（16×16 点阵）、128 个字符（8×16 点阵）及 64×256 点阵显示 RAM（GDRAM）。LCM12864 可与 CPU 直接接口，提供两种界面来连接单片机接口，即 8 位或 4 位并行和 3 位串行配置，具有多种软件功能，如光标显示、画面移位、自定义字符、睡眠模式等。下面对 LCM12864 进行介绍。

1．基本结构与特性

（1）LCM12864 的尺寸参数如表 9-8 所示。

表 9-8　LCM12864 的尺寸参数

项　目	规　格
体积	93mm×70mm×12.5mm
视域	73.0mm×39.0mm
行列点阵数	128 列×64 行
点距离	0.52mm×0.52mm
点大小	0.48mm×0.48mm

（2）LCM12864 的主要技术参数和显示特性如下。

①电源：3.3～5V（内置升压电路，不需要负压）。

②显示内容：128 列×64 行。

③显示颜色：黄绿。

④显示角度：6 点钟直视。

⑤LCD 类型：STN。

⑥背光类型：LED。

2．LCM12864 的引脚说明

LCM12864 通常有 20 个引脚，其说明如表 9-9 所示。模块的逻辑工作电压为 4.5～5.5V；电源地为 0V；工作温度为 0～60℃（常温）/-20～75℃（宽温）。

表 9-9　LCM12864 的引脚说明

引　脚　号	引　脚　名　称	方　　向	功　能　说　明
1	V_{SS}	—	电源地
2	V_{DD}	—	电源正端
3	V0	—	驱动电压输入端
4	RS（CS）	H/L	并行的指令/数据选择信号；串行的片选信号
5	R/W（SID）	H/L	并行的读写选择信号；串行的数据口
6	E（SCLK）	H/L	并行的使能信号；串行的同步时钟
7	DB0	H/L	数据 0
8	DB1	H/L	数据 1
9	DB2	H/L	数据 2
10	DB3	H/L	数据 3
11	DB4	H/L	数据 4
12	DB5	H/L	数据 5
13	DB6	H/L	数据 6
14	DB7	H/L	数据 7
15	PSB	H/L	并/串行接口选择：H 为并行；L 为串行
16	NC	—	空脚
17	/RET	H/L	复位低电平有效
18	NC	—	空脚
19	LED_A	—	背光源正极（LED 为+5V）
20	LED_K	—	背光源负极（LED 为 0V）

3．LCM12864 的时序连接方法

1）LCM12864 的并行连接时序图

图 9-19 和图 9-20 所示为 LCM12864 的并行连接时序图（写/读）。

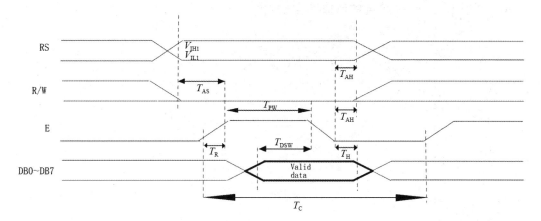

图 9-19　LCM12864 的并行连接时序图（写）

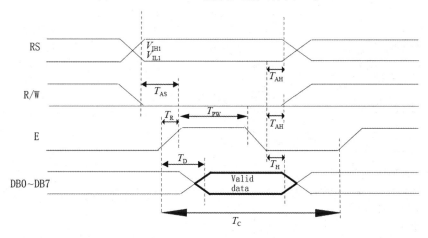

图 9-20　LCM12864 的并行连接时序图（读）

2）LCM12864 的串行连接时序图

图 9-21 所示为 LCM12864 的串行连接时序图。

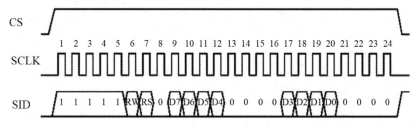

图 9-21　LCM12864 的串行连接时序图

串行数据传送共分 3B 完成。

第 1B：串口控制，格式为 11111ABC。

A 为数据传送方向控制：H 表示数据从 LCM12864 到单片机，L 表示数据从单片机到

LCM12864；B 为数据类型选择：H 表示数据是显示数据，L 表示数据是控制指令；C 固定为 0。

第 2B：（并行）8 位数据的高 4 位，格式为 DDDD0000。

第 3B：（并行）8 位数据的低 4 位，格式为 0000DDDD。

图 9-22 所示为 LCM12864 的串口接线方式。

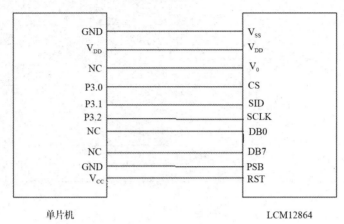

图 9-22　LCM12864 的串口接线方式

4．用户指令集

LCM12864 中的基本指令集（RE=0）与扩充指令集（RE=1）如表 9-10 和表 9-11 所示。

表 9-10　基本指令集（RE=0）

指　令	指　令　码										说　明	执行时间
	RS	R/W	DB7	DB6	DB5	DB4	DB3	DB2	DB1	DB0		
清除显示	0	0	0	0	0	0	0	0	0	1	将 DDRAM 填满 20H，并且设定 DDRAM 的 AC 为 00H	4.6ms
地址归位	0	0	0	0	0	0	0	0	1	X	设定 DDRAM 的 AC 为 00H，并且将游标移到原点位置；这个指令改变 DDRAM 的内容	4.6ms
进入点设定	0	0	0	0	0	0	0	1	I/D	S	指定在数据的读取与写入时，设定游标移动方向及指定显示的移位	72μs
显示状态开/关	0	0	0	0	0	0	1	D	C	B	D=1：整体显示开；C=1：光标开；B=1：光标处字符闪烁	72μs
光标或显示移位控制	0	0	0	0	0	1	S/C	R/L	X	X	设定光标的移动与显示的移位控制位，该指令并不改变 DDRAM 的内容	72μs
功能设定	0	0	0	0	1	DL	X	RE	X	X	DL=1（必须为 1）；RE=1：扩充指令集动作；RE=0：基本指令集动作	72μs
设定 CGRAM 地址	0	0	0	1	AC5	AC4	AC3	AC2	AC1	AC0	设定 CGRAM 地址到 AC	72μs
设定 DDRAM 地址	0	0	1	AC6	AC5	AC4	AC3	AC2	AC1	AC0	设定 DDRAM 地址到 AC	72μs

指 令	指 令 码										说 明	执行时间
	RS	R/W	DB7	DB6	DB5	DB4	DB3	DB2	DB1	DB0		
读取忙标志（BF）和地址	0	1	BF	AC6	AC5	AC4	AC3	AC2	AC1	AC0	读取 BF 可以确认内部动作是否完成，同时可以读出 AC 的值	0
写数据到 RAM	1	0	D7	D6	D5	D4	D3	D2	D1	D0	写入数据到内部的 RAM（DDRAM/CGRAM/IRAM/GDRAM）	72μs
读出 RAM 的值	1	1	D7	D6	D5	D4	D3	D2	D1	D0	从片内 RAM（DDRAM/CGRAM/IRAM/GDRAM）读取数据	72μs

表 9-11　扩充指令集（RE=1）

指 令	指 令 码										说 明	执行时间
	RS	R/W	DB7	DB6	DB5	DB4	DB3	DB2	DB1	DB0		
待命模式	0	0	0	0	0	0	0	0	0	1	进入待命模式，执行其他命令都可终止待命模式	72μs
卷动地址或 IRAM 地址选择	0	0	0	0	0	0	0	0	1	SR	SR=1：允许输入卷动地址 SR=0：允许输入 IRAM 地址	72μs
反白选择	0	0	0	0	0	0	0	1	R1	R0	选择 4 行中的任意 1 行进行反白显示，并可决定反白与否	72μs
睡眠模式选择	0	0	0	0	0	0	1	SL	X	X	SL=1：脱离睡眠模式 SL=0：进入睡眠模式	72μs
扩充功能设定	0	0	0	0	1	1	X	RE	G	0	RE=1：扩充指令集动作 RE=0：基本指令集动作 G=1：绘图显示开 G=0：绘图显示关	72μs
设定 IRAM 地址或卷动地址	0	0	0	1	AC5	AC4	AC3	AC2	AC1	AC0	SR=1：AC5～AC0 为卷动地址 SR=0：AC3～AC0 为 IRAM 地址	72μs
设定 GDRAM 地址	0	0	1	AC6	AC5	AC4	AC3	AC2	AC1	AC0	设定 GDRAM 地址到 AC	72μs

下面对具体指令进行介绍。

1）清除显示

R/W	RS	DB7	DB6	DB5	DB4	DB3	DB2	DB1	DB0
L	L	L	L	L	L	L	L	H	X

功能：把 DDRAM 的 AC 设定为 00H，游标返回原点，该指令并不改变 DDRAM 的内容。

2）位址归位

R/W	RS	DB7	DB6	DB5	DB4	DB3	DB2	DB1	DB0
L	L	L	L	L	L	L	L	L	H

功能：清除显示屏幕，把 DDRAM 的 AC 设定为 00H。

3）进入点设定

R/W	RS	DB7	DB6	DB5	DB4	DB3	DB2	DB1	DB0
L	L	L	L	L	L	L	H	I/D	S

功能：执行该命令后，所设置的行将显示在屏幕的第 1 行。显示起始行是由 Z 地址计数器控制的，该命令自动将 A0～A5 位地址送入 Z 地址计数器，起始地址可以是 0～63 范围内的任意一行。Z 地址计数器具有循环计数功能，用于显示行扫描同步，当扫描完一行后自动加 1。

4）显示状态开/关

R/W	RS	DB7	DB6	DB5	DB4	DB3	DB2	DB1	DB0
L	L	L	L	L	L	H	D	C	B

功能：当 D=1 时，整体显示开；当 C=1 时，光标开；当 B=1 时，光标处字符闪烁。

5）游标或显示移位控制

R/W	RS	DB7	DB6	DB5	DB4	DB3	DB2	DB1	DB0
L	L	L	L	L	H	S/C	R/L	X	X

功能：设定游标的移动与显示的移位控制位，该指令并不改变 DDRAM 的内容。

6）功能设定

R/W	RS	DB7	DB6	DB5	DB4	DB3	DB2	DB1	DB0
L	L	L	L	H	DL	X	0RE	X	X

功能：DL=1（必须为 1）；当 RE=1 时，扩充指令集动作；当 RE=0 时，基本指令集动作。

7）设定 CGRAM 位址

R/W	RS	DB7	DB6	DB5	DB4	DB3	DB2	DB1	DB0
L	L	L	H	AC5	AC4	AC3	AC2	AC1	AC0

功能：设定 CGRAM 位址到 AC。

8）设定 DDRAM 位址

R/W	RS	DB7	DB6	DB5	DB4	DB3	DB2	DB1	DB0
L	L	H	AC6	AC5	AC4	AC3	AC2	AC1	AC0

功能：设定 DDRAM 位址到 AC。

9）读取忙状态（BF）和位址

R/W	RS	DB7	DB6	DB5	DB4	DB3	DB2	DB1	DB0
L	H	BF	AC6	AC5	AC4	AC3	AC2	AC1	AC0

功能：读取 BF 可以确认内部动作是否完成，同时可以读出 AC 的值。

10）写数据到 RAM

R/W	RS	DB7	DB6	DB5	DB4	DB3	DB2	DB1	DB0
H	L	D7	D6	D5	D4	D3	D2	D1	D0

功能：写入数据到内部的 RAM（DDRAM/CGRAM/IRAM/GDRAM）。

11）读出 RAM 的值

R/W	RS	DB7	DB6	DB5	DB4	DB3	DB2	DB1	DB0
H	H	D7	D6	D5	D4	D3	D2	D1	D0

功能：从片内 RAM（DDRAM/CGRAM/IRAM/GDRAM）读取数据。

12）待命模式

R/W	RS	DB7	DB6	DB5	DB4	DB3	DB2	DB1	DB0
L	L	L	L	L	L	L	L	L	H

功能：进入待命模式，执行其他命令都可终止待命模式。

13）卷动位址或 IRAM 位址选择

R/W	RS	DB7	DB6	DB5	DB4	DB3	DB2	DB1	DB0
L	L	L	L	L	L	L	L	H	SR

功能：当 SR=1 时允许输入卷动位址；当 SR=0 时允许输入 IRAM 位址。

14）反白选择

R/W	RS	DB7	DB6	DB5	DB4	DB3	DB2	DB1	DB0
L	L	L	L	L	L	L	H	R1	R0

功能：选择 4 行中的任意 1 行进行反白显示，并可决定反白的与否。

15）睡眠模式选择

R/W	RS	DB7	DB6	DB5	DB4	DB3	DB2	DB1	DB0
L	L	L	L	L	L	H	SL	X	X

功能：当 SL=1 时，脱离睡眠模式；当 SL=0 时，进入睡眠模式。

16）扩充功能设定

R/W	RS	DB7	DB6	DB5	DB4	DB3	DB2	DB1	DB0
L	L	L	L	H	H	X	1RE	G	L

功能：当 RE=1 时，扩充指令集动作；当 RE=0 时，基本指令集动作；当 G=1 时，绘图显示开；当 G=0 时，绘图显示关。

17）设定 IRAM 位址或卷动位址

R/W	RS	DB7	DB6	DB5	DB4	DB3	DB2	DB1	DB0
L	L	L	H	AC5	AC4	AC3	AC2	AC1	AC0

功能：当 SR=1 时，AC5～AC0 为卷动位址；当 SR=0 时，AC3～AC0 写 IRAM 位址。

18）设定 GDRAM 位址

R/W	RS	DB7	DB6	DB5	DB4	DB3	DB2	DB1	DB0
L	L	H	AC6	AC5	AC4	AC3	AC2	AC1	AC0

功能：设定 GDRAM 位址到 AC。

5. 显示坐标关系

1）图形显示坐标

图形显示坐标的水平方向以字节为单位，垂直方向以位为单位，如图 9-23 所示。

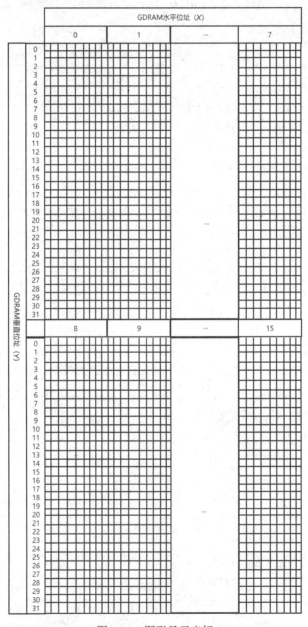

图 9-23　图形显示坐标

2）汉字显示坐标

汉字显示坐标如表 9-12 所示。

表 9-12　汉字显示坐标

行	X 轴坐标							
Line1	80H	81H	82H	83H	84H	85H	86H	87H
Line2	90H	91H	92H	93H	94H	95H	96H	97H
Line3	88H	89H	8AH	8BH	8CH	8DH	8EH	8FH
Line4	98H	99H	9AH	9BH	9CH	9DH	9EH	9FH

3）字符表代码（02H～7FH）

字符表代码如图 9-24 所示。

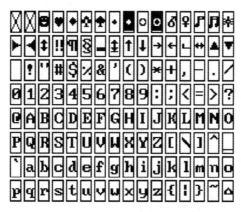

图 9-24　字符表代码

6. 显示 RAM

1）文本显示 RAM（DDRAM）

DDRAM 提供 8×4 行的文本空间，在写入文本显示 RAM 时，可以分别显示 CGROM、HCGROM 与 CGRAM 3 种字型。字型由在 DDRAM 中写入的编码决定，3 种字型的详细编码如下。

（1）显示半宽字型：将单字节编码写入 DDRAM，范围为 02H～7FH。

（2）显示 CGRAM 字型：将双字节编码写入 DDRAM，有 0000H、0002H、0004H、0006H四种编码。

（3）显示中文字形：将双字节编码写入 DDRAMK，范围为 A1A0H～F7FFH（GB 码）或A140H～D75FH（BIG5 码）。

2）图形显示 RAM（GDRAM）

GDRAM 提供 128×8B 的记忆空间，在更改 GDRAM 时，先连续写入水平与垂直坐标值，再写入双字节的数据到 GDRAM，而 AC 会自动加 1；在写入 GDRAM 期间，图形显示必须关闭，写入 GDRAM 的步骤如下。

（1）关闭图形显示功能。

（2）将水平坐标（X）写入 GDRAM 地址；再将垂直坐标（Y）写入 GDRAM 地址；将D15～D8 写入 RAM；将 D7～D0 写入 RAM；打开图形显示功能。

图形显示的缓冲区对应分布可参考显示坐标。

习题 9

1. 按键抖动是什么？按键抖动对单片机应用系统有何影响？如何消除按键抖动？

2. 简述单片机对矩阵式键盘的扫描过程或画出流程图。

3. 设计一个 4×4 的矩阵式键盘，并编写键盘的扫描程序。

4. 键盘有哪 3 种工作方式？各种工作方式的工作原理及特点是什么？

5. 共阳极与共阴极数码管的接法有何不同？二者的显示段码有何关系？

6. 画图并分析静态显示和动态显示的原理，说明两种显示方式各有什么优缺点。

7. 根据静态显示原理设计静态显示接口电路，并编写显示程序，要求在开始时于数码管最右边显示"8"，以后每隔 0.2s 从右到左依次增加一个"8"，直到显示 4 个"8"为止。

8. 根据动态显示原理设计动态显示接口电路，在 8 位数码管上从左到右依次显示"12345678"。

第 10 章　AT89S51 与 ADC、DAC 的接口设计

PC 只能进行数字运算，那么它是如何检测和控制外部的连续模拟量呢？在单片机测控系统中，温度、湿度、压力、浓度等非电物理量，经传感器先转换成连续变化的模拟量（电流或电压），再将模拟量转换成数字量，单片机才能对其进行处理。将模拟量转换成数字量的器件称为 A/D 转换器（ADC），ADC 的工作过程称为 A/D 转换。将数字量转换为模拟量的器件称为 D/A 转换器（DAC），DAC 的工作过程称为 D/A 转换。PC 通过 A/D 和 D/A 转换实现对外部连续模拟量的检测和控制。本章从应用的角度出发，介绍典型的 ADC、DAC 及其与 AT89S51 的接口设计。

10.1　AT89S51 与 ADC 的接口设计

10.1.1　ADC 概述

ADC 将模拟量转换为数字量，单片机才能对其进行处理。模拟量可以是电压、电流等电信号，也可以是压力、温度、湿度、位移、声音等非电信号。但在 A/D 转换前，输入到 ADC 的信号必须经各种传感器把物理量转换成模拟量。

1. ADC 简介

随着超大规模集成电路技术的飞速发展，新的 ADC 设计思想和制造技术层出不穷。为满足各种不同的检测及控制任务，大量结构不同、性能各异的 ADC 应运而生，它们常用于通信、数字相机、仪器和测量及 PC。部分单片机内部也集成了 ADC，但在片内 ADC 不能满足需要的情况下，仍需要扩展独立的 ADC。

ADC 按照输出数字量的有效位数分为 4 位、8 位、10 位、12 位、14 位、16 位并行输出 ADC，以及由 BCD 码输出的 $3^{1/2}$、$4^{1/2}$、$5^{1/2}$ 等多种 ADC。目前，除了并行的 ADC，带有串行接口的串行 ADC 也逐渐增多，由于串行 ADC 占用的 I/O 口线少、接口简单、使用方便，因此其得到广泛的应用。较为典型的串行 ADC 为美国 TI 公司的 TLC549（8 位）、TLC1549（10 位）、TLC1543（10 位）和 TLC2543（12 位）等。

ADC 按照转换速度可分为超高速 ADC（转换时间≤1ns）、高速 ADC（转换时间≤1μs）、中速 ADC（转换时间≤1ms）和低速 ADC（转换时间≤1s）等。

ADC 按照转换原理可分为直接 ADC 和间接 ADC。直接 ADC 把模拟量直接转换成数字量，如逐次逼近型、并联比较型 ADC 等。其中，逐次逼近型 ADC 易于用集成工艺实现，且能达到较高的分辨率和速度，故目前集成化 A/D 芯片中逐次逼近型 ADC 的应用较多；间接 ADC 是先把模拟量转换成中间量，再将中间量转换成数字量，如电压/时间转换型（积分型），

电压/频率转换型，电压/脉宽转换型等。其中，积分型 ADC 电路简单，抗干扰能力强，分辨率高，但转换速度较慢。

目前，许多新型的 ADC 还将多路开关、基准电压源、时钟电路、译码器和转换电路集成在一片芯片内，除了单纯的 A/D 转换功能，还具备其他功能，使用十分方便。

2．ADC 的主要技术指标

1）分辨率

分辨率是衡量 ADC 所能分辨输入模拟量的最小变化量的技术指标。分辨率取决于 ADC 的位数，通常用转换后的数字量的位数来表示，如 8 位、10 位、12 位、16 位等。位数越高，分辨率越高。若输入模拟电压的变化量小于最小变化量，则不会引起输出数字量的变化。

例如，某 ADC 的满量程输入电压为 5V，可输出 12 位二进制数，即用 2^{12} 个数进行量化，分辨率为 $5V/2^{12}=1.22mV$，其分辨率为 12 位，能分辨出 1.22mV 以上输入电压的变化。若采用 8 位 ADC，满量程输入电压为 5V，则分辨率为 $5V/2^8=19.53mV$。在实际应用中，选择适用的 ADC 是相当重要的，并不是分辨率越高越好。在不需要 ADC 分辨率高的场合，若 ADC 分辨率较高，则取样大多是噪声；若 ADC 分辨率太低，则会出现无法取样到所需量的情况。

2）转换精度

ADC 的转换精度是指实际 ADC 与理想 ADC 在量化值上的差值，可用绝对精度或相对精度表示。两片具有相同位数的 ADC，其转换精度未必相同。

3）转换误差

转换误差通常以相对误差的形式给出，表示 ADC 实际输出数字值与理想输出数字值的差值，用最低有效位（LSB）的倍数表示。

4）转换时间和转换速率

转换时间是完成一次 A/D 转换所需的时间，是从启动信号开始到转换结束并得到稳定的数字输出值的时间间隔。转换时间越短，转换速度越快，转换时间的倒数为转换速率。

常用的 ADC 有 ADC0809、AD574、TLC2543 等。

10.1.2 AT89S51 与 ADC0809 的接口

1．ADC0809 的引脚及功能

ADC0809 是由美国 NS 公司生产的，采用 CMOS 工艺的逐次逼近式并行 8 位 ADC，具有 8 路模拟量输入，8 位数字量输出，其引脚如图 10-1 所示。

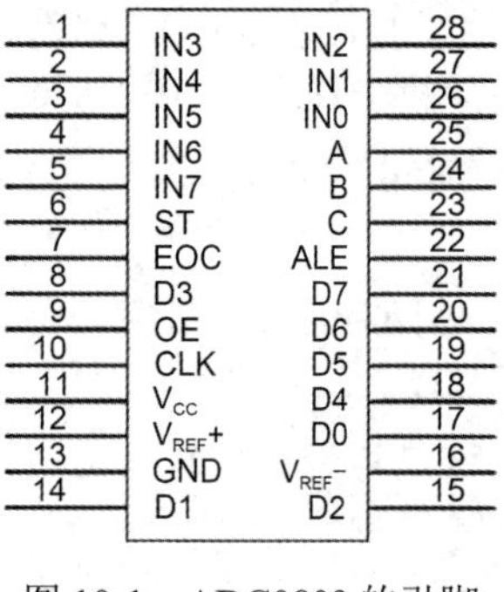

ADC0809 共有 28 个引脚，采用双列直插式封装。其引脚的主要功能如下。

（1）IN0～IN7：8 路模拟信号输入端，即 8 路输入通道。

（2）C、B、A：模拟通道地址输入端。其中，C 为高位，A 为低位，C、B、A 这 3 位组成的编码对应 8 路输入通道。

（3）ALE：地址锁存信号输入端。在脉冲上升沿锁存 C、B、A 引脚上的信号，并据此选择 IN0～IN7 中的一路。C、B、A 与 8 路输入通道的对应关系如表 10-1 所示。

图 10-1 ADC0809 的引脚

表 10-1　C、B、A 与 8 路输入通道的对应关系

C	B	A	输　入　通　道
0	0	0	IN0
0	0	1	IN1
0	1	0	IN2
0	1	1	IN3
1	0	0	IN4
1	0	1	IN5
1	1	0	IN6
1	1	1	IN7

（4）ST：启动信号输入端，即 START。当 START 引脚输入一个正脉冲时，立即启动 A/D 转换。

（5）EOC：A/D 转换结束信号输出端。当 A/D 转换开始时该引脚为低电平，当 A/D 转换结束后该引脚自动变为高电平，可用于向单片机发出中断请求。

（6）OE：输出允许控制端。当 OE 引脚为高电平时，将三态缓冲器中的数据输出到 D0～D7 中。

（7）D0～D7：8 位数字量输出端。该端信号为三态缓冲输出形式，能够和 AT89S51 的并行数据线直接相连。

（8）CLK：时钟信号输入端。晶体振荡器频率范围为 10～1280kHz，典型值为 640kHz。当晶体振荡器频率为 640kHz 时，转换时间为 100μs。

（9）$V_{REF}+$ 和 $V_{REF}-$：ADC 的正负基准电压输入端。

（10）V_{CC}：电源电压输入端（+5V）。

（11）GND：电源接地端。

2．ADC0809 的结构及转换原理

ADC0809 的结构框图如图 10-2 所示。由图 10-2，可以归纳单片机控制 ADC0809 进行 A/D 转换的工作过程。

（1）为 ADC0809 添加基准电压和时钟信号。

（2）外部模拟电压信号从 IN0～IN7 中的一路输入到 8 位模拟开关。

（3）将输入通道选择字输入 C、B、A 引脚。

（4）在 ALE 引脚输入高电平，选择并锁存相应输入通道。

（5）在 ST 引脚输入高电平，启动 A/D 转换。

（6）当 EOC 引脚变为高电平时，在 OE 引脚输入高电平。

（7）将 D0～D7 上的并行数据读入单片机。

3．AT89S51 与 ADC0809 的接口设计

AT89S51 控制 ADC0809 的过程：先用指令选择 ADC0809 的一路输入通道，然后给 ADC0809 的 START 引脚一个脉冲信号，开始对通道进行 A/D 转换。当 A/D 转换结束后，ADC0809 发出 EOC（高电平）信号，该信号可供单片机查询，也可反相后作为向单片机发出的中断请求信号；单片机在收到 EOC 信号后，通过逻辑电路控制 OE 引脚为高电平，把转换后的数字量读入单片机。

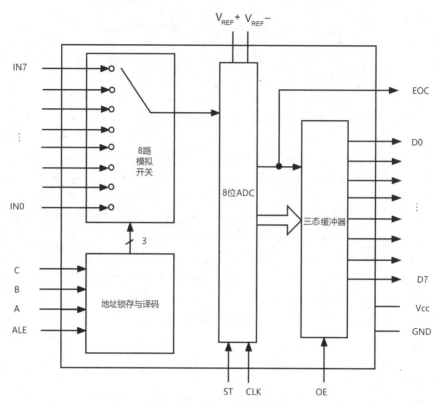

图 10-2　ADC0809 的结构框图

A/D 转换后得到的是数字量的数据，这些数据还应传送给单片机进行处理。数据传送的关键问题是如何确认 A/D 转换是否完成，只有确认 A/D 转换完成后，才能进行数据传送。确认 A/D 转换是否完成可采用传送、查询和中断三种方式。

1）传送方式

对于某个 ADC 来说，其转换时间作为一项技术指标是已知和固定的。例如，ADC0809 的转换时间为 128μs，相当于晶体振荡器频率为 6MHz 的单片机的 64 个机器周期。可据此设计一个延时程序，在 A/D 转换启动后即调用这个延时程序，延时结束，说明转换已经完成了，就可以进行数据传送。

2）查询方式

ADC 有表明转换完成的状态信号，如 ADC0809 的 EOC 引脚信号。单片机可以采用查询方式检测 EOC 引脚是否变为高电平，以确认 A/D 转换是否完成，然后进行数据传送。

3）中断方式

单片机在启动 A/D 转换之后，执行其他的程序。当 ADC0809 的 A/D 转换结束后，其 EOC 引脚变为高电平，通过反相器向单片机发出中断请求信号，单片机响应中断后进入中断服务程序，在中断服务程序中读入转换后的数字量。

【例 10-1】AT89S51 采用查询方式控制 ADC0809（由于 Proteus 的器件库中没有 ADC0809，因此用与其兼容的 ADC0808 替代，其性能与 ADC0809 完全相同，用法也相同，只是在非调整误差方面有所不同，ADC0809 为±1LSB，ADC0808 为±1/2LSB），其接口仿真图如图 10-3 所示。

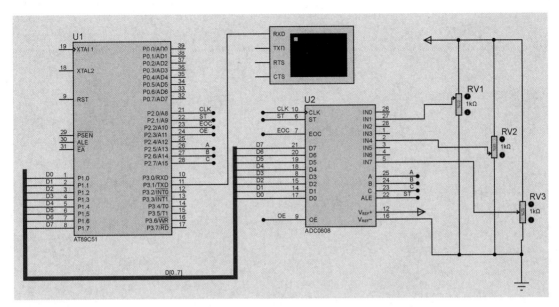

图 10-3　AT89S51 与 ADC0808 的查询方式接口仿真图

图 10-3 中的基准电压是 ADC0808 在进行 A/D 转换时所需要的基准电压,这是保证转换精度的基本条件。基准电压单独用高精度稳压电源供给,其电压的变化量要小于 1LSB。当被变换的输入电压不变,而基准电压的变化量大于 1LSB 时,就会引起 ADC0808 输出的数字量变化。

由于 ADC0808 片内无时钟电路,可利用 AT89S51 提供的地址锁存允许信号 ALE 经 D 触发器二分频后获得,ALE 引脚的频率是 AT89S51 时钟频率的 1/6(但要注意,每次访问片外 RAM 一次,就减少一个 ALE 脉冲)。若晶体振荡频率为 6MHz,则 ALE 引脚的输出频率为 1MHz,二分频后为 500kHz,恰好符合 ADC0808 对晶体振荡器频率的要求。当然,也可采用独立的时钟源输出,直接加到 ADC0808 的 CLK 引脚上,图 10-3 中 ADC0808 的 CLK 引脚的时钟信号由定时器/计数器 T0 中断给出。

由于 ADC0809 具有三态缓冲器,其 8 位数据输出引脚 D0~D7 可直接与单片机的 P1 口相连。地址译码引脚 C、B、A 分别与地址总线的低 3 位 P2.5、P2.6、P2.7 相连,以选择 IN0~IN7 中的一个通道。

在启动 A/D 转换时,由 P2.1 产生脉冲信号启动 A/D 转换,通过查询 P2.2 引脚是否为 1 来判断 A/D 转换是否结束,若 P2.2 引脚为 1,则 A/D 转换结束,将 P2.3 置 1,打开 ADC0809 三态缓冲器,使转换的结果传送到 P1 口。

下面的程序是采用查询的方式,分别对 8 路模拟信号中的 1、4、7 轮流采样一次,并通过虚拟终端依次显示出来的转换程序。

```
#include<reg51.h>
#include<stdio.h>
#include<intrins.h>
sbit OE=P2^3;
sbit EOC=P2^2;
sbit ST=P2^1;
sbit CLK=P2^0;
sbit ADDRA=P2^5;
```

```c
sbit ADDRB=P2^6;
sbit ADDRC=P2^7;
void DelayMS(unsigned int ms)
{
  unsigned int i,j;
  for(i=0;i<ms;i++)
  for(j=0;j<1141;j++);
}
void Delayus(unsigned int us)
{
  unsigned int i;
  for(i=0;i<us;i++);
}
void InitUart(void)        //初始化串行接口
{
  SCON=0x50;               //串行接口工作于方式1
  TMOD=0x22;               //定时器/计数器T0、T1工作于方式2
  PCON=0x00;               //SMOD=0
  TH1=0xfd;                //使用T1作为串行接口的波特率发生器
  TL1=0xfd;
  TI=1;
  TR1=1;
}
void main()                //主程序
{
  unsigned char temp;
  InitUart();
  TH0=0x14;                //初始化定时器/计数器T0
  TL0=0x14;
  ET0=1;
  TR0=1;
  EA=1;
  while(1)
  {
    DelayMS(100);
    ADDRA=1;
    ADDRB=0;
    ADDRC=0;               //选择ADC0809的通道1
    ST=0;
    ST=1;
    Delayus(10);
    ST=0;                  //启动A/D转换
    while(EOC==0);         //等待A/D转换结束
    OE=1;                  //允许输出
    Delayus(10);
    P1=0xFF;
    temp=P1;               //暂存转换结果
    OE=0;                  //关闭输出
```

```
    putchar(temp);          //输出转换结果
    DelayMS(100);
    ADDRA=0;
    ADDRB=0;
    ADDRC=1;                 //选择 ADC0809 的通道 4
    ST=0;
    ST=1;
    Delayus(10);
    ST=0;
    while(EOC==0);
    OE=1;
    Delayus(10);
    P1=0xFF;
    temp=P1;
    OE=0;
    putchar(temp);
    DelayMS(100);
    ADDRA=1;
    ADDRB=1;
    ADDRC=1;                 //选择 ADC0809 的通道 7
    ST=0;
    ST=1;
    Delayus(10);
    ST=0;
    while(EOC==0);
    OE=1;
    Delayus(10);
    P1=0xFF;
    temp=P1;
    OE=0;
    putchar(temp);
  }
}
void Timer0_INT() interrupt 1    //定时器/计数器 T0 中断函数，作为 ADC 的 CLK 信号
{
  CLK=~CLK;
}
```

AT89S51 与 ADC0809 单片机的中断方式接口电路只需要将图 10-3 所示的 EOC 引脚经过反相器连接到 AT89S51 的外中断输入引脚 $\overline{\text{INT1}}$ 即可。采用中断方式可大大节省单片机的运行时间。当 A/D 转换结束时，EOC 发出一个脉冲向单片机提出中断申请，单片机响应中断请求，由外部中断 1 的中断服务程序读 A/D 结果，并启动 ADC0809 的下一次 A/D 转换，外部中断 1 采用跳沿触发方式。中断函数参考程序如下。

```
void INT1() interrupt 2 using 0
{
  OE=1;
  Delayus(10);
  P1=0xFF;
  temp=P1;
```

```
    OE=0;
    putchar(temp);
}
```

10.1.3　AT89S51 与 TLC2543 的接口

TLC2543 是美国 TI 公司推出的串行 ADC，转换时间为 10μs。其内部有 14 路模拟开关，用来选择 11 路模拟输入及 3 路内部测试电压中的 1 路进行采样。为了保证测量结果的准确性，TLC2543 具有 3 路内置自测试方式，可分别测试高基准电压值 $V_{REF}+$，低基准电压值 $V_{REF}-$ 和 $V_{REF}+/2$。该器件的模拟输入范围为 $V_{REF}- \sim V_{REF}+$，一般模拟量的范围为 $0\sim+5V$，所以 $V_{REF}+$ 引脚接+5V，$V_{REF}-$ 引脚接地。由于 TLC2543 价格适中，分辨率较高，因此在智能仪器仪表中有着较为广泛的应用。

1．TLC2543 的引脚及功能

TLC2543 的引脚如图 10-4 所示。各引脚功能如下。

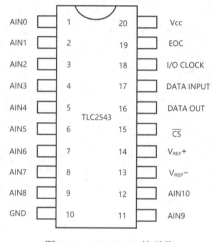

图 10-4　TLC2543 的引脚

（1）AIN0～AIN10：11 路模拟量输入端。

（2）$\overline{CS}$：片选端。

（3）DATA INPUT：串行数据输入端。由 4 位串行地址输入来选择模拟量输入通道。

（4）DATA OUT：A/D 转换结果的三态串行输出端。当 $\overline{CS}$ 为高电位时，该位处于高阻抗状态；当 $\overline{CS}$ 为低电位时，该位处于转换结果输出状态。

（5）EOC：转换结束端。

（6）I/O CLOCK：I/O 时钟端。

（7）$V_{REF}+$：正基准电压端。基准电压的正端（通常为 V_{CC}）被加在 $V_{REF}+$ 引脚，最大的输入电压范围为加在此引脚与 $V_{REF}-$ 引脚的电压差。

（8）$V_{REF}-$：负基准电压端。基准电压的低端（通常为地）加在此引脚。

（9）V_{CC}：电源电压输入端。

（10）GND：电源接地端。

2．TLC2543 的工作时序

TLC2543 的工作时序分为 I/O 周期和转换周期，如图 10-5 所示。

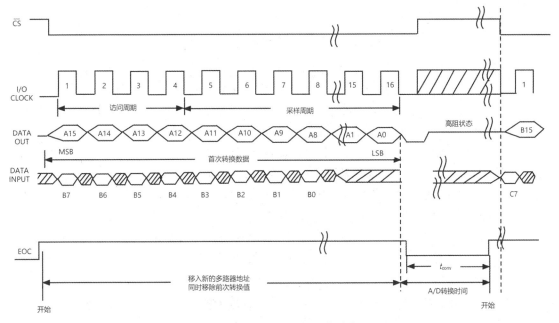

图 10-5 TLC2543 的工作时序

1）I/O 周期

I/O 周期由外部提供的 I/O CLOCK 定义，延续 8、12 或 16 个时钟周期，取决于选定的输出数据的长度。器件在进入 I/O 周期后同时进行两种操作。

（1）在 I/O CLOCK 的前 8 个脉冲的上升沿，TLC2543 以 MSB 前导方式从 DATA INPUT 端输入 8 位数据到输入寄存器，其中前 4 位为模拟通道地址，控制 14 个通道模拟多路器，从 11 路模拟输入和 3 路内部测试电压中选择 1 路到采样保持器，从第 4 个 I/O CLOCK 脉冲的下降沿开始，对所选的信号进行采样，直到最后一个 I/O CLOCK 脉冲的下降沿。I/O CLOCK 脉冲的时钟个数与输出数据长度（位数）有关，输出数据的长度由输入数据的 D3、D2 决定，可选择为 8 位、12 位或 16 位。当 TLC2543 工作于 12 位或 16 位时，在前 8 个脉冲之后，DATA INPUT 无效。

（2）在 DATA OUT 端串行输出 8 位、12 位或 16 位数据，当 $\overline{CS}$ 为低电平时，第 1 个输出数据出现在 EOC 的上升沿，若转换由 $\overline{CS}$ 控制，则第 1 个输出数据出现在 $\overline{CS}$ 的下降沿。这个数据是前 1 次转换的结果，第 1 个输出数据位之后的每个后续位均由后续的 I/O CLOCK 脉冲下降沿输出。

2）转换周期

在 I/O 周期的最后一个 I/O CLOCK 脉冲下降沿之后，EOC 变低，采样值保持不变，转换周期开始，片内 ADC 对采样值进行逐次逼近式 A/D 转换，其工作由与 I/O CLOCK 同步的内部时钟控制。在 A/D 转换结束后，EOC 变高，转换结果锁存在输出数据寄存器中，等待下一个 I/O 周期。I/O 周期和转换周期交替进行，可减少外部的数字噪声对转换精度的影响。

3. TLC2543 的命令字

对于每次 A/D 转换，单片机都必须对 TLC2543 写入命令字，以确定被转换的信号来自哪路通道，转换的结果用多少位输出，数据输出的顺序是高位在前还是低位在前，输出的结果是有符号数还是无符号数。命令字的写入顺序为高位在前。命令字格式如图 10-6 所示。

通道地址选择位（D7～D4）	数据的长度位（D3、D2）	数据的顺序位（D1）	数据的极性位（D0）

图 10-6　命令字格式

（1）通道地址选择位：用来确定被转换的信号来自哪个通道。二进制数 0000～1010 分别是 11 路模拟量 AIN0～AIN10 的地址；地址 1011、1100 和 1101 所选择的自测试电压分别是 $[V_{REF}(V_{REF}+)-(V_{REF}-)]/2$、$V_{REF}-$、$V_{REF}+$。1110 是掉电地址，选择掉电后，TLC2543 处于休眠状态，此时电流小于 20μA。

（2）数据的长度位（D3、D2）：用来确定转换的结果用多少位输出。D3、D2 为 x、0：12 位输出；D3、D2 为 0、1：8 位输出；D3、D2 为 1、1：16 位输出。

（3）数据的顺序位（D1）：用来确定数据输出的顺序是高位在前还是低位在前。当 D1=0 时，高位在前；当 D1=1 时，低位在前。

（4）数据的极性位（D0）：用来确定输出的结果是有符号数还是无符号数。当 D0=0 时，输出的结果是无符号数；当 D0=1 时，输出的结果是有符号数。

4．AT89S51 与 TLC2543 的接口设计

【例 10-2】AT89S51 与 TLC2543 的接口电路仿真图如图 10-7 所示，程序对 AIN2 模拟通道进行数据采集，结果在数码管上显示，输入电压的改变通过调节 RV1 来实现。

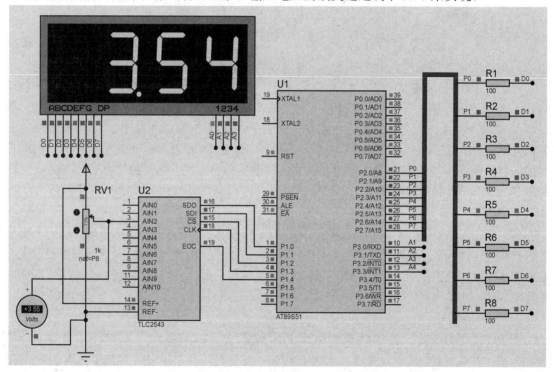

图 10-7　AT89S51 与 TLC2543 的接口电路仿真图

TLC2543 与 AT89S51 的接口采用串行外设接口，由于单片机 AT89S51 没有串行外设接口，必须采用软件与单片机 I/O 口线相结合的方式来模拟串行外设接口时序。TLC2543 的 3 个控制输入端分别为 DATA INPUT（17 引脚，4 位串行地址输入端）、$\overline{CS}$（15 引脚，片选端）及 I/O CLOCK（18 引脚，输入/输出时钟端），它们分别由单片机的 P1.1、P1.2 和 P1.3 引脚控制。转换结果输出信号 DATA OUT（16 引脚）由单片机的 P1.0 引脚串行接收，单片机将命令字通

过 P1.1 引脚串行写入 TLC2543 的输入寄存器。

片内的 14 个通道模拟多路器可选择 11 路模拟输入中的 1 路内部自测电压并自动完成采样保持。在 A/D 转换结束后，EOC 输出变高，转换结果由三态输出端 DATA OUT 输出。

采集的数据为 12 位无符号数，高位在前。写入 TLC2543 的命令字为 0xa0。TLC2543 的工作时序、命令字写入和转换结果输出是同时进行的，即在输出转换结果的同时也写入下一次的命令字，采集 11 个数据要进行 12 次转换。第 1 次写入的命令字是有实际意义的，但是第 1 次输出的转换结果是无意义的，应丢弃；而第 11 次写入的命令字是无意义的，但是第 11 次输出的转换结果是有意义的。

参考程序如下。

```
#include <reg51.h>
#include <intrins.h>
#define uchar unsigned char
#define unit unsigned int
unsigned char code tabl[ ]={0xc0,0xf9,0xa4,0xb0,0x99,0x92,0x82,0xf8,0x80,
0x90};
unit ADresult[11];              //11 个通道的转换结果单元
sbit DATOUT=P1^0;
sbit DATIN=P1^1;
sbit CS=P1^2;
sbit IOCLK=P1^3;
sbit EOC=P1^4;
sbit wei1=P3^0;
sbit wei2=P3^1;
sbit wei3=P3^2;
sbit wei4=P3^3;
void delay_ms(unit i)
{
  int j;
  for(;i>0;i--)
  for(j=0;j<123;j++);
}
unit getdata(uchar channel)   //getdata()为获取转换结果函数，channel 为通道号
{
  uchar i,temp;
  unit read_ad_data=0;        //read_ad_data 用于存放采集的数据
  channel=channel<<4;         //结果为 12 位输出，高位在前，无符号数 xxxx0000
                              //xxxx 为输入通道地址 0000～1010
  IOCLK=0;
  CS=0;
  temp=channel;
  for(i=0;i<12;i++)
  {
    if(DATOUT)read_ad_data=read_ad_data|0x01;
    DATIN=(bit)(temp&0x80); //写入通道命令字，串行写入
    IOCLK=1;
    _nop_();_nop_();_nop_();
```

```c
    IOCLK=0;
    _nop_(); _nop_(); _nop_();
    temp=temp<<1;              //左移一位，准备发送通道命令字下1位
    read_ad_data<<=1;          //转换结果左移1位
  }
  CS=1;
  read_ad_data>>=1;            //抵消第12次左移，得到12位转换结果
  return(read_ad_data);
}
void display(void)            //显示函数
{
  uchar qian,bai,shi,ge;      //定义显示结果千位、百位、十位、个位
  unit value;
  value=ADresult[2]*1.221;    //*5000/4095
  qian=value%10000/1000;
  bai=value%1000/100;
  shi=value%100/10;
  ge=value%10;
  wei1=1;
  P2=table[qian]-128;
  delay_ms(1);
  wei1=0;
  wei2=1;
  P2=table[bai];
  delay_ms(1);
  wei2=0;
  wei3=1;
  P2=table[shi];
  delay_ms(1);
  wei3=0;
  wei4=1;
  P2=table[ge];
  delay_ms(1);
  wei4=0;
}
main(void)
{
  ADresult[2]=getdata(2);     //启动第2个通道转换，第1次转换结果无意义
  while(1)
  {
    _nop_(); _nop_(); _nop_();
    ADresult[2]=getdata(2);   //读取本次转换结果，同时启动下次转换
    while(!EOC);              //未转换完，循环等待
    display();
  }
}
```

10.2　AT89S51 与 DAC 的接口设计

10.2.1　DAC 概述

DAC 是单片机应用系统与外部模拟对象的一种重要控制接口。单片机输出的数字量必须通过 DAC 转换成模拟量后，才能对控制对象进行控制。

在设计 DAC 与单片机的接口之前，一般要根据 DAC 的技术指标选择合适的 DAC。其主要技术指标如下。

1．分辨率

分辨率是指当数字量发生单位数码变化，即 LSB 位产生一次变化时所对应输出模拟量的变化量，是 DAC 对输入量变化的敏感程度的描述。对于线性 DAC，其分辨率 Δ 与输入数字量位数 n 有如下关系：

$$\Delta=模拟量输出的满量程值/2^n$$

在实际应用中，习惯用输入数字量的位数来表示分辨率，位数越多，分辨率越高，即 DAC 对输入量变化的敏感程度越高。

例如，对于 8 位的 DAC，若满量程输出为 10V，$\Delta=10V/2^8\approx39.1mV$，即输入的二进制数最低位的变化可引起输出的模拟电压变化约为 39.1mV，该值占满量程的 0.391%，常用符号 1LSB 表示。同理可得

$$10 \text{ 位 DAC 的 } 1LSB\approx9.77mV\approx0.1\%满量程$$
$$12 \text{ 位 DAC 的 } 1LSB\approx2.44mV=0.0244\%满量程$$
$$16 \text{ 位 DAC 的 } 1LSB\approx0.076mV=0.00076\%满量程$$

在实际使用时，应根据对 DAC 分辨率的需要来选择 DAC 的位数。

2．建立时间

建立时间是描述 DAC 转换快慢的一个参数，用于表明转换时间或转换速度。其值为从输入数字量到输出达到终值误差 $\pm LSB/2$（最低有效位）时所需的时间。电流输出的转换时间较短，而电压输出的 DAC 由于要加上完成 I/V 转换的运算放大器的延迟时间，因此转换时间要长一些。快速 DAC 的转换时间可控制在 1μs 以下。

3．精度

精度用于衡量 DAC 在将数字量转换成模拟量时，所得模拟量的精确程度，表明模拟输出实际值与理论值的偏差。精度可分为绝对精度和相对精度。绝对精度是指在输入端加入给定数字量时，输出端实测的模拟量与理论值之间的偏差。相对精度是指当满量程信号值校准后，输入数字量的输出值与理论值的误差，也就是 DAC 的线性度。

4．线性度

线性度是指 DAC 的实际的转换特性与理想的转换特性之间的误差，一般来说 DAC 的线性误差应小于 LSB/2。

5．转换速率

转换速率即 DAC 每秒钟可以转换的次数，其倒数为转换时间。

DAC 品种繁多、性能各异。DAC 按输入数字量的位数可以分为 8 位 DAC、10 位 DAC、

12 位 DAC、和 16 位 DAC 等；按输入的数码可以分为二进制方式 DAC 和 BCD 码方式 DAC；按传输数字量的方式可以分为并行方式 DAC 和串行方式 DAC；按输出形式可以分为电流输出型 DAC 和电压输出型 DAC，电压输出型又有单极性 DAC 和双极性 DAC 之分；按与单片机的接口可以分为带输入锁存的 DAC 和不带输入锁存的 DAC。

10.2.2　AT89S51 与 DAC0832 的接口

DAC0832 是由美国 NS 公司生产的 8 位 DAC，内部具有两级输入数据寄存器，使其可适应于各种电路的需要。它能直接与单片机 AT89C52 相连接，采用二次缓冲方式，可以在输出的同时，采集下一个数据，从而提高转换速度；还可以在多个 DAC 同时工作时，实现多通道 D/A 的同步转换输出。D/A 转换结果采用电流形式输出，可通过一个高输入阻抗的线性运算放大器得到相应的模拟电压信号。

1．DAC0832 的特性

DAC0832 能直接与 AT89S51 连接，其主要特性如下。

（1）分辨率为 8 位。

（2）只需要在满量程下调整其线性度。

（3）电流输出，转换时间为 1μs。

（4）可采用双缓冲、单缓冲或直接数字输入。

（5）功耗低，约为 20mW。

（6）单电源供电，供电电压为+5～+15V。

（7）工作温度范围为-40～+85℃。

2．DAC0832 的引脚及功能

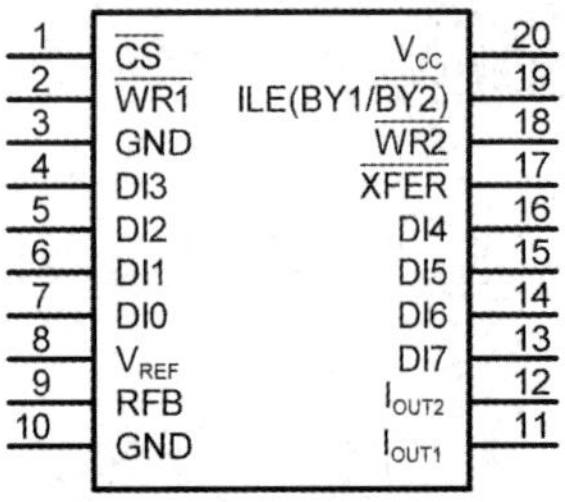

DAC0832 的引脚如图 10-8 所示，各引脚的功能如下。

（1）DI0～DI7：8 位数字信号输入端，与单片机的数据总线 P0 口相连，用于接收单片机送来的待转换的数据，DI7 为最高位。

（2）$\overline{CS}$：片选端，低电平有效。

（3）ILE（BY1/$\overline{BY2}$）：数据锁存允许控制端，高电平有效。

（4）$\overline{WR1}$：第 1 级输入寄存器写选通控制端，低电平有效。当 $\overline{CS}$=0、ILE=1、$\overline{WR1}$=0 时，待转换的数据被锁存到第 1 级 8 位输入寄存器中。

（5）$\overline{XFER}$：数据传送控制端，低电平有效。

图 10-8　DAC0832 的引脚

（6）$\overline{WR2}$：DAC 寄存器写选通控制端，低电平有效。当 $\overline{XFER}$=0、$\overline{WR2}$=0 时，输入寄存器中待转换的数据传入 8 位 DAC 寄存器。

（7）I_{OUT1}、I_{OUT2}：DAC 电流输出端。输入数字量全为"1"时，I_{OUT1} 最大；输入数字量全为"0"时，I_{OUT1} 最小。I_{OUT1}、I_{OUT2} 的和为常数，随 8 位 DAC 寄存器的内容线性变化。

（8）R_{FB}：I/V 转换时外部反馈信号输入端，DAC0832 内部已有反馈电阻 R_{FB}，也可根据需要外接反馈电阻。

（9）V_{CC}：电源输入端，电压为+5～+15V。

（10）DGND：数字信号地。

（11）AGND：模拟信号地，最好与基准电压共地。

3. DAC0832 的逻辑结构及电压输出电路

DAC0832 的逻辑结构如图 10-9 所示。

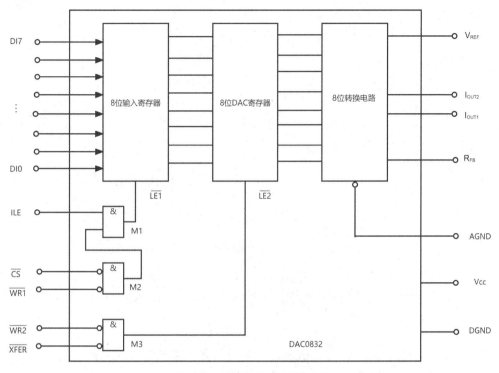

图 10-9　DAC0832 的逻辑结构

DAC0832 内部的输入寄存器用于存放单片机送来的数字量，使输入数字量得到缓冲和锁存，由 $\overline{LE1}$ 加以控制；DAC 寄存器用于存放待转换的数字量，由 $\overline{LE2}$ 控制；D/A 转换电路受 DAC 寄存器输出的数字量控制，能输出和数字量成正比的模拟电流。因此，DAC0832 通常需要外接 I/V 转换的运算放大器电路，才能得到模拟输出电压，DAC0832 的电压输出电路如图 10-10 所示。

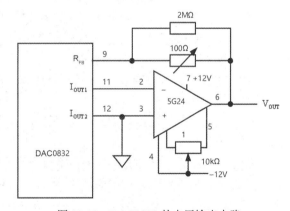

图 10-10　DAC0832 的电压输出电路

4. AT89S51 与 DAC0832 的接口设计

在应用时，DAC0832 通常有三种工作方式：直通方式、单缓冲方式和双缓冲方式。在设计 AT89S51 与 DAC0832 的接口电路时，常用单缓冲方式或双缓冲方式。

1）单缓冲方式

单缓冲方式是指 DAC0832 内部的两个数据缓冲器有一个处于直通方式，另一个处于受 AT89S51 控制的锁存方式。在实际应用中，如果只有一路模拟量输出，或虽有多路模拟量输出但并不要求多路输出同步的情况下，就可以采用单缓冲方式。

AT89S51 与 DAC0832 的单缓冲方式接口电路仿真图如图 10-11 所示。

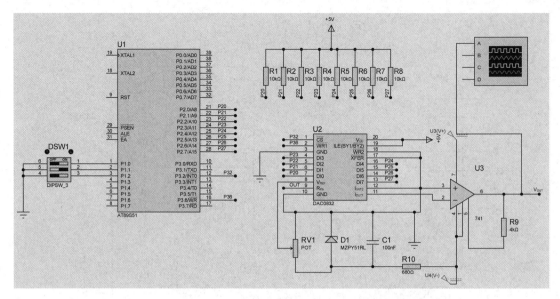

图 10-11　AT89S51 与 DAC0832 的单缓冲方式接口电路仿真图

图 10-11 所示的电路为单极性模拟电压输出电路，由于 DAC0832 是 8 位 DAC，由基尔霍夫定律列出的方程组可解得 DAC0832 的输出电压 V_{OUT} 与输入数字量 B 的关系为

$$V_{OUT} = -B \times \frac{V_{REF}}{256}$$

显然，DAC0832 的输出电压 V_{OUT} 与输入数字量 B 和基准电压 V_{REF} 成正比，且当 B 为 0 时，V_{OUT} 也为 0，当 B 为 255 时，V_{OUT} 为最大的绝对值输出，且不会大于 V_{REF}。

在图 10-11 中，DAC0832 的 $\overline{WR2}$ 和 $\overline{XFER}$ 接地，故 DAC0832 的 DAC 寄存器（见图 10-9）工作于直通方式。输入寄存器受 $\overline{CS}$ 和 $\overline{WR1}$ 端控制，而且 $\overline{CS}$ 和 $\overline{WR1}$ 分别连接于 P3.2 和 P3.6 引脚。因此，直接将 P3.2 和 P3.6 引脚清 0，即使 $\overline{WR1}$ 和 $\overline{CS}$ 上产生低电平信号，DAC0832 也能够接收 AT89S51 送来的数字量。

【例 10-3】将 DAC0832 作为波形发生器。根据图 10-11，分别写出产生方波、三角波和锯齿形波的程序。

（1）方波的产生：单片机采用定时器/计数器定时中断，时间常数决定方波高低电平的持续时间。

（2）三角波的产生：单片机把初始数字量 0 送入 DAC0832 后不断增 1，增至 0xff 后再把送入 DAC0832 的数字量不断减 1，减至 0 后再重复上述过程，则可输出三角波。

（3）锯齿波的产生：单片机把初始数据 0 送入 DAC0832 后不断增 1，增至 0xff 后再增 1，则溢出并清 0，模拟输出为 0，然后重复上述过程，如此循环，则可输出锯齿波。

产生方波、三角波和锯齿波的参考程序如下。

```
#include<reg51.h>
sbit wr=P3^6;
sbit rd=P3^2;
sbit key0=P1^0;
sbit key1=P1^1;
sbit key2=P1^2;
unsigned char flag;
unsigned char keysan()        //键盘扫描函数
```

```
{
  unsigned char keyscan_num,temp;
  P1=0xff;
  temp=P1;
    if(~(temp&0xff))
    {
    if(key0==0)
    {
      keyscan_num=1;
    }
    else if(key1==0)
    {
      keyscan_num=2;
    }
    else if(key2==0)
    {
      keyscan_num=3;
    }
    else
    {
      keyscan_num=0;
    }
    return keyscan_num;
  }
}
void init_DA0832()        //DAC0832初始化
{
  rd=0;
  wr=0;
}
void Square()             //产生方波
{
  EA=1;
  ET0=1;
  TMOD=0x01;
  TH0=0xff;
  TL0=0x83;
  TR0=1;
}
void Triangle()          //产生三角波
{
  P2=0x00;
  do
  {
    P2=P2+1;
  }
  while(P2<0xff);
  P2=0xff;
  do
  {
```

```
          P2=P2-1;
       }
     while(P2>0x00);
     P2=0x00;
}
void Sawtooth()        //产生锯齿波
{
     P2=0xFF;
     do
     {
          P2=P2-1;
     }
     while(P2>0x00);
          P2=0x00;
}
void main()            //主函数
{
     init_DA0832();
     do
     {
          flag=keyscan();
     }
     while(!flag);
     while(1)
     {
          switch(flag)
          {
          case 1:
          do
          {
              flag=keyscan();
              Square();
          }
          while(flag==1);
          break;
          case 2:
          do
          {
              flag=keyscan();
              Triangle();
          }
          while(flag==2);
          break;
          case 3:
          do
          {
          flag=keyscan();
          Sawtooth();
          }
          while(flag==3);
```

```
        break;
      default:
        flag=keyscan();
    }
  }
}
void timer0(void) interrupt 1   //定时器T0中断函数
{
  P2=~P2;
  TH0=0xff;
  TL0=0x83;
  TR0=1;
}
```

DAC0832 产生的方波仿真图如图 10-12 所示，DAC0832 产生的三角波仿真图如图 10-13 所示，DAC0832 产生的锯齿波仿真图如图 10-14 所示。

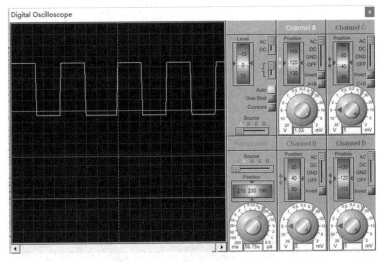

图 10-12　DAC0832 产生的方波

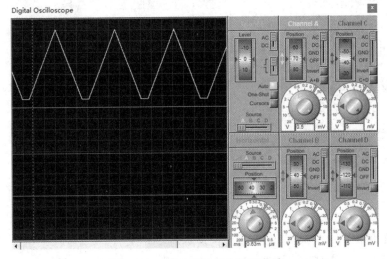

图 10-13　DAC0832 产生的三角波

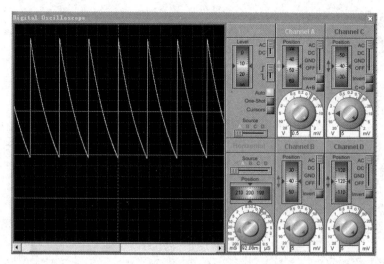

图 10-14　DAC0832 产生的锯齿波仿真图

2）双缓冲方式

当多路 DAC 要求同步输出时，必须采用双缓冲同步方式。当 DAC0832 以此种方式工作时，输入寄存器和 DAC 寄存器分别受控，即数字量的输入锁存和 D/A 转换输出是分两步完成的。单片机必须通过 $\overline{LE1}$ 来锁存待转换的数字量，通过 $\overline{LE2}$ 来启动 D/A 转换（见图 10-9）。因此，在双缓冲方式下，DAC0832 应该为单片机提供两个 I/O 口。

AT89S51 与 DAC0832 的双缓冲方式接口电路仿真图如图 10-15 所示。由图 10-15 可知，单片机通过 74HC373 扩展了一片 DAC0832，并使用 P2.7 作为 DAC0832 的使能控制引脚，采用双缓冲的连接方式；单片机的 $\overline{WR}$ 引脚同时连接到 DAC0832 的 $\overline{WR1}$ 和 $\overline{WR2}$ 引脚上，而 DAC0832 的输出引脚 I_{OUT1} 和 I_{OUT2} 采用单极性输出方式通过 UA741 将电流信号转换为电压信号。

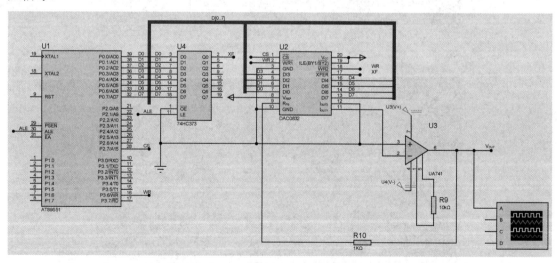

图 10-15　AT89S51 与 DAC0832 的双缓冲方式接口电路仿真图

【例 10-4】根据图 10-15，编写产生锯齿波的程序。

按照图 10-15 的连接方式，DAC0832 的片外 RAM 地址是 0x7FFE，由于该电路为双缓冲方式，因此向该地址写入一个数据便可启动 DAC0832 的转换。

参考程序如下。

```c
#include<req51.h>
#include<absacc.h>
#define DAC0832 XBYTE [0x7FFE]        //片外RAM地址0x7FFE
void DACout(unsigned char x)          //DAC0832输出函数
{
  DAC0832=x;
}
void DelayMS(unsigned int m)          //延时函数
{
  unsigned char i;
  while(m--)
  {
    for(i=0;i<120;i++);
  }
}
void main()                           //主函数
{
  unsigned char i;
  while(1)
  {
    for(i=0;i<256;i++)
    {
      DACout(i);
      DelayMS(1);
    }
  }
}
```

本例仿真运行时，在虚拟示波器上可看到图10-15中的波形。

10.2.3 AT89S51与TLC5615的接口

随着芯片技术的发展，串行DAC的使用越来越普遍。由美国TI公司生产的TLC5615是一款具有串行接口、电压输出型DAC，最大输出电压是基准电压值的两倍，带有上电复位功能，即在上电时可把DAC寄存器复位至全零。单片机与TLC5615之间的连接只需要用3根线，接口设计大大简化。串行DAC非常适用于由电池供电的测试仪表、移动电话，也适用于数字失调与增益调整及工业控制等场合。

1. DACTLC5615的引脚及功能

TLC5615的引脚如图10-16所示。

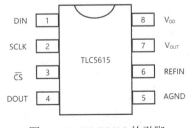

图10-16 TLC5615的引脚

TLC5615 的 8 个引脚的功能如下。

（1）DIN：串行数据输入端。

（2）SCLK：串行时钟输入端。

（3）$\overline{CS}$：片选端，低电平有效。

（4）DOUT：级联时的串行数据输出端。

（5）AGND：模拟地。

（6）REFIN：基准电压输入端，电压为 2～（V_{DD}-2）V。

（7）V_{OUT}：DAC 模拟电压输出端。

（8）V_{DD}：正电源端，电压为 4.5～5.5V，通常取 5V。

2．TLC5615 的逻辑结构

TLC5615 的逻辑结构如图 10-17 所示。

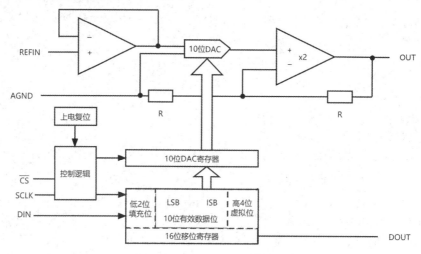

图 10-17　TLC5615 的逻辑结构

TLC5615 主要由以下几部分组成。

（1）10 位 DAC。

（2）16 位移位寄存器，接收串行输入的二进制数，并且有一个级联的数据输出端 DOUT。

（3）10 位 DAC 寄存器，为 10 位 DAC 提供待转换的二进制数据。

（4）电压跟随器为参考电压端 REFIN 提供高输入阻抗，其阻值大约为 10MΩ。

（5）×2 电路提供最大值为 2 倍参考电压端的输出。

（6）上电复位电路和控制逻辑电路。

TLC5615 有两种工作方式。

（1）12 位数据序列方式。从图 10-17 可以看出，16 位移位寄存器中有高 4 位虚拟位、低 2 位填充位及 10 位有效数据位。在 TLC5615 工作时，只需要向 16 位移位寄存器先后输入 10 位有效数据位和低 2 位填充位。

（2）级联方式，即 16 位数据列方式。将一片 TLC5615 的 DOUT 引脚接到下一片 TLC5615 的 DIN 引脚上，需要向 16 位移位寄存器先后输入高 4 位虚拟位、10 位有效数据位和低 2 位填充位，由于增加了高 4 位虚拟位，因此共需要 16 个时钟脉冲。

3. AT89S51 与 TLC5615 的接口设计

AT89S51 与 TLC5615 的接口电路仿真图如图 10-18 所示。调节电位器 RV1，使 TLC5615 的输出电压可在 0～5V 内调节，在虚拟直流电压表的显示窗口可观察到转换输出的电压值。

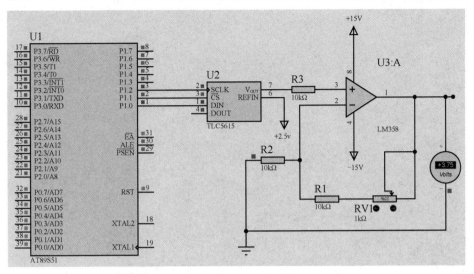

图 10-18　AT89S51 与 TLC5615 的接口电路仿真图

当 $\overline{CS}$ 为低电平时，在每一个 SCLK 时钟信号的上升沿，将 DIN 的 1 位数据移入 16 位移位寄存器，注意，二进制最高有效位被先行移入，接着，$\overline{CS}$ 的上升沿将 16 位移位寄存器的 10 位有效数据锁存于 10 位 DAC 寄存器。当 $\overline{CS}$ 为高电平时，串行输入数据不能被移入 16 位移位寄存器。

【例 10-5】根据图 10-18，编写程序实现用单片机控制 TLC5615 实现 D/A 转换。

参考程序如下。

```
#include<reg51.h>
#include<intrins.h>
#define uchar unsigned char
#define uint unsigned int
sbit SCL=P1^1;
sbit CS=P1^2;
sbit DIN=P1^0;
uchar bdata dat_in_h;
uchar bdata dat_in_l;
sbit h_7=dat_in_h^7;
sbit l_7=dat_in_l^7;
void delayms(uint j)         //延时函数
{
  uchar i=250;
  for(;j>0;j--)
  {
    while(--i);
    i=249;
    while(--i);
```

```c
        i=250;
    }
}
void Write_12Bits(void)          //一次向TLC5615写入12位数据函数
{
  uchar i;
  SCL=0;                         //为写数据位做准备
  CS=0;                          //片选信号 CS̄=0
  for(i=0;i<2;i++)               //循环2次，发送高2位
  {
    if(h_7)                      //高位先发
    {
      DIN=1;                     //送出数据
      SCL=1;                     //提升时钟，写操作在时钟信号上升沿触发
      SCL=0;                     //结束该位传送，为下次写做准备
    }
    else
    {
      DIN=0;
      SCL=1;
      SCL=0;
    }
    dat_in_h<<=1;
  }
  for(i=0;i<8;i++)               // 循环8次，发送低8位
  {
    if(l_7)
    {
      DIN=1;
      SCL=1;
      SCL=0;
    }
    else
    {
      DIN=0;
      SCL=1;
      SCL=0;
    }
    dat_in_l<<=1;
  }
  for(i=0;i<2;i++)               //循环2次，发送2位填充位
  {
    DIN=0;
    SCL=1;
    SCL=0;
  }
  CS=1;
  SCL=0;
```

```
}
void TLC5615_Start(uint dat_in)        //启动 D/A 转换函数
{
  dat_in%=1024;
  dat_in_h=dat_in/256;
  dat_in_l=dat_in%256;
  dat_in_h<<=6;
  Write_12Bits();
}

void main()                            //主函数
{
  while(1)
  {
    TLC5615_Start(0xffff);
    delayms(1);
  }
}
```

习题 10

1. ADC 的两个最重要的指标是什么？

2. 目前应用较广泛的 ADC 主要有哪几种类型？它们各有什么特点？

3. 在 AT89S51 与 ADC0809 组成的数据采集系统中，ADC0809 的 8 个输入通道的地址为 7FF8H～7FFFH，试画出接口电路，并编写每隔 1min 轮流采集一次 8 个输入通道数据的程序，共采样 50 次，采样值存入片外 RAM 中的从 2000H 单元开始的存储区。

4. DAC 的主要性能指标都有哪些？设某 DAC 为二进制 12 位 DAC，满量程输出电压为 5V，它的分辨率是多少？

5. 简述单缓冲方式和双缓冲方式的电路特点及功能。

6. 试画出 DAC0832 单缓冲典型应用接口电路，并编程设计一个频率为 50Hz 的方波发生器。

参 考 文 献

[1] 秦志强. C51 单片机应用与 C 语言程序设计：基于机器人工程对象的项目实践[M]. 3 版. 北京：电子工业出版社，2016.

[2] 张毅刚，彭喜元. 单片机原理与应用设计[M]. 北京：电子工业出版社，2008.

[3] 张毅刚，赵光权，刘旺. 单片机原理及应用[M]. 3 版. 北京：高等教育出版社，2016.

[4] 周广兴，张子红. 单片机原理及应用教程[M]. 北京：北京大学出版社，2010.

[5] 刘德全. PROTEUS 8：电子线路设计与仿真[M]. 北京：清华大学出版社，2014.

[6] 唐颖. 单片机原理与应用及 C51 程序设计[M]. 北京：北京大学出版社，2008.

[7] 熊建平，马鲁娟，李益民. 基于 PROTEUS 电路及单片机仿真教程[M]. 西安：西安电子科技大学出版社，2013.

[8] 兰建军，伦向敏，关硕. 单片机原理、应用与 Proteus 仿真[M]. 北京：机械工业出版社，2014.

[9] 段晨东. 单片机原理及接口技术[M]. 2 版. 北京：清华大学出版社，2013.

[10] 朱清慧，张凤蕊，翟天嵩，等. Proteus 教程：电子线路设计、制版与仿真[M]. 3 版. 北京：清华大学出版社，2016.

[11] 付先成，高恒强，蔡红娟. 单片机原理与 C 语言程序设计[M]. 武汉：华中科技大学出版社，2015.

[12] 林金亮. 单片机小系统设计项目化教程（C 语言版）[M]. 厦门：厦门大学出版社，2016.

[13] 廖小飞，李敏杰. C 语言程序设计与实践[M]. 北京：电子工业出版社，2015.

[14] 王东锋，陈园园，郭向阳. 单片机 C 语言应用 100 例[M]. 北京：电子工业出版社，2013.

[15] 李广弟，朱月秀，冷祖祁. 单片机基础[M]. 3 版. 北京：北京航空航天大学出版社，2018.

[16] 楼然苗. 51 系列单片机设计实例[M]. 北京：北京航空航天大学出版社，2003.

[17] 唐俊翟. 单片机原理与应用[M]. 北京：冶金工业出版社，2003.

[18] 李建忠. 单片机原理及应用[M]. 西安：西安电子科技大学出版社，2002.

[19] 李全利，迟荣强. 单片机原理及接口技术[M]. 北京：高等教育出版社，2004.

[20] 王艳春，秦月，房汉雄. 单片机原理、接口及应用：基于 C51 及 Proteus 仿真平台[M]. 哈尔滨：哈尔滨工业大学出版社，2018.

[21] 王幸之，钟爱琴，王雷，等. AT89 系列单片机原理与接口技术[M]. 北京：北京航空航天大学出版社，2004.

[22] 肖金球. 单片机原理与接口技术[M]. 北京：清华大学出版社，2004.

[23] 史庆武，王艳春，李建辉. 单片机原理及接口技术[M]. 北京：中国水利水电出版社，2008.

[24] 凌志浩，张建正. AT89C52 单片机原理与接口技术[M]. 北京：高等教育出版社，2011.

[25] 吴国经. 单片机应用技术[M]. 北京：中国电力出版社，2004.

[26] 张齐. 单片机原理与应用系统设计[M]. 北京：电子工业出版社，2010.

[27] 张毅刚. 单片机原理及应用：C51 编程+Proteus 仿真[M]. 3 版. 北京：高等教育出版社，2021.

[28] 侯玉宝，陈忠平，邬书跃. 51 单片机 C 语言程序设计经典实例[M]. 2 版. 北京：电子工业出版社，2016.